应用型本科信息大类专业"十三五"规划教材

传感器
技术与应用

（第2版）

U0278963

主　编　魏学业

副主编　白彦霞　梁桂英　刘继峰

李雁星　冷　芳　胡良梁

华中科技大学出版社
http://press.hust.edu.cn
中国·武汉

内 容 简 介

传感器技术与应用是自动化、测控仪器等专业的专业课。随着我国物联网相关产业的蓬勃发展,传感器技术也在同时拓展着自身的应用领域。本书的编者们怀着培养应用型人才的愿望,编写了《传感器技术与应用》这本书。

本书在介绍传感器技术的同时,注重理论联系实际;在表达方式上力求做到语言通俗、简洁易懂,以提高学生的学习兴趣。

本书共 18 章。第 1 至 16 章介绍了传感器的基础知识,以及电阻式传感器、电容式传感器、电感式传感器、热电式传感器、流量检测仪表、压电传感器、光电式传感器和集成式温度传感器等内容。这一部分围绕着基本原理、测量电路和应用实例三个方面进行介绍,使学生在掌握基本原理的基础上,学会将传感器得到的微弱信号通过测量电路转换成可测量的信号的方法。第 17 章和第 18 章介绍了温度和力学量参数的检测技术,使学生在掌握前面传感器的基础知识之后,能够扩展一下思路。

为了方便教学,本书还配有电子课件等教学资源包,任课教师可以发邮件至 hustpeiit@163.com 索取。

本书可作为高等院校,特别是应用型本科院校的自动化、测控仪器、电子信息等专业的教材,也可供从事相关领域的工程技术人员参考。

图书在版编目(CIP)数据

传感器技术与应用/魏学业主编. —2 版. —武汉:华中科技大学出版社,2019.2(2024.8 重印)
ISBN 978-7-5680-5012-8

Ⅰ. ①传… Ⅱ. ①魏… Ⅲ. ①传感器-高等学校-教材 Ⅳ. ①TP212

中国版本图书馆 CIP 数据核字(2019)第 031747 号

传感器技术与应用(第 2 版)
Chuanggangqi Jishu yu Yingyong

魏学业　主编

策划编辑:康　序
责任编辑:康　序
责任监印:朱　玢
出版发行:华中科技大学出版社(中国·武汉)　　电话:(027)81321913
　　　　　武汉市东湖新技术开发区华工科技园　　邮编:430223
录　排:武汉三月禾文化传播有限公司
印　刷:武汉市籍缘印刷厂
开　本:787mm×1092mm　1/16
印　张:15
字　数:384 千字
版　次:2024 年 8 月第 2 版第 9 次印刷
定　价:45.00 元

魏学业 //////////////////////////////

1963年生

博士/教授

研究方向：电力电子技术，仪表与控制

//

1981－1985：天津大学电子工程系电子仪器及测量技术专业学习，获工学学士学位

1985－1988：天津大学电子工程系通信与电子系统专业学习，获工学硕士学位

1991－1994：北京理工大学光电工程系光电技术专业学习，获工学博士学位

1995－1997：北京交通大学运输自动化博士后流动站

2002：日本千叶大学，访问学者

2007－2008：英国利兹大学，高级访问学者

2016－2017：英国兰开斯特大学，访问学者

//

　　主要讲授"Instrumentation and Control""Power Electronics"等课程。主持和参加过国家863计划、国家自然科学基金等项目以及多项横向课题。在《电子学报》《Measurement》《中国电机工程学报》《电网技术》《铁道学报》《光学学报》《仪器仪表学报》等学术期刊上发表多篇学术论文，也在国内外学术会议文集上发表多篇学术论文。

前言 PREFACE

传感器技术与应用是自动化、仪器仪表等专业的基础课程,涉及电路、电子测量等的专业基础知识。传感器是工业自动化设备、测控仪器等获取信息的必要手段。相关专业的学生通过学习本课程,可以更好地理解控制理论、过程控制等课程的内容。

本书的初稿出自不同学校的多名编者之手,其主要内容是他们在传感器及其相关课程中的教学内容,同时也参考了国内外传感器技术的专著和相关论文。全书还有部分内容来源于编者在一些实际项目中的实例。

本书是根据部分应用型本科院校的培养方案,以培养应用型人才为主要目标而编写的。为此,在本书的编写过程中,编者们注重理论与实际的结合,重在应用。在内容上略去了烦琐的公式推导和理论分析,以简洁和实用的表述方式,从传感器的基本知识开始,围绕应用基础、设计基础、应用实例等展开,系统地介绍了传感器技术及其应用。

本书力求让学生在学习"传感器技术与应用"课程中达到事半功倍的效果,使学生不仅能将已经学到的电路、信号与系统、电子测量、控制理论等课程的知识融入本课程中,而且能灵活运用已经掌握的理论知识到实际工作中。

本书的编写得到了北京交通大学专业建设项目的资助,同时也得到了燕京理工学院、桂林电子科技大学信息科技学院、重庆第二师范学院、大连海洋大学、哈尔滨信息工程学院、南宁学院的支持,在此表示感谢。

本书由北京交通大学魏学业担任主编,由燕京理工学院白彦霞、桂林电子科技大学信息科技学院梁桂英、哈尔滨信息工程学院刘继峰、南宁学院李雁星、大连海洋大学应用技术学院冷芳、重庆第二师范学院胡良梁任副主编。其中,魏学业编写了第 1、14、18 章,白彦霞编写了第 2、3、4、17 章,冷芳编写了第 5、6、7 章,刘继峰编写了第 8、9 章,李雁星编写了第 13、16 章,梁桂英编写了第 10、11、12章、胡良梁编写了第 15 章。最后由魏学业审核并统稿。

为了方便教学,本书还配有电子课件等教学资源包,任课教师可以发邮件至 hustpeiit@163.com索取。

I

　　传感器技术处于快速发展之中,测量方法和手段也在不断更新。限于编者自身的学识和水平,书中难免存在疏漏和错误之处,恳请读者指正。

编　者

2024 年 1 月

目录

目 录

CONTENTS

第1章 传感器基础知识

传感器技术是信息科学的一个重要组成部分,与计算机技术、自动控制技术和通信技术等一起构成了信息科学的完整学科内容。在人类进入信息时代的今天,传感器作为信息获取与信息转换的重要部分,是信息科学最前端的器件,是实现信息化的重要基础技术之一。

1.1 概　述

传感器的功能是把从自然界中的物理量、化学量等非电量转换成电信号,再经过电子电路变换后进行处理,从而实现对非电量的检测。

本书主要介绍传感器的工作原理、特性参数、测量电路和典型应用等方面的知识。书中涉及的传感器主要包括电阻式、电感式、电容式、应变式、压电式、磁电式、热电式、光电式、辐射式和集成式等类型。

1.1.1 传感器的定义和组成

1. 传感器的定义

国家标准 GB/T 7665—2005 对传感器下的定义是:"能感受被测量并按照一定的规律转换成可用输出信号的器件或装置,通常由敏感元件和转换元件组成。"因此,传感器是一种检测装置,它能感受到被测量的信息,并能将感受到的信息进行检测并按一定规律变换成电信号或其他所需形式的信息输出,以满足信息的传输、处理、存储、显示、记录和控制等要求。

2. 传感器的组成

传感器是由敏感元件、转换元件、信号调理与转换电路组成的。敏感元件是能够直接感受(或响应)被测信息(通常为非电量)的器件,转换元件则是将敏感器件感受(或响应)到的信息转换为电信号的器件,信号调理与转换电路将来自转换元件的微弱信号转换成便于测量和传输的较强信号。传感器的组成如图 1-1 所示。

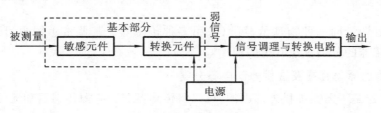

图 1-1　传感器的组成

传感器各部分的作用如下。

1) 敏感元件

敏感元件直接与被测对象接触,将被测量(非电量)预先变换为另一种非电量。如应变式压力传感器的弹性膜片就是敏感元件,其作用是将压力转换成弹性膜片的变形。

2) 转换元件

转换元件又称为变换元件,是将敏感元件的输出量转换成电信号。一般情况下,转换元件不直接感受被测量(特殊情况下例外)。如应变式压力传感器中的应变片就是转换元件,其作用是将弹性膜片的变形转换成电阻值的变化。

值得注意的是,并不是所有的传感器都必须同时含有敏感元件和转换元件。如果敏感元件直接输出电信号,它就同时兼有转换元件的功能。敏感元件和转换元件合二为一的传感器很多,如压电传感器、热电偶、热电阻、光电器件等。

3)信号调理与转换电路

信号调理与转换电路也称为二次仪表,是将转换元件输出的电信号放大并转变成易于处理、显示和记录信号的部分。信号调理电路的类型视传感器的类型而定,通常采用的有电桥电路、放大器电路、变阻器电路和振荡器电路等。

4)电源

电源的作用是为传感器提供能源。需要外部接电源的传感器称为无源传感器,不需要外部接电源的传感器称为有源传感器。如电阻式、电感式和电容式传感器就是无源传感器,工作时需要外部电源供电;而压电传感器、热电偶是有源传感器,工作时不需要外部电源供电。

1.1.2 传感器的地位和作用

以减少劳动力和减轻劳动强度,提高产品质量和提高产品的一致性为动力,人们对自动化设备提出了更多的需求和更高的要求。自动化设备是现代工业生产过程、交通、军事等领域不可缺少的部分,随着产品质量和控制精度的提高,人们对自动化设备的依赖性越来越强。为了实现对上述领域的控制,就需要获取信息,那么传感器就是获取信息的必要手段,是实现自动控制的源头。没有传感器,就无法获取信息,就无法输出控制信号,也就无法实现自动控制。

传感器技术不仅对科学技术的发展起着基础和支柱的作用,对产品的质量和产品的一致性也起着决定性的作用,因此被世界各国列为科学攻关的关键技术之一。可以说,没有传感器就没有现代化的科学技术,没有传感器也就没有人类高质量的生活及生活所必需的合格产品。传感器技术的发展推动了自动化技术的发展,自动化技术的发展也要求新的传感器技术出现。传感器技术是一个国家的科学技术和国民经济发展水平的标志之一。

1.1.3 传感器的分类

一般来说,测量同一种物理量,可以采用多种传感器。某些传感器也可以用来测量多种。因此,传感器的分类方法有很多种。

1. 根据传感器是否需要提供外部电源分类

根据传感器是否需要提供外部电源,可以将传感器分为有源传感器和无源传感器两种。

有源传感器也称为能量转换型传感器,其特点是它无须外部电源就能工作,敏感元件本身能将非电量直接转换成电信号。例如,压电式传感器、超声波传感器是压/电转换型传感器,热电偶是热/电转换型传感器,光电池是光/电转换型传感器,这些都属于有源传感器。

与有源传感器相反,无源传感器的敏感元件本身不产生能量,而是随被测量而改变本身的电特性,因此必须采用外加激励源对其进行激励,才能输出电量信号。大部分传感器,例如热电阻传感器(热/电阻转换型)、压敏电阻传感器(压/电阻转换型)、湿敏电容式传感器(湿/电容转换型)、压力电感式传感器(压/电感转换型),都属于无源传感器。由于无源传感器需要为敏感元件提供激励源才能工作,所以与有源传感器相比无源传感器通常需要更多的引线,并且传感器的灵敏度也会受到激励信号的影响。

2. 根据被测参数进行分类

传感器通常以被测物理量命名,测量温度的传感器称为温度传感器,测量压力的传感器称为压力传感器,测量流量的传感器称为流量传感器,测量位移的传感器称为位移传感器,测量速度的传感器称为速度传感器,等等。例如,热电阻温度传感器、应变片式压力传感器、电感式位移传感器、容积式流量计等。

3. 根据输出信号的类型进行分类

根据输出信号的类型可以将传感器分为模拟式传感器与数字式传感器两种。

模拟式传感器是将被测量转换为模拟电信号直接输出,输出信号的幅度表示被测对象的变化量。数字式传感器是将被测量转换为数字信号输出,被测对象的变化量通常由输出信号的数字大小来表征。

数字式传感器是模拟式传感器与数字技术相结合的产物,随着集成电路技术的发展,数字式传感器的种类将会越来越多,如集成式温度传感器就是数字式温度传感器。也可以通过数字芯片将模拟信号转换成数字信号,例如将 V/F 芯片与模拟式传感器结合,就可以输出脉宽调制的数字信号。数字信号具有抗干扰能力强、易于与控制器连接等特点。

4. 根据传感器的工作原理进行分类

按传感器的工作原理可以将传感器分为电阻式传感器(被测对象的变化引起了电阻的变化)、电感式传感器(被测对象的变化引起了电感的变化)、电容式传感器(被测对象的变化引起了电容的变化)、应变式电阻传感器(被测对象的变化引起了敏感元件的应变)、压电式传感器(被测对象的变化引起了电荷的变化)、热电式传感器(温度的变化引起了输出电压的变化)等种类。

5. 按传感器的基本效应分类

按传感器的基本效应可以将传感器分为物理传感器、化学传感器等种类。

物理传感器是把被测量的一种物理量转化成为便于处理的另一种物理量的元器件或装置。主要的物理传感器有光电式传感器、压电式传感器、压阻式传感器、电磁式传感器、热电式传感器等。例如,光电式传感器的主要原理是光电效应,当光照射到物质上时就产生电效应,比如说光敏电阻就是光的变化引起了电阻的变化。物理传感器按其构成可细分为物性型传感器和结构型传感器两种。

(1)物性型传感器是依靠敏感元件材料本身物理特性的变化来实现信号的转换的。例如,利用材料在不同湿度下的变化特性制成的湿敏传感器,利用材料在光照下的变化特性制成的光敏传感器,利用材料在磁场作用下的变化特性制成的磁敏传感器等。

(2)结构型传感器是依靠传感器元件的结构参数变化来实现信号的转换的,将机械结构的几何尺寸或形状的变化,转换为相应的电阻、电感、电容等物理量的变化,从而实现物理量的测量。例如:变极距型电容式传感器就是通过极板间距的变化来实现位移、压力等物理量的测量;变气隙电感式传感器就是利用衔铁的位置变化来实现位移、振动等物理量的测量。

化学传感器是将各种化学物质的特性(例如电解质浓度、空气湿度等)的变化定性或定量地转换成电信号的装置,例如离子敏传感器、气敏传感器、湿敏传感器和电化学传感器等。

无论何种类型的传感器,它作为非电量测量与控制系统的首要环节,都应能达到快速、准确、可靠且经济地实现信息获取和转换的基本要求。具体的要求有:①传感器反应速度快,可靠性高;②传感器的输出量与被测对象之间具有确定的关系;③传感器的精度适当,稳定性好,满足静态、动态特性的要求;④传感器的适应性强,对被测对象影响小,不易受干扰;⑤传感器的工作范围或量程足够大,具有一定的过载能力;⑥使用经济,成本低,寿命长。

1.1.4 传感器的发展方向

传感器技术是世界各国在高新技术领域争夺的一个制高点。从 20 世纪 80 年代起,日本将传感器列于优先发展的高新技术,美国和欧洲国家等也将此技术列为国家高科技和国防技术的重点内容,同时我国也将传感器技术列入国家高新技术发展的重点。有学者认为,今后传感器的研究和开发方向应是环保传感器、医疗卫生和食品业检测器、微机械传感器、汽车传感器、高精度传感器、新型敏感材料等。

传感器的发展趋势可概括为以下几个方面。

1. 传感器的小型化、集成化

由于航空航天和医疗器械的需要,以及为了减小传感器对被测对象的影响,传感器必须向小型化方向发展,以便减小仪器的体积和质量。同时为了减少转换、测量和处理环节,传感器也应向集成化方向发展,从而进一步减小体积、增加功能、提高稳定性和可靠性。

传感器的集成化分为三种情况:一是将具有同样功能的传感器集成在一起,从而使对一个点的测量变成对一个面和空间的测量;二是将不同功能的传感器集成在一起,从而形成一个多功能或具有补偿功能的传感器;三是将传感器与放大、运算及补偿等器件一体化,组装成一个具有处理功能的器件。

集成传感器的优势是传统传感器无法达到的,它不是一个个传感器的简单叠加,而是将辅助电路中的元件与传感元件同时集成在一块芯片上,使之具有校准、补偿、自诊断和网络通信功能,它可以降低成本、减小体积、增强抗干扰性能。

2. 传感器的智能化

智能化传感器就是将传统传感器与微处理器、测量电路、补偿电路等集成在一起或组装在一起,是一种带控制器的传感器。它不仅具有传统传感器的感知功能,而且还具有判断和信息处理功能。与传统传感器相比,智能化传感器具有以下几个功能。

(1) 修正、补偿功能:可在正常工作中通过软件对传感器的非线性、温度漂移、响应时间等进行修正和补偿。

(2) 自诊断功能:传感器上电后,其内部程序就对传感器进行自检,如果某一部分出现了问题,能够指示传感器某一点出现了故障或某一部分出现了故障。

(3) 多传感器融合和多参数测量功能。

(4) 数据处理功能:通过设定的算法自动处理数据和存储数据。

(5) 通信功能:传感器获取的数据,可以通过总线将测量结果传输给信息处理中心,信息处理中心也可以将算法或阈值等传输给传感器,从而实现信息的传输与反馈。

(6) 可设置报警功能:可以通过总线设置报警的上限值和下限值。

3. 传感器的网络化

将多个传感器通过通信协议连接在一起就组成了一个传感器网。特别是传感器与无线技术、网络技术相结合,出现了一个新网络——传感器网或物联网,它已经引起了人们广泛的关注。

基于 Zigbee 技术的无线传感器网以 IEEE 802.15.4 协议为基础,如今已得到了迅猛发展，它具有功耗极低、组网方式灵活、成本低等优点，在军事侦察、环境检测、医疗健康、科学研究等众多领域具有广泛的应用前景。

4．生物传感器

生物传感器是利用生物特异性识别过程来实现检测的传感器件，生物传感器中的生物敏感元件包括生物体、组织、细胞、细胞核、细胞膜、酶、抗体、核酸等，而生物传感器就是利用这些从微观到宏观多个层次相关物质的特异识别能力来实现检测的器件。传统上光学检测器是生物传感器的主流，然而近年来随着界面科学（如分子自组装技术）与纳米科学（如扫描探针显微镜）的发展，电化学纳米生物传感器获得了前所未有的发展机遇并引起了极大的关注。

1.2　传感器的基本特性

在生产过程中，要求对各种各样的参数进行检测和控制，这就要求传感器不仅能感受到非电量的变化，还能不失真地将其变换成另一种非电量或电量输出。这取决于传感器的基本特性，即传感器的输入-输出特性，它是由传感器的内部结构参数和性能参数相互作用后在外部的表现。不同类型的传感器有不同的内部结构和性能参数，这些内部参数决定了它们具有不同的外部特性。

传感器的输入（被测量）一般有两种形式：①静态信号——输入信号不随时间变化或变化极其缓慢；②动态信号——输入信号随时间的变化而变化。由于输入信号的不同，传感器所呈现出来的输入-输出特性也不同，因此存在静态和动态两种特性。具有良好的静态和动态特性的传感器可以降低或抵消测量过程中的误差。

本节将介绍传感器的静态和动态的特性及传感器的标定方法。

1.2.1　传感器的静态特性

传感器的静态特性就是传感器在稳态信号作用下的输入与输出的关系。静态特性主要包括线性度、灵敏度、分辨力、迟滞性、重复性、漂移等。

1．线性度

线性度（linearity）是指传感器的输入与输出成线性关系的程度。在理想情况下，传感器的输入-输出特性应是线性的，可用式（1-1）表示。

$$y = a_0 + a_1 x \tag{1-1}$$

式中：y 代表输出量；x 代表输入量；a_0 和 a_1 为常数（a_1 就是下面要介绍的灵敏度）。

而在实际应用中，传感器的静态输入与输出一般是非线性的，可用式（1-2）表示。

$$y = a_0 + a_1 x + a_2 x^2 + \cdots + a_n x^n \tag{1-2}$$

式中：y 仍然代表输出量，x 仍然代表输入量，而常数项变成了 $a_0, a_1, a_2, \cdots, a_n$。

式（1-2）中的 2 次方项、3 次方项等高次方项的出现，使得输出与输入之间的关系不是式（1-1）所示的线性比例关系了，而是非线性关系。在实际工作中，为了计算的方便，常用一条拟合直线近似地表征实际的特性曲线，线性度（非线性误差）就是这个近似程度的一个性能指标。

将非线性曲线拟合成直线的方法有多种，下面介绍几种方法。

1）两点法

将零输入时的输出点和满量程时的输出点相连的直线作为拟合直线，如图 1-2 所示。也就是零输入时传感器的输出为 y_{min}，最大输入 x_{max} 时输出为 y_{max}，将 $(0, y_{min})$ 和 (x_{max}, y_{max}) 这两点连成直线，作为传感器的近似特性曲线。此方法十分简单，但一般来说非线性误差较大。

2）最小二乘法拟合

将特性曲线上各点偏差的平方和为最小的理论直线作为拟合直线，此拟合直线称为最小二乘法拟合直线，如图 1-3 所示。

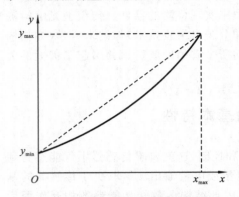

图 1-2　零输入-满量程输出拟合

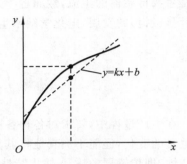

图 1-3　最小二乘法拟合

3）切线或割线拟合、过零旋转拟合、端点平移拟合

如果传感器的非线性项的方次不高，在输入量变化范围不大的条件下，可以用切线或割线拟合、过零旋转拟合、端点平移拟合等来近似地代表实际曲线的一段，这就是传感器非线性化特性的线性化处理，如图 1-4 所示。

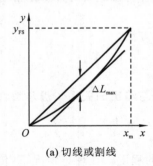

(a) 切线或割线

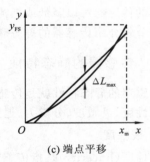

(b) 过零旋转

(c) 端点平移

图 1-4　几种非线性拟合

4）分段拟合

由于计算机处理速度的提高，并且要求测量的精度提高，因而可以采用上面介绍的某一种方法，使用计算机进行分段线性化拟合，如图 1-5 所示。

输入-输出特性曲线与理想直线的偏离程度称为非线性误差（non-linearity error），非线性误差有绝对误差（absolute error）和相对误差（relative error）两种表示方式。传感器的输出值与其线性拟合值的偏差称为绝对误差，绝对误差 ΔL 用式（1-3）表示。

$$\Delta L = \left| L_{out} - L_{linear} \right| \tag{1-3}$$

式中：L_{out} 为传感器的输出值；L_{linear} 为传感器的线性拟合值。ΔL 在传感器的输出范围内的最大值 ΔL_{max} 称为传感器的最大绝对误差。传感器的绝对误差与传感器的满量程比称为传感器的相对误差，其表达式如下。

$$e = \frac{\Delta L}{y_{FS}} \times 100\% \tag{1-4}$$

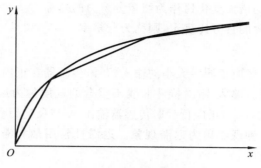

图 1-5　分段线性化拟合

式中：ΔL 为传感器的绝对误差；y_{FS} 为传感器的满量程输出值。

2. 灵敏度

传感器在稳态工作情况下，输出值的变化 Δy 与输入值的变化 Δx 的比值称为灵敏度，它是输出-输入特性曲线的斜率。灵敏度的表达式如下所示。

$$S = \Delta y / \Delta x$$

如果传感器的输出值和输入值之间呈线性关系，那么灵敏度 S 是一个常数，即式（1-1）中的 a_1。若传感器的输出值与输入值之间是非线性关系，那么输入值不同时灵敏度 S 是不同的。常用 $\dfrac{\mathrm{d}y}{\mathrm{d}x}$ 表示在某一工作点处的灵敏度，它随输入值的变化而变化，如图 1-6 所示。

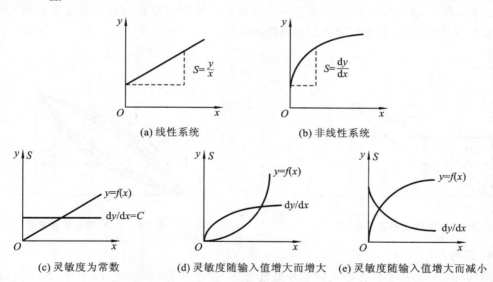

(a) 线性系统　　　　　　　　　　(b) 非线性系统

(c) 灵敏度为常数　　(d) 灵敏度随输入值增大而增大　(e) 灵敏度随输入值增大而减小

图 1-6　传感器的灵敏度

灵敏度的量纲是输出量、输入量的量纲之比。例如，热电偶温度传感器，当某一时刻温度变化了 $1\ ℃$ 时，其输出电压变化了 $5\ \mathrm{mV}$，那么其灵敏度应表示为 $5\ \mathrm{mV}/℃$。

提高传感器的灵敏度，可得到较高的测量精度。但灵敏度愈大，其测量范围愈小，稳定性也往往愈差。

3. 分辨力

传感器在规定的测量范围内能够检测出的被测量的最小变化量称为分辨力。

通常传感器在满量程范围内各点的分辨力并不相同，因此常用满量程中能使输出量产生阶跃变化的输入量中的最大变化值作为衡量分辨力的指标。

上述指标若用满量程的百分比表示,则称为分辨率。

4. 迟滞性

在相同测量条件下,对应于同一大小的输入信号,传感器在正向(输入量增大)行程和反向(输入量减小)行程期间,输入-输出特性曲线不重合的程度称为迟滞性(hysteresis),如图1-7所示。对应于同一输入 x_i,正向行程时传感器输出 y_i 与反向行程时传感器输出 y_d 之间的差值称为滞环误差,这种现象称为迟滞现象。迟滞性常用最大滞环误差 ΔH_{max} 与满量程输出 y_{FS} 之百分比表示,即

$$e_H = \frac{\Delta H_{max}}{y_{FS}} \times 100\%$$

式中, ΔH_{max} 为正反行程输出值的最大偏差。

迟滞性反映了传感器正、反行程期间输入-输出特性曲线不重合的程度。

迟滞现象产生的原因:传感器机械部分存在不可避免的摩擦、间隙、松动、积尘及辅助电路老化、漂移等问题,从而引起能量的吸收和消耗。

5. 重复性

传感器在输入量按同一方向(增大或减小)进行全量程多次测量时,所得输入-输出特性曲线的一致程度称为重复性,如图1-8所示。若传感器多次按相同输入条件下测量的输入-输出特性曲线重合越好,误差越小,则其重复性越好。重复性误差反映的是测量数据的离散程度。实际输入-输出特性曲线不重复的原因与迟滞产生的原因相同。重复性是检测系统最基本的技术指标,是其他各项指标的前提和保证。

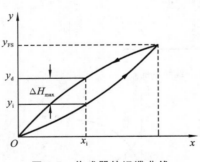

图1-7　传感器的迟滞曲线

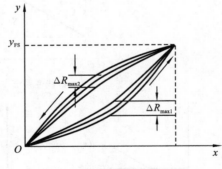

图1-8　输入-输出的重复性

6. 漂移

漂移(drift)是传感器在输入量不变的情况下,由于外界(如温度、噪声等)的干扰,使传感器的输出量发生变化的现象。常见的漂移有零点漂移和温度漂移,一般可通过串联或并联可调电阻来消除。

1)零点漂移

零点漂移简称为零漂,是指传感器无输入时,其输出值偏移零值的现象。这主要是由传感器自身结构参数老化等引起的。

2)温度漂移

温度漂移简称为温漂,是指在工作过程中输入量没有发生变化,而只是环境温度发生了变化,使传感器的输出量发生了变化的现象。

1.2.2 传感器的动态特性

传感器的动态特性是指传感器在动态激励(输入)时的响应(输出)特性,即输出量与输入量随时间变化的响应特性。对于理想的传感器来说,其输出与输入具有相同的时间函数。但实际情况是,传感器的输出信号一般不会与输入信号具有完全相同的时间函数,输出与输入间的误差就是所谓的动态误差。一个动态性能好的传感器,不仅可以精确反映传感器输入信号的幅值大小,而且还能反映输入信号的相位变化。

传感器的动态特性可以用瞬态响应法和频率响应法来分析。瞬态响应分析通常用阶跃函数、脉冲函数和斜坡函数作为激励信号,分析传感器的动态特性。频率响应分析一般用正弦函数作为激励信号来分析传感器的动态特性。但为了方便比较和评价,常采用阶跃信号和正弦信号作为激励信号来分析传感器的动态特性。

1. 瞬态响应法

在时域中,对传感器的响应和过渡过程进行分析的方法称为时域分析法,这时传感器对所加激励信号的响应称为瞬态响应。当给传感器输入一个单位阶跃信号时,其输出特性称为阶跃响应或瞬态响应特性。瞬态响应特性曲线如图 1-9 所示。传感器的瞬态响应通常用下面几个参数来描述。

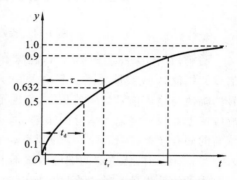

图 1-9 传感器的瞬态响应特性曲线

(1) 稳态值 y_c:传感器的输出达到稳定输出时的值,图 1-9 中的稳态值 y_c 都是 1.0。

(2) 时间常数 τ:阶跃响应曲线由 0 上升到稳态值 y_c 的 63.2% 所需的时间。τ 越小,响应速度越快,响应曲线很快接近稳态值,即动态误差越小。

(3) 上升时间 t_r:阶跃响应由稳态值 y_c 的 10% 上升到 90% 所需的时间。

(4) 延滞时间 t_d:阶跃响应曲线从 0 达到稳态值的 50% 所需的时间。

2. 频率响应法

传感器对正弦输入信号的响应特性称为频率响应特性,常用幅频特性和相频特性来描述传感器的动态特性。对传感器动态特性的理论研究,通常是先建立传感器的数学模型,通过拉氏变换推导出传递函数。其数学模型和传递函数通常都很复杂,在工程实践中,大部分传感器可简化为单自由度一阶函数。

对于一个单自由度的传感器,若输入信号为

$$x(t) = A\sin(\omega t)$$

则传感器的输出信号为

$$y(t) = B(\omega)\sin(\omega t + \varphi)$$

式中:ω 为角频率;φ 为滞后角,传感器对不同的输入信号频率有不同的滞后,$\varphi(\omega)$ 为相频函数。

定义 $k(\omega) = B(\omega)/A$,称 $k(\omega)$ 为幅频函数。

若要测量传感器的动态响应,可采用如图 1-10 所示的系统进行测量。

$A\sin(\omega t)$ 信号发生器发出的信号是恒定幅值 A,角频率 ω 从 $0\sim\omega_{max}$ 变化。动态响应分析仪同时接受 $x(t)$、$y(t)$ 信号,输出 $k(\omega)$ 如图 1-11 所示。

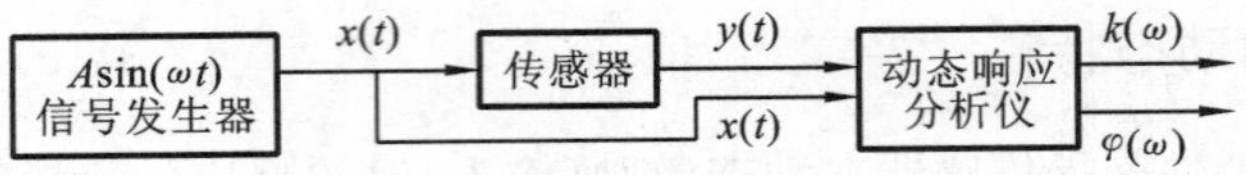

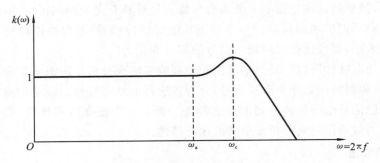

图 1-10 传感器动态响应的构成

图 1-11 传感器动态响应的幅频特性图

图 1-11 中,0～ω_a 段时 $k=1$,意味着当信号的频率 $\omega<\omega_a$ 时,输出信号的幅值 B 与输入信号的幅值 A 成线性关系。当输入信号的频率 ω 的最大值 $\omega_{\max}$ 小于 ω_a 时,就能保证输出信号的幅值与输入信号的幅值相同,实现了在信号幅值方面的不失真测量。ω_a 愈大,传感器的响应速度愈快。当输入信号的频率 $\omega>\omega_a$ 时,输出信号在幅值上将出现失真。其中,ω_c 是传感器的固有频率,当输入信号的频率 ω 在 ω_c 附近时,将引起传感器的共振,使输出大于输入。当 $\omega>\omega_c$ 时,传感器的响应因跟不上输入信号的变化而使输出迅速衰减。

为了使输出信号的失真度尽可能的小,通常使被测信号的最高频率 $\omega_{\max}$ 小于传感器的 $\dfrac{2}{3}\omega_a$。

1.2.3 传感器的标定

任何一种传感器在装配完后都必须按设计指标进行全面而严格的性能测试。使用一段时间或经过修理后,也必须对主要技术指标进行校准,以确保传感器的各项性能指标达到要求。

传感器的标定是利用标准仪器对传感器进行技术鉴定和标度,它是通过实验建立传感器的输入量与输出量之间的关系,并确定出不同条件下的误差或测量精度的过程。标定时输入的激励信号分为静态和动态两种,因此传感器的标定有静态标定和动态标定两种。

标定系统框图如图 1-12 所示。图 1-12 中的标准仪器能产生已知的输入量(激励),并将其传递给待标定传感器;待标定传感器的输出信号由输出测量环节测量并显示出来。一般来说,标定精度越高,标定就越复杂。如果标准仪器不能输出已知的输入量,那么就需要增加标准传感器与之比对。

图 1-12 标定系统框图

1. 静态标定

传感器的静态标定是指在输入信号不随时间变化的条件下,确定传感器的静态特性指标,如线性度、灵敏度、迟滞性、重复性等。静态标准是指没有加速度、没有振动、没有冲击

（如果它们本身是被测量值时除外）及环境温度一般为室温（20±5 ℃），相对湿度不大于85%，大气压强为101±7 kPa 的情况。

对传感器进行标定，一般是根据试验数据确定传感器的各项性能指标，实际上也确定了传感器的测量精度。对传感器进行静态特性标定，首先应创造一个静态标准条件，其次应选择与被标定传感器的精度要求相适应的一定等级的标定用标准仪器，所用标准仪器的精度至少要比被标定的传感器的精度高一个等级。这样，通过标定确定的传感器的静态特性指标才是可靠的，所确定的精度才是可信的。

静态标定的步骤如下：

（1）将传感器全量程（测量范围）分成若干等间距点；

（2）根据传感器量程分点情况，由小到大逐点输入标准值，并记录相对应的输出值；

（3）将输入值由大到小逐点减小排列，同时记录与各输入值相对应的输出值；

（4）按步骤（2）、步骤（3）所述的过程，对传感器进行正、反行程往复循环多次测试，将得到的输出-输入测试数据用表格列出或画成曲线；

（5）对测试数据进行必要的处理，根据处理结果就可以确定传感器的线性度、灵敏度、迟滞性和重复性等静态特性指标。

2. 动态标定

动态标定主要是对传感器的动态响应指标进行标定，主要指标有时间常数、固有频率和阻尼比。有时根据需要也对非测量因素的灵敏度、温度响应、环境影响等进行标定。对传感器进行动态标定时，需有一个标准信号源对它进行激励，常用的标准信号源有两类：一类是周期函数，如正弦波等；另一类是瞬变函数，如阶跃函数等。用标准信号激励后得到传感器的输出信号，经分析计算、数据处理便可得到其频率特性，即幅频特性、阻尼比和动态灵敏度等。

1）阶跃信号响应法

（1）一阶传感器时间常数 τ 的确定。

输入 $x(t)$ 是幅值为 A 的阶跃函数时，由一阶传感器的微分方程可得

$$y(t) = 1 - e^{-\frac{t}{\tau}}$$

由此可得

$$\tau = -\frac{t}{\ln[1 - y(t)]} \tag{1-5}$$

由式（1-5）可知，只要测得一系列的 $y(t) - t$ 的对应值，就可以通过式（1-5）得到时间常数 τ。

（2）二阶传感器阻尼比 ξ 和固有频率 ω_0 的确定。

二阶传感器一般设计成 $\xi = 0.7 \sim 0.8$ 的欠阻尼系统，通过测得的传感器阶跃响应输出曲线，可以获得曲线振荡频率 ω_0、稳态值 y_c（即 $t \to \infty$ 时，$y(t)$ 的值）、最大超调量 σ_p 与其发生的时间 t_p，并可推导出 ξ 和 ω_0。

2）正弦信号响应法

通过测量传感器正弦稳态响应的幅值和相角，就可以得到稳态正弦输入/输出的幅值比和相位差。逐渐改变输入正弦信号的频率，重复前述过程，即可得到幅频特性曲线和相频特性曲线。

将一阶传感器的频率特性曲线绘成波特图，其对数幅频曲线下降 3 dB 处，所测得的角

频率为 $\omega_0 = 1/\tau$，由此可确定一阶传感器的时间常数 τ。

1.3 传感器的基本测量电路

在检测系统中,传感器测量电路的作用是将传感器输出的微弱信号转换成易于测量的电压、电流等电信号。由于传感器工作原理和特性上的局限性及环境等因素的影响,通常传感器输出的信号很微弱,很容易被噪声或其他测量仪器所干扰,所以传感器输出的信号一般不能直接测量或利用的,需要进行调理,以形成测量仪器所需要的信号。根据需要测量电路还要完成阻抗匹配、微分、积分、线性化补偿等信号处理工作。

应当指出,测量电路的种类和构成是由传感器的类型决定的,不同的传感器所要求配用的测量电路一般具有自己的特色。常用的有直流、交流电桥,特殊放大电路及变送器等。本节将介绍这几种测量电路的基本原理和应用技术,以便在后续章节中介绍具体传感器时直接使用。

1.3.1 直流电桥

许多传感器是把某种物理量的变化转换成电阻的变化,而直流电桥电路是将电阻等参数的变化转换为电压或电流输出的一种测量电路,其输出既可直接用于指示仪,也可以送入放大器进行放大。由于直流电桥电路简单可靠,并且具有很高的精度和灵敏度,故其使用比较广泛。

直流电桥的主要优点是:所需的高稳定度直流电源较易获得;电桥输出是直流量,可以用直流仪表测量,精度较高;对传感器至测量仪表的连接导线要求较低;电桥的预调平衡电路简单,仅需对纯电阻加以调整即可。但是零漂、温漂和地电位对其影响较大。直流电桥是传感器最重要的测量电路,在电阻式传感器、应变电阻式传感器中被广泛使用。

1. 电桥的平衡条件

图 1-13 所示的是直流电桥的基本形式。R_1、R_2、R_3、R_4 称为电桥的桥臂电阻,E 为电桥的激励源(直流电压源)。电桥节点 c、d 为输出端,在接入输入阻抗较大的仪表或放大器时,可视为开路,输出电压为 U_O,可表示为

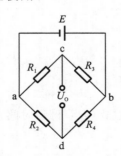

图 1-13 直流电桥的基本形式

$$U_O = U_{ca} - U_{da} = \left(\frac{R_1}{R_1 + R_3} - \frac{R_2}{R_2 + R_4} \right) E$$

$$= \frac{R_1 R_4 - R_2 R_3}{(R_1 + R_3)(R_2 + R_4)} E \qquad (1\text{-}6)$$

由式(1-6)可知,输出电压为零,即 $U_O = 0$ 时,电桥达到平衡,此时必须满足式(1-7)。

$$R_1 R_4 = R_2 R_3 \qquad (1\text{-}7)$$

式(1-7)是直流电桥的平衡条件。适当选择各桥臂的电阻值,可使电桥在测量前满足平衡条件。为了使计算简单,减小温漂、零漂等的影响,通常选取四个桥臂的电阻值相等,即

$$R_1 = R_2 = R_3 = R_4 = R$$

电桥的四个桥臂电阻值相等的电桥称为全等臂电桥。若全等臂电桥的桥臂电阻 R_4(如

电阻应变片或热电阻)发生了 ΔR 的变化(通常称这样的电桥为单臂变化电桥),此时电桥就失去了平衡,根据式(1-6)得输出电压

$$U_{\mathrm{o}} = \left(\frac{R_1}{R_1+R_3} - \frac{R_2}{R_2+R_4}\right)E = \left(\frac{R}{R+R} - \frac{R}{R+R\pm\Delta R}\right)E = \frac{\pm\dfrac{\Delta R}{R}}{2\left(2\pm\dfrac{\Delta R}{R}\right)}E \quad (1\text{-}8)$$

在实际的传感器测量电路中,传感器的电阻变化值比其原始阻值要小很多,即 $\Delta R \ll R$,因此式(1-8)分母中的 $\Delta R/R$ 项可以忽略。则式(1-8)变为如下形式。

$$U_{\mathrm{o}} = \pm\frac{1}{4}\frac{\Delta R}{R}E \quad (1\text{-}9)$$

由式(1-9)可知,电桥的输出电压与电桥的电源电压成正比,与桥臂电阻的变化率 $\Delta R/R$ 也成正比。

若电桥的两个桥臂的电阻发生了变化,通常是对称桥臂的电阻发生了变化,如图 1-14 所示,这时的电桥称为双臂变化电桥。

若是等臂电桥,并且两个桥臂的变化量为 $\Delta R_1 = \Delta R_4 = \Delta R$ 时,此时电桥的输出电压为

$$
\begin{aligned}
U_{\mathrm{o}} &= \left(\frac{R_1}{R_1+R_3} - \frac{R_2}{R_2+R_4}\right)E \\
&= \left(\frac{R\pm\Delta R}{(R\pm\Delta R)+R} - \frac{R}{R+(R\pm\Delta R)}\right)E \\
&= \frac{\pm\Delta R}{2R\pm\Delta R}E \quad (1\text{-}10)
\end{aligned}
$$

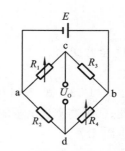

图 1-14 双臂电桥两个桥臂的电阻发生了相同方向的变化

同样由于 $\Delta R \ll R$,因此式(1-10)分母中的 ΔR 项可以忽略,则

$$U_{\mathrm{o}} = \pm\frac{1}{2}\frac{\Delta R}{R}E \quad (1\text{-}11)$$

由式(1-11)可以看出,图 1-14 所示的电桥,其输出电压的变化是单一桥臂变化时的两倍,即双臂变化电桥的灵敏度是单臂变化电桥的两倍。

当各桥臂电阻均发生不同程度的微小变化时,四个桥臂的一个对臂增大,另一个对臂就减小,假如变化规律如图 1-15 所示的形式,则称这个电桥为全桥桥臂变化电桥。

若是等臂电桥,并且四个桥臂的变化为 $\Delta R_1 = \Delta R_4 = \pm\Delta R$,$\Delta R_2 = \Delta R_3 = \mp\Delta R$ 时,此时电桥的输出电压为

$$
\begin{aligned}
U_{\mathrm{o}} &= \left(\frac{R_1}{R_1+R_3} - \frac{R_2}{R_2+R_4}\right)E \\
&= \left[\frac{R\pm\Delta R}{(R\pm\Delta R)+(R\mp\Delta R)} - \frac{R\mp\Delta R}{(R\mp\Delta R)+(R\pm\Delta R)}\right]E \\
&= \pm\frac{\Delta R}{R}E \quad (1\text{-}12)
\end{aligned}
$$

由式(1-12)可以看出,图 1-15 所示的电桥,其输出电压的变化比双臂变化电桥又提高了 1 倍,即灵敏度又提高了 1 倍。

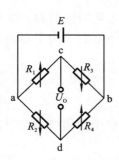

图 1-15 全桥直流电桥的四个桥臂发生变化

2. 灵敏度

灵敏度是测量电桥的一个重要指标,电桥的灵敏度可以用电桥测量臂的单位相对变化量引起输出端电压的变化来表示,

即

$$S_H = \left| \frac{\Delta U_o}{\Delta R / R} \right|$$

式中:S_H 为直流测量电桥的灵敏度;ΔU_o 为输出电压的变化;$\Delta R/R$ 为电阻发生变化的比例。

根据前面的分析,单臂变化电桥、双臂变化电桥、全桥臂变化电桥的灵敏度分别如下。

1) 单臂变化

$$S_H = \left| \frac{\Delta U_o}{\Delta R / R} \right| = \frac{1}{4}E \tag{1-13}$$

注:因为电桥平衡时,$U_o = 0$,所以 ΔU_o 即是式(1-12)中的 U_o。

2) 双臂变化

$$S_H = \frac{1}{2}E \tag{1-14}$$

3) 全臂变化

$$S_H = E \tag{1-15}$$

由式(1-13)、式(1-14)和式(1-15)可知:①测量电桥的灵敏度与驱动电源电压 E 的大小成正比;②提高测量电桥的灵敏度,靠提高驱动电源电压即可达到;③测量电桥的灵敏度与桥臂电阻无关。

3. 非线性误差

1) 非线性误差

对于单臂变化的等臂直流电桥,在某一桥臂发生 ΔR 变化时,其输出为式(1-8)所示,理想的输出值为式(1-9)所示,则其绝对误差为

$$\Delta U = \left| \frac{\frac{\Delta R}{R}}{2\left(2 \pm \frac{\Delta R}{R}\right)}E - \frac{\Delta R}{4R}E \right| = \frac{\Delta R \times \Delta R}{2R(4R \pm 2\Delta R)}E$$

那么非线性相对误差表示如下。

$$\gamma = \left| \frac{\Delta U}{U_o} \right| = \left| \frac{\frac{\Delta R \times \Delta R}{2R(4R \pm 2\Delta R)}E}{\frac{\Delta R / R}{2(2 \pm \Delta R / R)}E} \right| = \frac{\Delta R}{2R} \tag{1-16}$$

由式(1-16)可知,单臂变化的电桥阻值变化会带来输出电压的非线性误差,电桥输出是非线性的。非线性误差随着电阻的相对阻值变化而变化,特别是当电阻阻值的相对变化较大时,会引起较大的非线性误差,如 $\Delta R/R = 0.2$ 时,其非线性误差 $\gamma = 10\%$。为了提高直流电桥的精确性,必须对非线性误差进行补偿。

2) 减小和补偿非线性误差的方法

(1) 改单臂变化电桥输出为半差动电桥输出。

在图 1-15 中,若所示电桥同一支路的两个电阻阻值发生正反向微小变化(如 R_1 阻值增加 ΔR_1,R_3 阻值减少 ΔR_3),则构成半差动电桥,该电桥的输出电压为

$$U_o = E\left(\frac{\Delta R_1 + R_1}{\Delta R_1 + R_1 + R_3 - \Delta R_3} - \frac{R_2}{R_2 + R_4} \right) \tag{1-17}$$

若 $\Delta R_1 = \Delta R_3 = \Delta R$,$R_1 = R_2 = R_3 = R_4$,式(1-17)就可变为

$$U_O = \frac{E}{2} \cdot \frac{\Delta R}{R} \qquad\qquad (1\text{-}18)$$

式(1-18)表明半差动电桥输出电压 U_O 与桥臂电阻阻值的相对变化 $\Delta R/R$ 成线性关系。若 R_1、R_3 阻值变化相反、大小相等,则半差动直流电桥的输出不但完全消除了单臂变化电桥输出时的非线性误差,而且输出电压的灵敏度也提高了 1 倍,即 $S_H = E/2$,是单臂工作时的 2 倍。

(2) 采用全差动电桥。

如果将直流电桥四个桥臂都接入变化的电阻,其阻值变化两两相反(如 R_1 阻值增加 ΔR_1,R_3 阻值减少 ΔR_3,R_2 阻值减小 ΔR_2,R_4 阻值增加 ΔR_4),则构成全差动电桥电路,其输出电压为

$$U_O = E\left(\frac{R_1 + \Delta R_1}{R_1 + \Delta R_1 + R_3 - \Delta R_3} - \frac{R_2 - \Delta R_2}{R_2 - \Delta R_2 + R_4 + \Delta R_4}\right)$$

若 $\Delta R_1 = \Delta R_2 = \Delta R_3 = \Delta R_4 = \Delta R$,且 $R_1 = R_2 = R_3 = R_4 = R$,则全差动等臂电桥输出电压为

$$U_O = E\frac{\Delta R}{R}$$

其输出电压的灵敏度为

$$S_H = E$$

由此表明,全差动电桥的输出电压 U_O 与桥臂电阻阻值的相对变化 $\Delta R/R$ 成线性关系,完全消除了非线性误差,而且电压灵敏度为单臂工作时的 4 倍。

1.3.2 交流电桥

交流电桥主要用于交流等效阻抗及其时间常数、电容及其介质损耗、自感及其线圈品质因数和互感等电参数的精密测量,也可用于非电量变换为相应电量参数的精密测量。常用的交流电桥分为阻抗比电桥和变压器电桥两大类,一般习惯上称阻抗比电桥为交流电桥。交流电桥的电路与直流电桥具有同样的结构形式,但因为它的四个臂是阻抗,所以它的平衡条件、电路的组成及实现平衡的调整过程都比直流电桥复杂很多。

图 1-16 所示的是交流电桥的原理电路,它与直流电桥相似。在交流电桥中,四个桥臂是由交流电路元件如电阻、电感、电容组成的;电桥的电源通常是正弦交流电源;交流平衡指示仪的种类很多,应适用于不同频率范围。频率为 200 Hz 以下时可采用谐振式检流计,音频范围内可采用耳机作为平衡指示器,音频或更高的频率时也可采用电子指零仪,也有用电子示波器或交流毫伏表作为平衡指示器的。

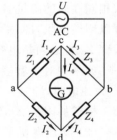

图 1-16 交流电桥的原理电路

1. 交流电桥的平衡条件

1) 平衡条件

在正弦稳态的条件下,在交流电桥的一条对角线 cd 上接入交流指零仪,在另一对角线 ab 上接入交流电源。当调节电桥参数,交流指零仪中无电流通过(即 $\dot I_0 = 0$)时,c、d 两点的电位相等,电桥达到平衡,这时有

$$\dot U_{ac} = \dot U_{ad} \quad 且 \quad \dot U_{cb} = \dot U_{db}$$

即 $\qquad\qquad \dot I_1 Z_1 = \dot I_2 Z_2 \quad 和 \quad \dot I_3 Z_3 = \dot I_4 Z_4$

两式相除得
$$\frac{\dot{I}_1 Z_1}{\dot{I}_3 Z_3} = \frac{\dot{I}_2 Z_2}{\dot{I}_4 Z_4}$$

电桥平衡时,即 $\dot{I}_0 = 0$ 时,$\dot{I}_1 = \dot{I}_3$,$\dot{I}_2 = \dot{I}_4$,由此可得

$$Z_1 Z_4 = Z_2 Z_3 \tag{1-19}$$

由式(1-19)可知:当交流电桥达到平衡时,相对桥臂的阻抗的乘积相等。

2)交流电桥分析

在正弦交流情况下,桥臂阻抗可以写成复数的形式,即

$$Z = R + jX = |Z| e^{j\varphi}$$

若将电桥的平衡条件用复数的指数形式表示,则可得

$$|Z_1| e^{j\varphi_1} \times |Z_4| e^{j\varphi_4} = |Z_2| e^{j\varphi_2} \times |Z_3| e^{j\varphi_3}$$

即
$$|Z_1| \times |Z_4| e^{j(\varphi_1 + \varphi_4)} = |Z_2| \times |Z_3| e^{j(\varphi_2 + \varphi_3)}$$

根据复数相等的条件,等式两边的幅模和相角必须分别相等,故有

$$\begin{cases} |Z_1| \times |Z_4| = |Z_2| \times |Z_3| \\ \varphi_1 + \varphi_4 = \varphi_2 + \varphi_3 \end{cases} \tag{1-20}$$

式(1-20)就是交流电桥的平衡条件,可见交流电桥的平衡必须满足两个条件:一是相对桥臂上阻抗幅模的乘积相等;二是相对桥臂上阻抗相角之和相等。由式(1-20)可以得出如下两点重要结论。

(1)交流电桥必须按照一定的方式配置桥臂阻抗。

如果用任意不同性质的四个阻抗组成一个电桥,不一定能够调节到平衡状态,因此必须把电桥各元件的性质按电桥的两个平衡条件进行适当配合。在很多交流电桥中,为了使电桥结构简单和调节方便,通常将交流电桥中的两个桥臂设计为纯电阻。

由式(1-20)的平衡条件可知,如果相邻两桥臂接入纯电阻,则另外相邻两桥臂也必须接入相同性质的阻抗。例如:若被测对象 Z_x 在第一桥臂中,相邻两桥臂 Z_3 和 Z_4(见图1-16)可以用纯电阻,即 $\varphi_3 = \varphi_4 = 0$,那么由式(1-20)可得 $\varphi_2 = \varphi_x$;若被测对象 Z_x 是电容,则它相邻桥臂 Z_2 也必须是电容;若 Z_x 是电感,则 Z_2 也必须是电感。

如果相对桥臂接入纯电阻,则另外相对两桥臂必须为异性阻抗。例如,相对桥臂 Z_2 和 Z_3 为纯电阻,即 $\varphi_2 = \varphi_3 = 0$,那么由式(1-20)可知道:$\varphi_4 = -\varphi_x$。若被测对象 Z_x 为电容,替换第一桥臂的阻抗 Z_1,则它的相对桥臂 Z_4 必须是电感,而如果 Z_x 是电感,则 Z_4 必须是电容。

(2)交流电桥平衡必须反复调节两个桥臂的参数。

在交流电桥中,为了满足上述两个条件,必须调节两个桥臂的参数,才能使电桥完全达到平衡,而且往往需要对阻抗的幅模和相角这两个参数进行反复的调节,所以交流电桥的平衡调节要比直流电桥的调节困难一些。

2. 交流电桥的设计原则

交流电桥的四个桥臂要按一定的原则配以不同性质的阻抗,才有可能达到平衡。从理论上讲,满足平衡条件的桥臂类型,可以有许多种。但实际上常用的类型并不多,这主要是由于以下几个原因造成的。

(1)桥臂尽量不采用电感,由于制造工艺上的原因,电容的准确度要高于电感的准确度,并且电容不易受外磁场的影响,所以常用的交流电桥,不论是测电感还是测电容,除了被测桥臂之外,其他三个桥臂都采用电容和电阻。

(2)尽量使平衡条件与电源频率无关,这样才能发挥电桥的优点,使被测量只取决于桥

臂模值参数,而不受电源频率的影响。有些形式的桥路平衡条件与频率有关,这样,电源的频率不同将直接影响测量的准确性。

（3）电桥在平衡中需要反复调节,才能使相角关系和幅模关系同时得到满足。通常将电桥趋于平衡的快慢程度称为交流电桥的收敛性。收敛性愈好,电桥趋向平衡愈快;收敛性差,则电桥不易平衡或者说平衡过程时间很长,需要测量的时间也很长。电桥的收敛性取决于桥臂阻抗的性质及调节参数的选择,所以收敛性差的电桥很少使用。

3. 几种常用的交流电桥

1）电容电桥

如图 1-17(a)所示,两相邻桥臂为纯电阻 R_3、R_4,另外两相邻桥臂为电容 C_1、C_2。桥臂 1 和桥臂 2 的等效阻抗分别为 $\dfrac{1}{j\omega C_1}$、$\dfrac{1}{j\omega C_2}$,根据平衡条件,有

$$\frac{1}{j\omega C_1} R_4 = \frac{1}{j\omega C_2} R_3$$

则电桥的平衡条件为

$$\frac{R_4}{C_1} = \frac{R_3}{C_2}$$

2）电感电桥

如图 1-17(b)所示的电感电桥,两相邻桥臂为电感 L_1、L_2,根据交流电桥的平衡要求,有

$$j\omega L_1 R_4 = j\omega L_2 R_3$$

那么电感电桥平衡条件为

$$L_1 R_4 = L_2 R_3$$

一般采用 $5\sim10$ kHz 高频振荡作为电桥电源,以便消除外界的工频干扰。

3）电感、电容混合电桥

如图 1-17(c)所示的电感、电容混合电桥,两相邻桥臂为电容 C_1、L_4,根据交流电桥的平衡要求,有

$$\frac{1}{j\omega C_1} j\omega L_4 = R_2 R_3$$

那么电桥平衡条件为

$$\frac{L_4}{C_1} = R_2 R_3$$

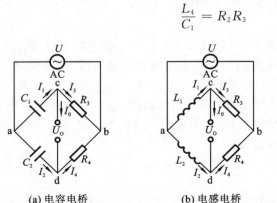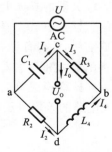

(a) 电容电桥	(b) 电感电桥	(c) 电感、电容混合电桥

图 1-17　常用交流电桥

除了通常讨论的电阻、电容、电感等通用电桥外,测量中还可使用带有感应耦合臂的电桥等其他形式的电桥。

1.3.3　仪表放大器

信号放大电路是传感器信号调理最常用的电路,目前的放大电路几乎都采用运算放大器,由于其具有输入阻抗高、增益大、可靠性好、价格低廉等优点,因而得到了广泛的应用。常用的放大器有运算放大器、仪表放大器、可编程增益放大器和隔离放大器等。

当传感器工作在恶劣环境时,传感器的输出存在着各种噪声,并且共模干扰信号很大,而传感器输出的有用信号又比较小;同时测量电桥的输出也需要与一个高阻抗的接口电路相连接,并且输出信号没有接地端,这时一般的运算放大器已不能胜任,可考虑采用仪表放大器。

仪表放大器是一种高增益、直流耦合的放大器,它具有差分输入、单端输出、高输入阻抗和高共模抑制比等特点。仪表放大器所采用的基础部件是运算放大器,但在性能上与标准运算放大器有很大的不同。标准运算放大器是单端器件,其传输函数主要由反馈网络决定;而仪表放大器在有共模信号的条件下能够放大很微弱的差分信号,因而具有很高的共模抑制比(CMRR),通常不需要接外部反馈网络。

1. 仪表放大器的特点

仪表放大器,也称为精密放大器,是一种闭环增益组件,具有差分输入和单端输出的特点。两个输入端的阻值很高,通常大于 10^9 Ω;输出阻抗很低,通常仅有几毫欧姆。它与运算放大器的不同之处是运算放大器的闭环增益是由其反相输入端与输出端之间连接的外部电阻决定的,而仪表放大器则使用与输入端隔离的内部反馈电阻网络来确定其闭环增益。在仪表放大器的两个差分输入端施加输入信号,其增益既可由内部预置,也可由用户通过引脚内部设置或通过与输入信号隔离的外部增益电阻设置。

为了使仪表放大器能有效工作,要求在能放大两个输入端微伏级差模信号的同时还能抑制共模信号,这样就要求仪表放大器具有很高的共模抑制比,CMRR 的典型值为 70~100 dB,一般高增益时 CMRR 将得到改善。

仪表放大器按增益设置分类,可分为固定增益仪表放大器和可设置增益仪表放大器两类。可设置增益仪表放大器又分为电阻设置增益、引脚设置增益和软件可编程增益三种。仪表放大器按工作电源分类,可分为单电源仪表放大器和双电源仪表放大器两种。按精度等级分类,仪表放大器可分为高精度仪表放大器和普通仪表放大器两种。

2. 仪表放大器基本电路

集成仪表放大器的具体电路多种多样,但是很多电路都是在如图 1-18 所示电路的基础上演变而来的。该仪表放大器是由电阻网络和三个运算放大器构成的,其中 A_1、A_2 两个同相放大器组成前级,为对称结构。输入信号 U_1、U_2 加在 A_1、A_2 的同相输入端,从而具有高抑制共模干扰的能力和高输入阻抗。差动放大器 A_3 为后级,它不仅切断共模干扰的传输,还将双端输入方式变换成单端输出方式,以适应对地负载的需要。在 $R_1=R_3$,$R_4=R_5$,$R_6=R_7$ 条件下,该电路的差模电压放大倍数为

$$A = \left(1 + \frac{2R_1}{R_2}\right)\frac{R_6}{R_4}$$

为了提高仪表放大器的共模抑制比,要求 $R_4 /\!/ R_6$ 和 $R_5 /\!/ R_7$ 相差尽可能小,R_2 为用于调节放大系数的内部电阻或外接电阻,一般选用金属膜或线绕电阻。调节增益时,不用调节 R_4、R_7 这些电阻。如果希望调节增益,对于外接电阻,可通过改变电阻 R_2 来实现,这样对仪表放大器的 CMRR 的影响并不大。

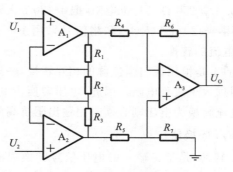

图 1-18　仪表放大器的原理图

此电路保证用户只需要外接一个电阻即可实现由一到上万倍的增益精确设定,减少了由于增益误差带来的数据采集误差,同时这种结构保证其具有高输入阻抗和低输出阻抗、高共模抑制比和低温漂等特性。

1.3.4　变送器

变送器是单元组合仪表中不可缺少的单元,它借助于敏感元件,接受物理量形式的信息,并按照一定的规律输出标准的可以与其他设备相联系的信号,送到显示仪表或控制装置进行显示、记录。由于传感器测量的变量不同,因而变送器的类型也不相同,可将其分为温度变送器、压力变送器、液位变送器、流量变送器等类别。

输出为非标准信号的传感器,必须和特定的仪表或装置相配套,才能实现检测或调理功能。不同的标准信号之间可借助相应的转换器互相转换。例如,$4\sim20$ mA 与 $0\sim10$ mA,$0\sim5$ V 与 $0\sim10$ V 等的相互转换。国际电工委员会(IEC)将电流信号 $4\sim20$ mA(DC)和电压信号 $1\sim5$ V(DC)确定为过程控制系统用模拟信号的统一标准。在使用中,仪表传输信号采用 $4\sim20$ mA(DC),联络信号采用 $1\sim5$ V(DC),即采用电流传输、电压接收的信号系统。

采用这种信号系统的优点主要有:现场仪表可实现两线制,所谓两线制即电源、负载串联在一起,有一个公共点,而现场变送器与控制室仪表之间的信号联络及供电仅用两条线。变送器电路没有静态工作电流将无法工作,信号起点电流 4 mA 就是变送器的静态工作电流。同时仪表电气零点为 4 mA,不与大地零点重合,这种"活零点"的方法有利于识别断电和断线等故障。而且两线制还便于使用安全栅,利于安全防爆。控制室仪表采用电压并联控制信号传输,同一个控制系统所属的仪表之间有公共端,便于与检测仪表、调节仪表、计算机、报警装置配合使用,并方便接线。

现场仪表与控制室仪表之间的传输信号采用 $4\sim20$ mA 的原因是:现场与控制室之间的距离较远,连接电路的电阻较大。如果用电压源信号远距离传输,由于线路电阻与接收仪表输入电阻的分压,将产生较大的误差,并且线路长短不同时误差也不同。用电流信号远距离传输,只要传送回路不出现分支,回路中的电流就不会随线路长短的不同而改变,从而保证了信号传送的精度。

控制室仪表之间的联络信号采用 $1\sim5$ V 的理由是:为了便于多台仪表共同接收同一个信号,并有利于接线和构成各种复杂的控制系统。如果用电流作为联络信号,当多台仪表共同接收同一个信号时,它们的输入电阻必须串联起来,这会使最大负载电阻超过变送仪表的负载能力,而且各接收仪表的信号负端电位各不相同,会引入干扰,而且不能做到单一集中供电。

采用电压信号联络,与现场仪表的联络用的电流信号必须转换为电压信号,最简单的方法就是在电流传送回路中串联一个 250 Ω 的标准电阻，把 4～20 mA(DC)转换为 1～5 V(DC)。

由于仪表传输信号采用 4～20 mA(DC)，联络信号采用 1～5 V(DC)，所以在传送器中常用的信号转换为电压与电流的转换。

电压与电流的转换实质上是恒压源与恒流源的相互转换，一般来说，恒压源的内阻远小于负载电阻，恒流源的内阻远大于负载电阻。因此，电压转换为电流时必须采用输出阻抗高的电流负反馈电路，而将电流转换为电压则必须采用输出阻抗高的电压负反馈电路。

1. 电压转换为电流(V/I 转换器)

电压/电流转换即 V/I 转换，是指将输入的电压信号转换成满足一定关系的电流信号，转换后的电流相当于一个输出可调的恒流源，其输出电流应能够保持稳定而不会随负载的变化而变化。

一般来说，电压/电流转换电路是通过负反馈的形式，可以是电流串联负反馈，也可以是电流并联负反馈来实现的。电路如图 1-19 所示。

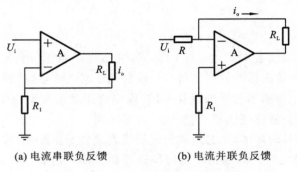

(a) 电流串联负反馈　　　　　(b) 电流并联负反馈

图 1-19　V/I 转换器

图 1-19(a)中运放的输入电阻 $R_i = \infty$，输出电流值为 $i_o = \dfrac{U_i}{R_1}$。图 1-19(b)中运放的输入电阻 $R_i = R$，输出电流值为 $i_o = \dfrac{U_i}{R}$。

2. 变送器实例

扩散硅式差压变送器放大电路如图 1-20 所示，当变送器输入差压信号 Δp 时，使硅杯受压，R_A、R_D 的阻值增加 ΔR，而 R_B、R_C 的阻值减小 ΔR，此时 T 点的电位降低，而 F 点的电位升高，于是电桥上有电压输出。该信号经过放大器 A 和晶体管进行电压和功率放大后使输

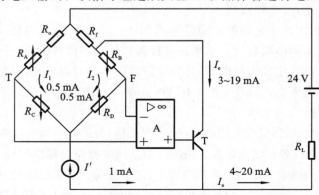

图 1-20　扩散硅式差压变送器放大电路

出电流 I_o 增加。在差压变化的量程范围内，晶体管 T 的发射极电流 I_e 为 3～19 mA，所以整机输出电流 I_o 为 4～20 mA。

本 章 小 结

　　传感器是信息获取与处理的源头，也是自动化系统的基本组成部分之一。本章的第一部分介绍了传感器的定义和组成，以及传感器在自动控制系统中的地位和作用，给出了传感器的分类方法。

　　本章的第二部分首先介绍了传感器的静态特性指标，包括线性度、灵敏度、分辨力、迟滞性、重复性、漂移等，其次介绍了传感器的动态特性和两种分析方法——瞬态响应法和频率响应法，最后介绍了传感器的标定方法——静态标定方法和动态标定方法。

　　本章第三部分介绍了传感器的常用测量电路，主要是电桥电路、仪表放大器和变送器。在电桥电路部分主要介绍了常用的直流电桥电路的原理和特性，对交流电桥电路也进行了简单的介绍。在仪表放大器中，介绍了其基本的组成和工作原理。最后对变送器的工作原理和变换原理进行了讲解。

思考与练习题

　　1. 传感器的定义是什么？它一般是由哪几部分组成的？

　　2. 传感器在自动化中具有怎样的地位与作用？

　　3. 画出一个自动化控制系统，并说明其各部分的作用。

　　4. 传感器有几种分类形式？

　　5. 哪些传感器属于有源传感器，哪些传感器属于无源传感器？

　　6. 设计一个自动化仪表，画出它的组成并说明其工作原理。

　　7. 传感器静态特性的定义是什么？静态特性有哪些技术指标？

　　8. 传感器动态特性的定义是什么？动态特性有哪些技术指标？

　　9. 一阶传感器的传递函数和频率响应函数是什么？

　　10. 传感器的输入-输出特性与什么有关？

　　11. 描述传感器最有效的方法是什么？

　　12. 求线性度时，获取拟合直线的一般方法是什么？

　　13. 灵敏度表征了什么？

　　14. 如何确定传感器的重复性和迟滞性？

　　15. 传感器的标定方法有几种？如何实现它们的标定？

　　16. 简述直流电桥的平衡条件。

　　17. 分析单臂变化的直流电桥的非线性误差，如何提高单臂变化的直流电桥的线性度？

　　18. 单臂变化的电桥、双臂变化的电桥和全臂变化的电桥的灵敏度如何？

　　19. 交流电桥的平衡条件是什么？

　　20. 为什么传感器测量电路中用仪表放大器？它的适用条件是什么？

　　21. 画出仪表放大器的基本电路。

　　22. 图 1-13 所示的直流电桥，若电源电压为 12 V，静态时 $R_1 = R_2 = R_3 = R_4 = 1$ kΩ，若某一外部条件使 R_1、R_4 变为 1.02 kΩ，R_2、R_3 变为 0.98 kΩ，此时电桥的输出电压 U_o 是多少？

　　23. 推导图 1-18 所示的仪表放大器的放大倍数。在图 1-18 中，若放大倍数为 100，那么电阻如何配置？

　　24. 为什么常用变送器的输出电流是 4～20 mA 的信号？

第②章 电阻式传感器

电阻式传感器的种类繁多,应用领域也十分广泛。它们的基本原理都是将各种非电量转换成电阻的变化量,然后通过对电阻变化量的测量,达到非电量测量的目的。本章研究的电阻式传感器有电阻应变式传感器、压阻式传感器、热电阻式温度传感器、气敏电阻传感器、湿敏电阻传感器等。利用电阻式传感器可以测量位移、力、加速度、转矩、温度、气体成分等物理量。

2.1 电阻应变式传感器

电阻应变式传感器由弹性元件和转换元件两部分构成。电阻应变式传感器利用金属弹性体作为弹性元件,将电阻应变片粘贴在弹性元件的特定表面,当力、扭矩、速度、加速度及流量等物理量作用于弹性元件时,会导致元件应力和应变的变化,进而引起电阻应变片阻值的变化。电阻的变化经电路处理后以电信号的方式输出,这就是电阻应变式传感器的工作原理。

2.1.1 电阻应变片的工作原理

电阻应变片简称应变片,其转换原理基于金属电阻丝的电阻应变效应。所谓电阻应变效应是指金属导体(电阻丝)的电阻值随其形状的变化(伸长或缩短)而发生改变的一种物理现象。设有一根圆截面的金属丝(见图2-1)其原始电阻值为

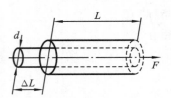

图 2-1 金属导线受拉变化图

$$R = \rho \frac{L}{A} \tag{2-1}$$

式中:R 为金属丝的原始电阻(Ω);ρ 为金属丝的电阻率($\Omega \times$ m);L 为金属丝的长度(m);A 为金属丝的横截面积(m^2),$A = \pi r^2$,r 为金属丝的半径。

由式(2-1)可以看出,金属丝的电阻与材料的电阻率、几何尺寸等有关。当金属丝承受机械形变时,这些参数都要发生变化,因而引起金属丝的电阻变化。

当金属丝受轴向力 F 作用被拉伸时,式(2-1)中的 ρ、L、A 都发生变化,从而引起电阻值 R 发生变化。设受外力作用后,金属丝的长度伸长 dL,横截面积减小 dA,电阻率变化为 $d\rho$,引起电阻 R 变化为 dR。则式(2-1)可变为如下形式。

$$dR = \frac{L}{A}d\rho + \frac{\rho}{A}dL - \frac{\rho L}{A^2}dA \tag{2-2}$$

$$\frac{dR}{R} = \frac{dL}{L} - \frac{dA}{A} + \frac{d\rho}{\rho} \tag{2-3}$$

根据材料力学的知识,杆件轴向受拉或受压时,其纵向应变与横向应变的关系为

$$\frac{dL}{L} = \varepsilon \tag{2-4}$$

$$\frac{dr}{r} = -\varepsilon\mu \tag{2-5}$$

金属丝电阻率的相对变化与其轴向所受拉力 σ 有关,即

$$\frac{\mathrm{d}\rho}{\rho} = \lambda\sigma = \lambda E\varepsilon \tag{2-6}$$

式中:ε 为金属丝材料的应变;E 为金属丝材料的弹性模量;λ 为压阻系数,与材料有关;$\mathrm{d}\rho/\rho$ 为金属丝电阻率的相对变化量。

将式(2-4)至式(2-6)代入式(2-3),整理后可得

$$\frac{\mathrm{d}R}{R} = (1 + 2\mu + \lambda E)\varepsilon \tag{2-7}$$

式中:$\frac{\mathrm{d}R}{R}$ 为电阻相对变化量;μ 为金属材料的泊松比。

由式(2-7)可知,电阻相对变化量是由两方面的因素决定的:一方面是应变效应,由金属丝几何尺寸的改变而引起的电阻变化量,即 $1+2\mu$ 项;另一方面是压阻效应,材料受力后,材料的电阻率 ρ 发生变化而引起的电阻变化量,即 λE 项。对于特定的材料,$1+2\mu+\lambda E$ 是一常数,因此式(2-7)所表达的电阻丝电阻变化率与应变成线性关系,这就是电阻应变计测量应变的理论基础。

对于式(2-7),令 $K_0 = 1 + 2\mu + \lambda E$,则有

$$\frac{\mathrm{d}R}{R} = K_0\varepsilon \tag{2-8}$$

K_0 为单根金属丝的灵敏度系数,其物理意义为:当金属丝单位长度发生变化(应变)时,其大小为电阻变化率与其应变的比值,亦即单位应变的电阻变化率。

对于大多数金属丝而言,$1+2\mu$ 为常数,是金属丝式应变片的灵敏度系数 K_0。由实验可知,用于制造电阻应变片的金属丝材料的 K_0 值多在 1.7 到 3.6 之间,但在弹性形变范围内时 $K_0 \approx 2$。

对于由半导体材料制成的应变片,其由电阻率变化 $\frac{\mathrm{d}\rho}{\rho}$ 引起的形变远远大于由几何尺寸变化引起的形变(这一数值是金属丝式电阻应变片的 50 倍到 70 倍)。

金属丝式电阻应变片与半导体式应变片的主要区别在于:前者是利用金属导体形变引起电阻的变化,后者则是利用半导体电阻率变化引起电阻的变化。

2.1.2 电阻应变片的结构、类型及参数

1. 电阻应变片的结构

电阻应变片主要由四部分组成,如图 2-2 所示。电阻丝是电阻应变片的敏感元件;基片、覆盖层起定位和保护作用,并使电阻丝和被测试件之间绝缘;引出线用于连接测量导线。

2. 电阻应变片的类型及特点

1)电阻丝式应变片

电阻丝式应变片的敏感元件是丝栅状的金属丝,它可以制成 U 形、V 形和 H 形等多种形状,如图 2-3 所示。电阻丝式应变片因使用的基片材质不同又可以分为纸基、纸浸胶基和胶基等种类。

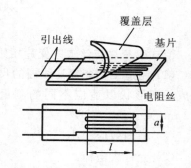

图 2-2 电阻应变片的结构示意图

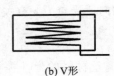
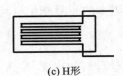

(a) U形   (b) V形   (c) H形

图 2-3   几种常见的电阻丝式应变片

纸基应变片制造简单,价格便宜且易于粘贴,但耐热性和耐潮湿性不好,一般使用温度在 70 ℃以下,多在短期的室内试验中使用。若在其他的恶劣环境中使用,应采取有效的防护措施。如用酚醛树脂、聚酯树脂等胶液将纸进行渗透、硬化等处理后,可使纸基应变片的特性得到改善,使用温度可提高到 180 ℃,抗潮湿性也得到提高,可以长期使用。但粘贴时应注意将应变片粘贴牢固,防止翘曲。

胶基片是用环氧树脂、酚醛树脂和聚酯树脂等有机聚合物的薄片直接制成的,其耐湿性、绝缘性均较好,弹性系数高,使用温度范围为 $-50 \sim +170$ ℃。长时间使用的测量仪表多用此种基底的应变片。

电阻丝是应变片受力后引起电阻值变化的关键部件,它是一根具有很高电阻率的金属细丝,直径为 $0.01 \sim 0.05$ mm。由于电阻丝很细,故要求电阻丝材料具有电阻温度系数小、温度稳定性良好、电阻率大等特性,同时,金属电阻丝的相对灵敏度系数要大,并且能在相当大的应变范围内保持常数。常用的电阻丝材料有铜镍合金、镍铬合金、铂、铂铬合金、铂钨合金、卡玛丝等。

2) 箔式应变片

箔式应变片的工作原理、结构与丝式应变片的基本相同,但二者的制造方法不同。箔式应变片采用光刻法代替丝式应变片的绕线工艺。在厚度为 $3 \sim 10$ μm 的金属箔底面上涂绝缘胶层作为应变片的基底。箔片的上表面涂一层感光胶剂。将敏感栅绘成放大图,经照相制版后,印晒到箔片表面的感光胶剂上,再经腐蚀等工序,制成条纹清晰的敏感栅,其结构如图 2-4 所示。

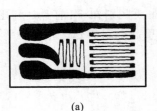
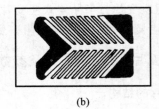

(a)   (b)

图 2-4   箔式应变片的结构

箔式应变片与丝式应变片相比具有下列优点。

(1) 制造工艺能保证线栅的尺寸正确、线条均匀,大批量生产时电阻值的离散度小,能制成任意形状以适应不同的测量要求。电阻线栅的基长可做得很小(最小的目前已达 0.2 mm)。

(2) 横向效应很小。

(3) 允许大电流。

(4) 柔性好、蠕变小、疲劳寿命长。可贴在形状复杂的试件上,与试件的接触面积大,粘接牢固,能很好地随同试件变形,当受交变载荷时疲劳寿命长,蠕变也小。

(5) 生产效率高。箔式应变片便于实现生产工艺自动化,从而提高生产率,减小工人的劳动强度,价格便宜。

3) 半导体式应变片

半导体式应变片使用半导体单晶硅条作为敏感元件,其最简单的典型结构如图 2-5 所示。半导体式应变片的使用方法与金属电阻应变片的相同,即粘贴在弹性元件或被测体上,其电阻值随被测试件的应变发生相应变化。

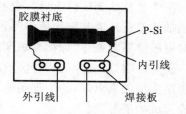

图 2-5　半导体式应变片的结构示意图

半导体式应变片的工作原理是基于半导体材料的压阻效应。半导体式应变片具有灵敏度高、频率响应范围宽、体积小、横向效应小等特点,这使其拥有很广的应用范围,但同时也具有温度系数大、灵敏度离散大及在较大变形下非线性比较严重等特点。

3. 金属应变片的参数

由于应变片各部分材质、性能及线栅形式和工艺等方面的因素,应变片在工作中所表现出来的性质和特点也有差别,因此需要对应变片的主要规格、特性和影响因素进行研究,以便合理选择、正确使用和研制新的应变片。

1) 几何尺寸

几何尺寸表明应变片敏感栅的有效工作面积,其表达式为 $a \times l$,如图 2-2 所示。应变片的工作宽度 a 是在应变片轴线相垂直的方向上敏感栅最外侧之间的距离;应变片的工作基长 l 是应变片敏感栅在其轴线方向的长度,对于带有圆弧端的敏感栅,工作基长是指两端圆弧之间的距离。

应变片所测的应变,是指被测构件在基长内的平均应变值。目前应变片的最小基长为 0.2 mm,最长达 300 mm。一般生产厂商都有一个应变片基长系列供选用。

2) 电阻值 R

电阻值 R 是指应变片没有粘贴也不受力时,在室温下测定的电阻值。应变片阻值也有一个系列,如 60 Ω、120 Ω、350 Ω、600 Ω 和 1 000 Ω。其中,以 120 Ω 最为常用。

3) 绝缘电阻

绝缘电阻是指应变片引线与被测试件之间的电阻值,它取决于黏合剂及基底材料的种类。绝缘电阻值过小,会造成应变片与试件之间漏电,产生测量误差。应变片的绝缘电阻一般不小于 100 MΩ。

4) 最大工作电流

最大工作电流是指允许通过应变片而不影响其工作特性的最大电流。工作电流大,应变片的输出信号就大,因而灵敏度系数大。但过大的工作电流会使应变片本身过热,使灵敏度系数变化,零漂、蠕变增加,甚至使应变片被烧毁。通常静态测量时允许通过应变片的电流为 25 mA 左右,动态测量时可达 75～100 mA;允许通过箔式应变片的电流可以大一些。

5) 相对灵敏度系数 K

将金属线材制成电阻应变片后,其电阻应变特性与单根金属丝的特性有所不同,必须重新用实验来测定。实验要按统一的规定来进行,将电阻应变片贴在一维应力作用下的试件上,如钢制纯弯曲梁或等强度悬臂梁等。应变片敏感栅的纵向轴线必须沿装置的应力方向粘贴。在装置受力后,梁发生形变,电阻应变片的阻值也发生相应的变化,即可得到应变片的电阻应变特性曲线。

应变片粘贴到试件上后一般不能取下再用,所以只能在每批产品中提取一定百分比的产品抽样检定。取其平均值作为该批产品的相对灵敏度系数,这就是产品包装盒上注明的相对灵敏度系数或称"标称灵敏度系数"。

实验说明,应变片的相对灵敏度系数恒小于线材的相对灵敏度系数。究其原因,除了胶体传递变形失真以外,一个重要原因是存在着横向效应的缘故。这样应变片电阻的相对变化应写成如下形式。

$$\frac{\mathrm{d}R}{R} = K\varepsilon$$

6）横向效应

应变片粘贴在单向拉伸试件上时,各直线段上的电阻丝沿轴向的应变为 ε_x,其各微段的电阻都是增加的。但是在圆弧段上的应变是按泊松系数变化的,其在垂直轴向产生应变为 ε_y,因此该段的电阻不是增加,而是减小的。所以说将直线材绕成敏感栅后,虽然二者的长度相同,但受单向拉伸时,应变片敏感栅的电阻却减小,灵敏度系数有所减小,这种现象称为应变片的横向效应。事实上,在标定 K 值时,已把横向效应的影响包括在内。但在实际的使用中,应变片往往粘贴在平面应变场中,沿纵向的应变 ε_x 和沿横向的应变 ε_y 并不一定成标定状态的关系,这时横向效应就会引起一定的误差,需要加以考虑。

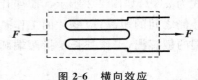

图 2-6　横向效应

当应变片处于平面应变场中时,如图 2-6 所示,由于横向效应,ε_y 也能引起电阻的变化,此时实际电阻变化为

$$\frac{\Delta R}{R} = K_x\varepsilon_x + K_y\varepsilon_y \tag{2-9}$$

式中：$K_x = \left(\dfrac{\Delta R/R}{\varepsilon_x}\right)_{\varepsilon_y=0}$,$K_y = \left(\dfrac{\Delta R/R}{\varepsilon_y}\right)_{\varepsilon_x=0}$。$K_x$ 为应变片对轴向应变的相对灵敏度系数,它表示当 $\varepsilon_y = 0$ 时,敏感栅阻值的相对变化与 ε_x 之比。K_y 为应变片对横向应变的相对灵敏度系数,它表示当 $\varepsilon_x = 0$ 时,敏感栅阻值的相对变化与 ε_y 之比。通常可用实验方法来测定 K_x 和 K_y。

令横向效应系数 $K_H = K_y/K_x$,则式(2-9)可写为

$$\frac{\Delta R}{R} = K_x(\varepsilon_x + K_H\varepsilon_y)$$

根据应变片灵敏度系数 K 的定义可知

$$K = \frac{\Delta R/R}{\varepsilon_x} = \frac{K_x(\varepsilon_x + \varepsilon_y K_H)}{\varepsilon_x}$$

显然,在任意平面应变场的情况下,应变片的实际灵敏度系数比纵向灵敏度系数 K 减小了。因此,若仍用应变片出厂时给定的 K 值,就会造成测量结果的误差。对于精度要求较高的应变测量,当误差较大时,需进行修正。

7）应变极限

应变片所能测量的应变范围是有一定限度的,误差超过一定限度则认为应变片已经开始失去工作能力了。这个限度称为应变极限。

8）机械滞后,零漂和蠕变

循环加载时,加载特性与卸载特性不重合的现象,称为机械滞后。机械滞后产生的原因主要是敏感栅、基底和黏合剂在承受机械应变以后所留下的残余变形。敏感栅材料经过适当的热处理,可以减少应变片的机械滞后。为了减少新安装应变片的滞后,最好在正式测量

前对试件或结构进行三次以上的加载、卸载准备。

对于已安装好的应变片,在一定温度下,不承受机械应变时,其指示应变随时间的变化而变化的现象称为应变片的零漂。在一定温度下,使其承受某一恒定的机械应变时,指示应变随时间的变化而变化的现象,称为应变片的蠕变。其实蠕变值中已包含了零漂。

4. 应变片的粘贴技术

应变片的黏合剂是具有特殊力学性能的一类胶黏剂,常用的有酚醛类、环氧类、有机硅类、聚酰亚胺和合成橡胶类等黏合剂。测试时,应变片通过黏合剂贴到试件上,黏合剂所形成的胶层要将试件的应变正确无误地传递到敏感栅上去。应变片在测量系统中是关键性的元件,而试验的成败往往取决于黏合剂的选用与粘贴方法是否正确。黏合剂在很大程度上影响着应变片的工作特性,如蠕变、滞后、零漂、灵敏度、线性度,以及影响这些特性随时间、温度变化的程度。所以黏合剂的选用和粘贴工艺是很重要的内容。

应变片与试件之间的黏结不但要求黏结力强,而且要求黏合层的剪切弹性模量大、固化内应力小、耐老化、耐疲劳、稳定性好、蠕变与滞后小,还要有较高的电绝缘性能和良好的耐潮、耐油性能及使用简便等特点。

应变片的粘贴通常采用以下流程:表面处理(研磨及清洗)→弹性体上底胶(涂覆或浸渍)→底胶固化→粘贴应变片→粘贴固化→上防潮层→粘贴质量检查。其中,比较关键的步骤是表面处理、固化工艺和质量检查。

经固化处理后的应变片电阻应重新测量,以确定贴片过程中敏感栅和引线是否损坏。另外,还要测量引出线和试件之间的绝缘电阻。一般情况下,绝缘电阻为 50 MΩ 即可,进行某些高精度测量时,绝缘电阻则需在 200 MΩ 以上。

应变片引出线最好采用中间连接片引出。为了保证应变片工作的长期稳定性,应采取防潮、防水等措施。例如,在应变片及其引出线上涂上石蜡、石蜡松香混合剂、环氧树脂、有机硅和清漆等保护层。

2.1.3 电阻应变式传感器的温度误差及其补偿

1. 温度误差及其产生原因

由于温度变化所引起的应变片电阻变化与试件(弹性敏感元件)应变所造成的电阻变化几乎具有相同的数量级,如果不采取必要的措施消除温度的影响,则测量精度将无法保证。下面分析一下温度误差产生的原因。

(1) 温度变化引起应变片敏感栅电阻变化而产生的附加应变。

电阻与温度的关系可用下式表达。

$$R_t = R_0(1 + \alpha \Delta t) = R_0 + R_0 \alpha \Delta t$$
$$\Delta R_{t\alpha} = R_t - R_0 = R_0 \alpha \Delta t$$

式中:R_t 为温度为 t 时的电阻值;R_0 为温度为 t_0 时的电阻值;Δt 为温度的变化值;$\Delta R_{t\alpha}$ 为温度变化 Δt 时的电阻变化量;α 为敏感栅材料的电阻温度系数。

将温度变化 Δt 时的电阻变化折合成应变 $\varepsilon_{t\alpha}$,则

$$\varepsilon_{t\alpha} = \frac{\Delta R_{t\alpha}/R_0}{K} = \frac{\alpha \Delta t}{K}$$

式中:K 为应变片的灵敏度系数。

(2) 试件材料与敏感栅材料的线膨胀系数不同,而产生的附加应变。

假设有一段粘贴在试件上的长度为 l_0 的应变丝,在温度变化 Δt 时,应变丝受热膨胀至

l_{t1}，而应变丝 l_0 下的试件的伸长为 l_{t2}。可得

$$l_{t1} = l_0(1 + \beta_1 \Delta t) = l_0 + l_0\beta_1\Delta t$$

$$\Delta l_{t1} = l_{t1} - l_0 = l_0\beta_1\Delta t \tag{2-10}$$

$$l_{t2} = l_0(1 + \beta_2\Delta t) = l_0 + l_0\beta_2\Delta t$$

$$\Delta l_{t2} = l_{t2} - l_0 = l_0\beta_2\Delta t \tag{2-11}$$

式中：l_0 为温度 t_0 时的应变丝的长度；l_{t1} 为温度为 t 时的应变丝的长度；l_{t2} 为温度为 t 时应变丝下试件的长度；β_1、β_2 分别为应变丝和试件材料的线膨胀系数；Δl_{t1}、Δl_{t2} 分别为温度变化时应变丝和试件的膨胀量。

由式(2-10)和式(2-11)可知，如果 β_1 和 β_2 不相等，则 Δl_{t1} 和 Δl_{t2} 也就不相等，但是应变丝和试件是黏在一起的，若 $\beta_1 < \beta_2$，则应变丝被迫从 Δl_{t1} 拉长至 Δl_{t2}，这就使应变丝产生附加变形 $\Delta l_{t\beta}$，即

$$\Delta l_{t\beta} = \Delta l_{t2} - \Delta l_{t1} = l_0(\beta_1 - \beta_2)\Delta t$$

折算为应变，则有

$$\varepsilon_{t\beta} = \frac{\Delta l_{t\beta}}{l_0} = (\beta_1 - \beta_2)\Delta t$$

引起的电阻变化为

$$\Delta R_{t\beta} = R_0 K\varepsilon_{t\beta} = R_0 K(\beta_1 - \beta_2)\Delta t$$

因此，由于温度变化 Δt 而引起的总电阻变化为

$$\Delta R_t = \Delta R_{t\alpha} + \Delta R_{t\beta} = R_0\alpha\Delta t + R_0 K(\beta_1 - \beta_2)\Delta t$$

总附加虚假应变量为

$$\varepsilon_t = \frac{\Delta R_t / R_0}{K} = \frac{\alpha\Delta t}{K} + (\beta_1 - \beta_2)\Delta t \tag{2-12}$$

由式(2-12)可知，温度的变化会引起附加电阻的变化或造成虚假应变，从而给测量带来误差。这个误差除了与环境温度有关以外，还与应变片本身的性能参数(K, α, β_1)及试件的线膨胀系数 β_1 有关。

然而，温度对应变片特性的影响，不只是上述两个因素。例如，还会影响黏合剂传递变形的能力等。但在常温下，上述两个因素是造成应变片温度误差的主要原因。

2. 温度补偿方法

温度补偿方法基本上分为桥路补偿法、应变片自补偿法、热敏电阻补偿法三大类。

1）桥路补偿法

桥路补偿法也称补偿片法。应变片通常是作为平衡电桥的一个臂来测量应变的，如图 2-7(a)中所示 R_1 为工作片，R_2 为补偿片，R_3、R_4 为固定电阻。工作片 R_1 粘贴在试件上需要测量应变的地方，补偿片 R_2 粘贴在一块不受力的与试件相同的材料上，这块材料自由地放在试件上或其附近，如图 2-7(b)所示。当温度发生变化时，工作片 R_1 和补偿片 R_2 的电阻都会发生变化，如果它们的温度变化相同，由于 R_1 与 R_2 为同类应变片，又贴在相同的材料上，因此 R_1 和 R_2 的变化也相同，即 $\Delta R_1 = \Delta R_2$。有时，在结构允许的情况下，可以不另设补偿块，而将应变片直接贴在被测试件上，如图 2-7(c)所示。当 R_1 和 R_2 分别接入电桥相邻两桥臂上时，因温度变化引起的电阻变化 ΔR_1 和 ΔR_2 的作用相互抵消，这样就起到了温度补偿的作用。

2）应变片自补偿法

粘贴在被测部位上的是一种特殊应变片，当温度变化时，产生的附加应变为零或相互抵

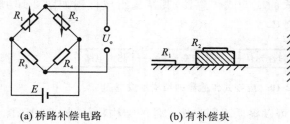

(a) 桥路补偿电路　　　(b) 有补偿块　　　(c) 无补偿块

图 2-7　桥路补偿法

消，这种特殊应变片称为温度自补偿应变片。利用温度自补偿应变片来实现温度补偿的方法称为应变片自补偿法。

制造温度自补偿应变片的基本思想可由式(2-12)得出，要实现温度自补偿的条件是

$$\varepsilon_t = \frac{\Delta R_t / R_0}{K} = \frac{\alpha \Delta t}{K} + (\beta_1 - \beta_2)\Delta t = 0$$

即

$$\alpha = K(\beta_2 - \beta_1) \tag{2-13}$$

如果选择敏感栅材料的电阻温度系数和线膨胀系数，使之在某一线膨胀系数的试件上使用时，能满足式(2-13)，则应变片的温度误差为零，从而达到了温度自补偿效果。这种方法的缺点是该类应变片只能在一种材料上使用，因此，其局限性很大。

另一种方法是双金属丝栅法。这种应变计的敏感栅是由电阻温度系数为一正一负的两种合金丝串接而成的，如图 2-8 所示。应变计电阻 R 由两部分电阻 R_a 和 R_b 组成，即 $R = R_a + R_b$。当工作温度变化时，由温度变化而引起的电阻变化量 ΔR_{at} 和 ΔR_{bt} 大小相等、符号相反，就可以实现自补偿。电阻 R_a 与 R_b 的比值关系可由式(2-14)决定

$$\frac{R_a}{R_b} = \frac{-\Delta R_{bt}/R_b}{\Delta R_{at}/R_a} \tag{2-14}$$

3) 热敏电阻补偿法

如图 2-9 所示，热敏电阻 R_t 与应变片处在相同的温度下，当应变片的灵敏度随温度升高而下降时，热敏电阻 R_t 的阻值下降，使电桥的输入电压随温度升高而增大，从而增大电桥的输出电压值，补偿由于应变片变化引起的输出下降。选择分流电阻 R_5 的值，可以得到很好的补偿。

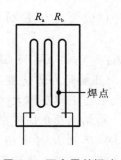

图 2-8　双金属丝栅法

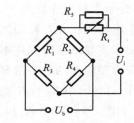

图 2-9　热敏电阻补偿法

2.1.4　应变式传感器的应用

应变片作为一种转换元件，除了可以直接测量试件的应变和应力外，还可以与不同结构

的弹性元件相结合制成各种形式的应变式传感器,其结构组成框图如图 2-10 所示。这里,弹性元件是整个系统的一个传递环节。

被测量 → 弹性元件 → 应变片 → 测量电路

图 2-10 应变式传感器的结构组成框图

弹性元件的结构形式很多,可以根据不同弹性元件的结构特征,构成用于测量力、力矩、压力、加速度等参量的应变式传感器。以下分别对几种最常用的应变式传感器的结构特性进行讨论。

1. 应变式压力传感器

1) 平膜片式应变测压传感器

假设有一个周边固支的圆形平膜片,其最大挠度不大于 1/3 膜厚,因而属于小挠度理论范围,被测压力均匀作用于平膜片表面。工作时,圆形平膜片承受均匀载荷,如图 2-11 所示。

图 2-12 所示的是平膜片式传感器的四种基本结构。平膜片可以看成是周边固支的圆形平板,被测压力作用于平膜片的一面,而应变片粘贴在平膜片的另一面。图 2-13 所示的是一个典型的测量气体或液体压力的简易平膜片传感器。平膜片的径向应变在中心附近是正值,在板的边缘则为负值。设计平膜片式应变测压传感器时,可以利用这个特点,适当地布置应变片使应变电桥工作在推挽工作状态。

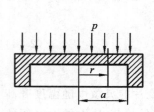
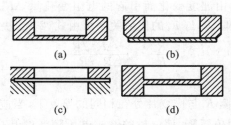
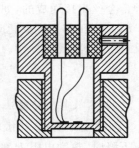

图 2-11 周边固支圆形平膜片　图 2-12 平膜片式传感器的四种基本结构　图 2-13 简易平膜片传感器

图 2-14 所示的是应变片在平膜上的几种典型的布置方式。其中图 2-14(a)所示的是一种半桥布置方式,其中 R_1 承受正的径向应变,R_2 则承受负的径向应变。R_1、R_2 分别接入电桥的相邻二臂,处于半桥工作状态。

为了保证电桥工作在对称的推挽状态,应保证 $R_1=R_2$、$K_1=K_2$ 和 ΔR_1 与 ΔR_2 的符号相反。前两条要求主要依靠应变片本身保证,第三条要求则依靠正确地布置应变片的位置来保证。根据应力和应变的分布情况,R_1(或 R_1 和 R_4)应粘贴在中心正应变最大区,如图 2-14(a)中 R_1 和图 2-14(b)中 R_1 和 R_4 的对称位置,R_2(或 R_2 和 R_3)则粘贴在负应变最大区,如图 2-14(a)中 R_2 和图 2-14(b)中 R_2 和 R_3 的对称位置,图 2-14(a)中 R_1 和 R_2 按半桥工作方式连接,图 2-14(b)中 R_1 和 R_4、R_2 和 R_3 按全桥工作方式连接,这样既可以增大传感器的灵敏度,又能起到温度补偿的作用。

传感器工作在冲击或振动加速度很大的地方时,可以采用双平膜片结构来消除加速度的干扰,图 2-15(a)所示的是双膜片的结构示意图。两个结构尺寸和材料性质严格相同的平膜片同心地安装在一起,并按半桥工作的方式各粘贴两片应变片,即按图 2-15(b)所示的方式组成全桥。两个平膜片测压时只有一个受到压力,受压膜片的两个应变片就按半桥的方式工作,而补偿膜片的应变片并没有什么变化,当传感器本体受到加速度作用时,两个膜片将产生相同的反应。因此,有 $\Delta R_1 = \Delta R_1'$、$\Delta R_2 = \Delta R_2'$,也就是说,电桥相邻的桥臂有相同的变化,电桥不会有输出,这样就可以将加速度的干扰信号去除。

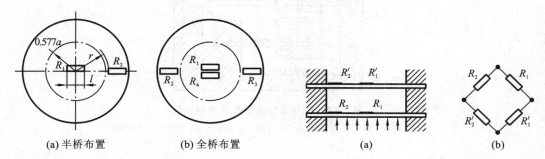

(a) 半桥布置　　　　(b) 全桥布置　　　　　　(a)　　　　　　(b)

图 2-14　平膜片式传感器的应变片典型布置方式　　　　**图 2-15　双平膜片结构示意图**

平膜片式传感器突出的优点是结构简单且工作端平整。但这种传感器的灵敏度与频率响应之间存在着比较突出的矛盾,并且温度对平膜片式传感器的性能影响也比较大。

　2) 薄壁圆筒式应变压力传感器

　　薄壁圆筒式应变压力传感器也是较为常用的测压传感器,主要用来测量液体的压力。图 2-16(a)所示为该应变压力传感器的敏感元件——薄壁圆筒(应变管)的结构示意图。所谓薄壁圆筒就是指圆筒的壁厚($t=R-r$)远小于它的外径 $D(t<D/20)$,其一端与被测体连接,被测压力 p 进入薄壁圆筒的腔内,使圆筒发生变形。

　　薄壁圆筒的轴向应变比切向应变小得多。因此,环向粘贴应变片可提高传感器的灵敏度。图 2-16(b)所示的就是采用这种方式粘贴的应变片。图中在盲孔的外端部有一个实心部分,制作传感器时,在圆筒壁和端部沿环向各贴一片应变片,端部在圆筒内有压力时不产生变形,只作温度补偿用。为了提高传感器的灵敏度,还可利用两片应变片作为传感器工作,另选两片应变片放在端部作温度补偿。

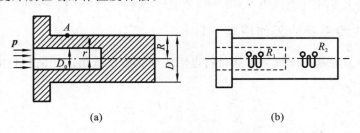

(a)　　　　　　　　　　　　(b)

图 2-16　薄壁圆筒式应变压力传感器

　2. 应变式加速度传感器

　　上面两类传感器都是力(集中力和均匀分布力)直接作用在弹性元件上,将力的作用变为弹性元件的应变。然而加速度是运动参数,所以首先要经过质量弹簧的惯性系统将加速度转换为力 F,再作用在弹性元件上。

　　应变式加速度传感器的结构如图 2-17 所示,在等强度梁 2 的一端固定惯性质量块 1,梁的另一端用螺丝钉固定在壳体 6 上,在梁的上下两面粘贴应变片 5,梁和惯性质量块的周围充满阻尼液(硅油),用以产生必要的阻尼。测量加速度时,将传感器壳体和被测对象刚性连接。当有加速度作用在壳体上时,由于梁的刚度很大,惯性质量块也以同样的加速度运动,其产生的惯性力正比于加速度 a 的大小,惯性力作用在梁的端部使梁产生变形,限位块 4 保护传感器在过载时不被破坏。这种传感器在低频振动测量中有着广泛的应用。

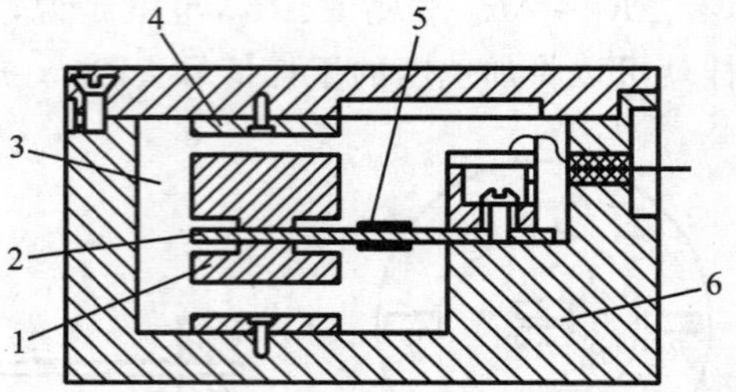

图 2-17　应变式加速度传感器的结构
1—惯性质量块;2—等强度梁;3—腔体;4—限位块;5—应变片;6—壳体

2.2　压阻式传感器

固体受到力的作用后,其电阻率(或电阻)会发生变化,这种现象称为压阻效应。压阻式传感器是利用固体的压阻效应制成的一种测量装置。压阻式传感器分为两种类型:一类为粘贴型压阻式传感器,它的传感元件是用半导体材料电阻制成的粘贴式应变片;另一类为扩散型压阻式传感器,它的传感元件是利用集成电路工艺,在半导体材料的基片上制成的扩散电阻。压阻式传感器主要用于压力、加速度和载荷等参数的测量,因此分别有压阻式压力传感器、压阻式加速度传感器和压阻式载荷传感器等。

压阻式传感器具有高灵敏度、体积小、工作频带宽、测量电路及传感器一体化等优点。测量压力时,对于毫米级水柱的微压,压阻式传感器也能产生反应,可见其分辨率之高。由于扩散型压阻式传感器是用集成电路工艺制成的,测量电路可与传感器集成在一起,测量压力时,有效面积可以做得很小,有时可以做到其有效面积的直径仅有零点几毫米,这种传感器可用来测量几十千赫的脉动压力,所以频率响应高也是压阻式传感器的一个突出优点。

2.2.1　压阻式传感器的工作原理

压阻式传感器的基本原理可以从材料电阻的变化率中看出。任何材料电阻的变化率都由式(2-15)决定。

$$\frac{\Delta R}{R} = \frac{\Delta \rho}{\rho} + \frac{\Delta L}{L} - \frac{\Delta A}{A} \tag{2-15}$$

对于金属电阻而言,式(2-15)中的 $\Delta \rho / \rho$ 一项较小,即电阻率的变化率较小,有时可忽略不计,而 $\Delta L / L$ 与 $\Delta A / A$ 两项较大,即尺寸变化率较大,故金属电阻的变化率主要是由 $\Delta L / L$ 与 $\Delta A / A$ 两项引起的,这就是金属应变片的基本工作原理。对于半导体而言,式(2-15)中的 $\Delta L / L$ 与 $\Delta A / A$ 两项很小,即尺寸变化率很小,可忽略不计,而 $\Delta \rho / \rho$ 一项较大,也就是电阻率的变化率较大,故半导体电阻的变化率主要是由式(2-15)的第一项引起的,这就是压阻式传感器的基本工作原理。

电阻率的变化率与应力间的关系如下。

$$\frac{\Delta \rho}{\rho} = \lambda \sigma \tag{2-16}$$

式中:λ 为压阻系数,σ 为应力。

由式（2-16），再引进横向变形的关系，则电阻的相对变化率可写成如下形式。

$$\frac{\Delta R}{R} = \lambda\sigma + \frac{\Delta L}{L} + 2\mu\frac{\Delta L}{L} = \lambda E\varepsilon + (1 + 2\mu)\varepsilon = (\lambda E + 1 + 2\mu)\varepsilon = K\varepsilon$$

式中，K 为灵敏度系数，$K = \lambda E + 1 + 2\mu$。

对于金属来说，λE 可忽略不计，故近似地有 $K = 1 + 2\mu$。对于半导体来说，$1 + 2\mu$ 可忽略不计，故有：

$$K = \lambda E \tag{2-17}$$

半导体压阻式传感器的灵敏度系数是金属应变片灵敏度系数的 $50 \sim 100$ 倍。综上所述，半导体材料电阻变化率 $\Delta R/R$ 主要是由 $\Delta\rho/\rho$ 引起的，这就是半导体的压阻效应。当力作用于硅晶体时，晶体的晶格产生变形，它使载流子产生从一个能谷到另一个能谷的散射，载流子的迁移率发生变化，扰动了纵向和横向的平均有效质量，使硅的电阻率发生变化。这个变化率随硅晶体的取向不同而不同，即硅的压阻效应与晶体的取向有关。

2.2.2　压阻式传感器的测量电路及补偿

前面已经讨论过压阻式传感器基片上扩散出的四个电阻阻值的变化率，这四个电阻如何连接才能输出与被测量成比例的信号呢？通常的方法是将四个电阻接成惠斯登电桥电路，并且将阻值增大的两个电阻对接，阻值减小的两个电阻对接，使电桥的灵敏度最大。电桥的电源既可采用恒压源供电也可采用恒流源供电，下面分别进行讨论。

1. 恒压源供电

假设四个扩散电阻的起始阻值都相等且均为 R，当有应力作用时，其中两个电阻的阻值增大，增大量为 ΔR，另外两个电阻的阻值减小，减小量为 $-\Delta R$；另外由于温度的影响，使每个电阻都有 ΔR_T 的变化量。根据图 2-18 所示，电桥的输出为

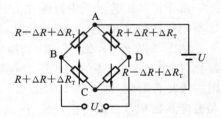

图 2-18　恒压源供电

$$U_{sc} = U_{BD}$$

$$= \frac{U(R + \Delta R + \Delta R_T)}{R - \Delta R + \Delta R_T + R + \Delta R + \Delta R_T}$$

$$- \frac{U(R - \Delta R + \Delta R_T)}{R + \Delta R + \Delta R_T + R - \Delta R + \Delta R_T}$$

整理后得

$$U_{sc} = U\frac{\Delta R}{R + \Delta R_T}$$

如果 $\Delta R_T = 0$，即没有温度影响，则

$$U_{sc} = U\frac{\Delta R}{R} \tag{2-18}$$

式（2-18）说明电桥输出与 $\Delta R/R$ 成正比，也就是与被测量成正比；同时又与 U 成正比，这就是说电桥的输出和电源电压的大小和精度都有关。

如果 $\Delta R_T \neq 0$，则 U_{sc} 与 ΔR_T 有关，也就是说与温度有关，而且与温度的关系是非线性的，所以用恒压源供电时，不能消除温度的影响。

2. 恒流源供电

恒流源供电的电路如图 2-19 所示，假设电桥的两个支路的电阻相等，即

$$R_{ABC} = R_{ADC} = 2(R + \Delta R_T)$$

故有 $I_{ABC} = I_{ADC} = \frac{1}{2}I$，因此电桥的输出为

$$U_{sc} = U_{BD} = \frac{1}{2}I(R + \Delta R + \Delta R_T) - \frac{1}{2}I(R - \Delta R + \Delta R_T)$$

整理后得

$$U_{sc} = I\Delta R \tag{2-19}$$

式(2-19)表明电桥的输出与电阻的变化量成正比，即与被测量成正比，当然也与电源电流成正比，即输出与恒流源的供给电流的大小与精度有关，不受温度的影响，这是恒流源供电的优点。使用恒流源供电时，一个传感器最好配备一个恒流源。

3. 减小温度在扩散工艺中的影响

减小温度在扩散工艺中的影响可采取如下两种方法。

(1) 将四个电桥电阻尽量集中于一个小的范围内。

在扩散电阻形成的工艺过程中，光刻、扩散等工艺会引起电阻条宽度或杂质浓度发生偏差。这就导致各电阻值和温度系数互不相等，造成电桥的不平衡，电桥的输出特性就会受到温度的影响。为了使各电阻条阻值做到尽可能一致，除采用精密光刻等方法保证各电阻条宽度一致外，还应使各电阻的扩散浓度均匀相等，以使电阻温度系数也相等。为此，把电桥的四个电阻配置得越近越好。这样，四片电阻的扩散浓度偏差很小，各电阻值和电阻温度系数偏差也减小，从而使电桥零点和输出特性受温度影响较小。

(2) 采用复合电阻条减小温度的影响。

由于扩散工艺过程中硅膜片上的温度分布不均匀，使得硅膜片上不同位置的杂质浓度也不同。这种分布有一定的规律性，它对任意中心点的最大偏差为±5%。

如图 2-20 所示，在图 2-20(a)所示的面上配置了 8 个电阻条，它们之间相互以自己中心对称，按图 2-20(b)中的方式连成电阻桥。这样，电桥的每一臂都由对中心点对称的两个电阻构成复合电阻，即 1 和 2、3 和 4、5 和 6、7 和 8 分别构成复合电阻，使得电桥每一臂电阻值和温度系数都可以做得很接近，所以电桥零点不随温度变化，也没有零点漂移，表现出良好的温度特性。

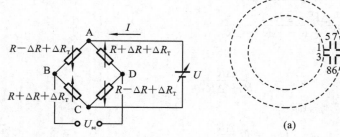

图 2-19　恒流源供电

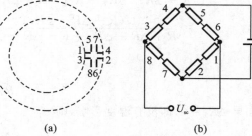

图 2-20　采用复合电阻条减小温度影响

2.2.3　压阻式压力传感器

图2-21(a)所示为扩散型硅压阻式传感器结构；图 2-21(b)为硅膜片尺寸；图 2-21(c)为应变电阻条排列方式。

扩散型硅压阻式传感器硅膜片的两边有两个压力腔。一个是与被测压力相连的高压腔，另一个是低压腔，通常和大气相连。当膜片两边存在压力差时，膜片上各点存在应力。

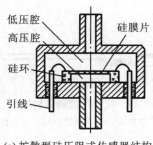
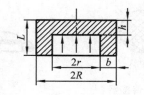
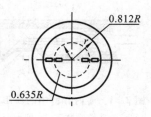

(a) 扩散型硅压阻式传感器结构　　　(b) 硅膜片尺寸　　　(c) 应变电阻条排列方式

图 2-21　压阻式压力传感器

膜片上四个电阻在应力作用下其阻值会发生变化,这时四个电阻构成的电桥测量电路失去平衡,其输出的电压与膜片两边的压力差成正比。

2.2.4　压阻式加速度传感器

压阻式加速度传感器利用单晶硅作为悬臂梁,其结构如图 2-22 所示。在其根部扩散出四个性能一致的电阻,当悬臂梁自由端的质量块受加速度作用时,悬臂梁受到弯矩作用,产生应力,使四个电阻的阻值发生变化。这时四个电阻构成的电桥产生不平衡,电桥输出与外界加速度成正比的电压。

2.2.5　压阻式传感器的应用

由于具有体积小、精度高、测量电路与传感器一体化等特点,压阻式传感器广泛地应用在航天、航空、航海、石油、化工、动力机械、生物医学、气象、地质地震测量等各个领域。

1) 生物医学上的应用

小尺寸、高输出和稳定可靠的性能,使得压阻式传感器成为生物医学上理想的测试手段。图 2-23 所示为一种可直接插入生物体内作长期观测的传感器。这种扩散硅膜片的厚度仅为 10 μm,外径可小到 0.5 mm。

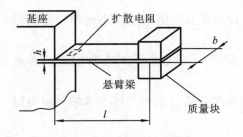

图 2-22　压阻式加速度传感器

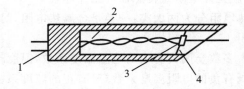

图 2-23　注射针型压阻式压力传感器
1—引出线;2—25 号注射针;3—硅膜片;4—绝缘材料

图 2-24 所示为一种可以插入心内导管中的压阻式压力传感器。这种传感器的主要技术指标是悬臂梁的固有频率和电桥的输出电压。图 2-24 中的金属插片是为了对上下两个硅片进行加固用的,硅片与金属插片用绝缘胶黏合。在计算固有频率时应将金属插头、胶合剂的影响考虑进去。为了导入方便,在传感器端部加一个塑料囊。这种传感器可以测量心血管、颅内、尿道、子宫和眼球内等的压力。类似的还有脑压传感器,脉搏传感器,食道、尿道压力传感器,小型血液压力传感器,检查青光眼和肾脏中血液的压力传感器等。图 2-25 所示的是一种脑压传感器结构图。

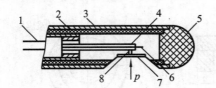

图 2-24　心内导管中的压阻式传感器

1—引出线；2—硅橡胶导管；3—圆形金属外壳；4—硅梁；
5—塑料壳；6—金属插片；7—金属波纹膜片；8—推杆

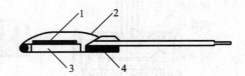

图 2-25　脑压传感器结构图

1—压阻芯；2—硅橡胶；3—玻璃底座；4—不锈钢加固板

2）爆炸压力和冲击波的测量

在爆炸压力和冲击波的测量中，广泛应用压阻式压力传感器。

3）汽车上的应用

用硅压阻式传感器与电子计算机配合可监测和控制汽车发动机的性能，以达到节能的目的。此外还可用来测量汽车启动和刹车时的加速度。

4）兵器上的应用

由于具有固有频率高、动态响应快、体积小等特点，压阻式压力传感器适合测量枪炮膛内的压力。测量时，传感器安装在枪炮的身管上或装在药筒底部。另外，压阻式传感器也用来测试武器发射时产生的冲击波。

此外，在石油工业中，硅压阻式压力传感器用来测量油井压力，以便分析油层情况。压阻式加速度计作为随钻测向测位系统的敏感元件，用于石油勘探和开发。在机械工业中，压阻式传感器可用来测量冷冻机、空调机、空气压缩机、燃气涡轮发动机等气流流速，监测机器的工作状态。在邮电系统中，压阻式传感器用作地面和地下密封电缆故障点的检测和确定，比机械式传感器精确和节省费用。在航运上，压阻式传感器用于测量水的流速，也用于测量输水管道、天然气管道内的流速等。

2.3　热电阻式传感器

导体或半导体的电阻值随温度的变化而改变，通过测量其电阻值推算出被测物体的温度，这就是热电阻式传感器的工作原理。

热电阻分为两大类：一类是金属热电阻，简称热电阻；另一类是半导体热敏电阻，简称热敏电阻。

大多数金属具有正的电阻温度系数，温度越高，电阻值越大。由半导体制成的热敏电阻大多既有负的电阻温度系数，又有正的温度系数。

2.3.1　热电阻

纯金属是热电阻的主要制造材料，热电阻的材料应具有以下特性：①电阻温度系数要大而且稳定，电阻值与温度之间应具有良好的线性关系；②电阻率高，热容量小，反应速度快；③材料的复现性和工艺性好，价格低；④在测温范围内化学性能和物理性能稳定。

目前常用的金属热电阻有铂电阻、铜电阻等。

1. 铂电阻

铂电阻与温度之间的关系接近于线性关系，在 0～600 ℃的范围内可用式（2-20）表示。

$$R_t = R_0(1 + \alpha t + \beta t^2) \tag{2-20}$$

在 $-190\sim0$ ℃ 范围内可表示如下。

$$R_t = R_0(1 + \alpha t + \beta t^2 + \gamma(t-100)t^3) \tag{2-21}$$

式中:R_0、R_t 分别为温度为 0 ℃ 和 t ℃ 时铂电阻的阻值;t 为任意温度;α、β、γ 为温度系数。

由式(2-20)和式(2-21)可看出,当 R_0 值不同时,在同样温度 t 下其 R_t 值也不同,而且铂电阻与温度呈非线性关系。

一般工业用标准铂电阻 R_0 值有 10 Ω 和 100 Ω 两种,并将电阻值 R_t 与温度 t 的相应关系统一列成表格,称其为铂电阻的分度表,分度号分别用 pt10 和 pt100 表示。在实际测量中,只要测出热电阻的阻值 R_t,便可从分度表上查出对应的温度值。

2. 铜电阻

在测量精度要求不高,并且测温范围比较小的情况下,可采用铜做热电阻材料代替铂电阻。在 $-50\sim150$ ℃ 的温度范围内,电阻与温度呈近似线性关系,其电阻与温度的函数表达式为

$$R_t = R_0(1 + \alpha t)$$

式中:R_0、R_t 分别为温度为 0 ℃ 和 t ℃ 时铜电阻的阻值;t 为任意温度;α 为温度系数。

铜电阻的缺点是电阻率较低,电阻的体积较大,热惯性也大,在 100 ℃ 以上时容易氧化,因此,铜电阻只能用在低温及无侵蚀性的介质中。我国以 R_0 值在 50 Ω 和 100 Ω 的条件下,制成相应的分度表作为标准。

2.3.2 热敏电阻

热敏电阻是利用某种半导体材料的电阻率随温度变化而变化的性质制成的一种热敏元件。在温度传感器中,热敏电阻的发展最为迅速,其性能得到不断改进,稳定性也大为提高,在许多场合下($-50\sim150$ ℃)热敏电阻已逐渐取代传统的温度传感器。

半导体热敏电阻有很高的电阻温度系数,其灵敏度比热电阻高得多,而且体积可以做得很小,故动态特性好,特别适于在 $-50\sim150$ ℃ 之间测温。

1. 热敏电阻的特点

1)灵敏度高

一般金属当温度变化 1 ℃ 时,其阻值变化在 0.4% 左右,而半导体热敏电阻的变化可达 3%～6%。

2)体积小

珠形热敏电阻的探头的最小尺寸达 0.2 mm,能测量其他温度计无法测量的空隙、腔体、内孔等处的温度,如人体血管内的温度等。

3)使用方便

热敏电阻的阻值范围在 $10^2\sim10^5$ Ω 之间可任意挑选,其热惯性小,不需要进行冷端补偿,不必考虑线路引线电阻和接线方式,容易实现远距离测量且功耗小。

2. 热敏电阻的分类

热敏电阻的种类很多,分类方法也不相同。热敏电阻按其阻值与温度关系这一重要特性可分为正温度系数热敏电阻、负温度系数热敏电阻和突变型负温度系数热敏电阻三类。

(1)正温度系数(PTC)热敏电阻 电阻值随温度升高而增大的热敏电阻,简称 PTC 热敏电阻。它的主要材料是掺杂 $BaTiO_3$ 的半导体陶瓷。

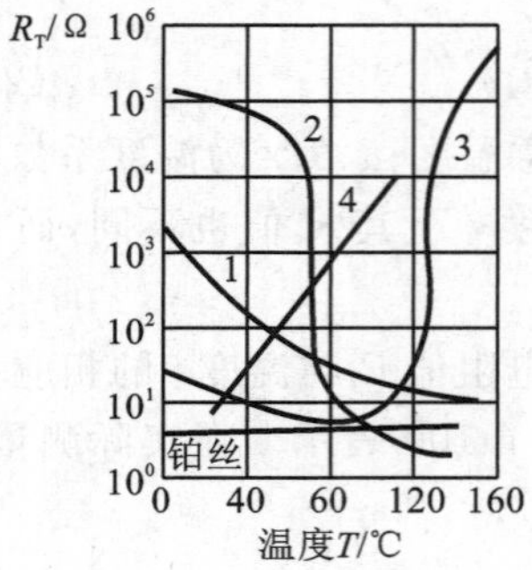

图 2-26 热敏电阻的电阻-温度特性曲线

1—NTC；2—CTR；3，4—PTC

（2）负温度系数（NTC）热敏电阻　电阻值随温度升高而下降的热敏电阻，简称 NTC 热敏电阻。它的材料主要是一些过渡金属氧化物半导体陶瓷。

（3）突变型负温度系数热敏电阻（CTR）　该类电阻的电阻值在某特定温度范围内随温度升高而降低 3～4 个数量级，即具有很大的负温度系数。其主要材料是 VO_2 并添加一些金属氧化物。

热敏电阻的电阻随温度变化的电阻-温度特性曲线如图 2-26 所示。

3. 导电机理

热敏电阻的导电性能主要由内部的载流子（电子和空穴）密度和迁移率所决定。当温度升高时外层电子在热激发下，形成大量载流子，使载流子的密度大大增加，活动能力加强，从而导致阻值急剧下降。

4. 电阻与温度的关系

负温度系数热敏电阻的阻值与温度的关系不是线性的，可由下面的经验公式表示。

$$R_T = R_0 e^{B\left(\frac{1}{T} - \frac{1}{T_0}\right)} \tag{2-22}$$

式中：R_T、R_0 分别为温度 T、T_0 时的阻值；B 为热敏电阻的材料常数；T 为热力学温度；T_0 通常指 0 ℃或室温。

$$B = \frac{\ln\left(\frac{R_T}{R_0}\right)}{\frac{1}{T} - \frac{1}{T_0}}$$

若定义 $\frac{1}{R_T} \cdot \frac{dR_T}{dT}$ 为热敏电阻的电阻温度系数 α_T，则由式（2-22）可得

$$\alpha_T = \frac{1}{R_T} \cdot \frac{dR_T}{dT} = -\frac{B}{T^2}$$

可见，α_T 随温度降低而迅速增大，它决定热敏电阻在全部工作范围内的温度灵敏度。热敏电阻的测温灵敏度比金属丝的灵敏度高很多。

5. 耗散常数 K

当热敏电阻中有电流通过时，温度随焦耳热而上升，这时热敏电阻的发热温度 $T(K)$、环境温度 $T_0(K)$ 及功率 $P(W)$ 三者之间的关系为

$$P = UI = K(T - T_0)$$

式中，K 为耗散常数，表示热敏电阻温度上升 1 ℃所需的功率（mW/℃）。在工作范围内，当环境温度变化时，K 值也随之变化，其大小与热敏电阻的结构、形状和所处介质的种类及状态有关。

6. 热敏电阻的伏安特性

热敏电阻的伏安（U-I）特性表示加在热敏电阻两端电压和通过电流的关系，在热敏电阻和周围介质热平衡（即加在元件上的电功率和耗散功率相等）时的相互关系。

7. 热敏电阻的动态特性

热敏电阻的电阻值的变化完全是由热现象引起的，因此它的变化必然有时间上的滞后

现象。这种电阻值随时间变化的特性,称为热敏电阻器的动态特性。

2.4 气敏电阻

在现代社会的生产和生活中,人们往往会接触到各种各样的气体,因而需要对它们进行检测和控制。比如化工生产中气体成分的检测和控制,煤矿瓦斯浓度的检测与报警,环境污染情况的检测,煤气泄漏、火灾报警、燃料情况的检测与控制等。气敏电阻传感器(以下简称气敏电阻)可以把某种气体的成分、浓度等参数转换成电阻变化量,再转换为电流、电压信号,主要用于工业上天然气、煤气、石油化工等部门的易燃、易爆、有毒、有害气体的监测、预报和自动控制。

1. 气敏电阻的工作原理

气敏电阻的材料是金属氧化物半导体,当被气体吸附时这些材料的电阻率会发生变化,利用这个原理可以制成气敏元件和气敏传感器并通过电阻率的变化监视气体浓度。

金属氧化物半导体分 N 型半导体(氧化锡、氧化铁、氧化锌、氧化钨等)和 P 型半导体(氧化钴、氧化铅、氧化铜、氧化镍等),其中最典型的有氧化锡和氧化锌。

气敏电阻的温度特性如图 2-27 所示,图中纵坐标为灵敏度,即由于电导率的变化所引起的负载上所得到的信号电压。由图 2-27 中曲线可以看出,SnO_2 在室温下虽能吸附气体,但其电导率变化不大,但当温度增加后,电导率就会发生较大的变化,因此气敏元件使用时需要加温。

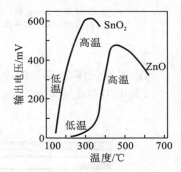

图 2-27 气敏电阻灵敏度与温度的关系

此外,在气敏元件的材料中加入微量的铅、铂、银等元素及一些金属盐类催化剂可以获得低温时的灵敏度,也可以增强对气体种类的选择性。

2. 常用气敏电阻

1)氧化锡系气敏电阻

图 2-28 是氧化锡系气敏电阻的几种结构形式,图 2-28(a)和图 2-28(b)为烧结型氧化锡气敏电阻,图 2-28(c)为薄膜型气敏电阻。

气敏电阻根据加热的方式可以分为直接式和旁热式两种。图 2-28(a)为直接式,而图 2-28(b)、(c)为旁热式。直接式消耗功率大,稳定性差,故应用逐渐减少。旁热式性能稳定,消耗功率小,其结构上往往加有封压双层的防爆不锈钢丝网,因此安全可靠,其应用范围较广,图 2-28(d)为旁热式气敏电阻的整体结构。

2)氧化锌系气敏电阻

ZnO 属于 N 型金属氧化物半导体,也是一种应用较广泛的气敏电阻器件。通过掺杂而获得不同气体的选择性,如掺铂可对异丁烷、丙烷、乙烷等气体有较高的灵敏度,而掺钯则对氢、一氧化碳、甲烷、烟雾等有较高的灵敏度。

ZnO 气敏电阻的结构如图 2-29 所示。这种气敏元件的结构特点是:在圆筒形基板上涂敷 ZnO 主体成分,当中加上隔膜层将其与催化剂分成两层而制成。

3)氧化铁系气敏电阻

图 2-30 所示是 $\gamma-Fe_2O_3$ 材料制成的气敏电阻的整体结构。

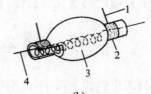

1—SnO$_2$烧结体；2—加热丝兼电极   1—引线；2—电极；3—SnO$_2$烧结体；4—加热丝

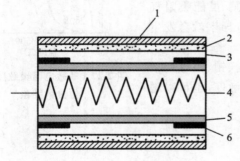

（c）

1—SnO$_2$薄膜；2—电极；
3—加热电极；4—加热器

1—不锈钢网罩；2—电极引线；3—SnO$_2$烧结体；
4—加热器电极；5—陶瓷座；6—引脚

图 2-28　SnO$_2$ 气敏电阻的结构

当还原性气体与多孔的 $\gamma\text{-Fe}_2\text{O}_3$ 接触时，气敏电阻的晶粒表面受到还原作用转变为 Fe_3O_4，其电阻率迅速降低。这种敏感元件用于检测烷类气体时特别敏感。

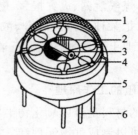

图 2-29　ZnO 气敏电阻结构

1—催化剂；2—隔膜；3—ZnO涂层；4—加热丝；5—绝缘基板；6—电极

图 2-30　$\gamma\text{-Fe}_2\text{O}_3$气敏电阻结构

1—双层网罩，2—烧结体，3—加热丝，4—引脚

2.5　湿敏电阻

随着现代工业技术的发展，纤维、造纸、电子、铸造、食品、医疗等部门提出了高精度、高可靠性测量和控制湿度的要求。因此，各种湿敏电阻元件不断出现。利用湿敏电阻进行湿度测量和控制具有灵敏度高、体积小、寿命长、不需维护，以及可以进行遥测和集中控制等优点。

湿敏电阻是利用湿敏材料吸收空气中的水分而使电阻值发生变化这一原理而制成的。湿度是指大气中的水蒸气含量，通常采用绝对湿度和相对湿度两种表示方法。绝对湿度是指单位空间中所含水蒸气的绝对含量，一般用符号 AH 表示。相对湿度则是指被测气体中水蒸气压和该气体在相同温度下饱和水蒸气压的百分比，一般用符号 RH 表示，是一个无量纲的量。在实际使用中多使用相对湿度这一概念。

下面介绍几种具有代表性的湿敏电阻。

1. 半导体陶瓷湿敏元件

铬酸镁-二氧化钛陶瓷湿敏元件是较常用的一种湿度传感器，它是由 $MgCr_2O_4\text{-}TiO_2$ 固熔体组成的多孔性半导体陶瓷。这种材料的表面电阻值能在很宽的范围内随湿度的增高而变小，即使在高湿度条件下，对其进行多次反复的热清洗，性能仍不改变。

图 2-31 所示为 $MgCr_2O_4\text{-}TiO_2$ 湿敏元件的结构图。元件采用了 $MgCr_2O_4\text{-}TiO_2$ 多孔陶瓷，电极材料二氧化钌通过丝网印制到陶瓷片的两面，在高温烧结下形成多孔性电极。在陶瓷片周围装置有电阻丝烧制的加热器，在 450 ℃下对陶瓷表面进行 1 min 热清洗。

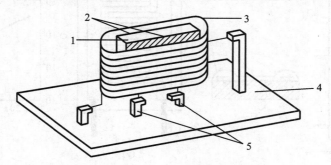

图 2-31 $MgCr_2O_4\text{-}TiO_2$ 湿敏元件的结构
1—感湿陶瓷；2—二氧化钌电极；3—加热器；4—基板；5—引出线

$MgCr_2O_4\text{-}TiO_2$ 系陶瓷湿度传感器的电阻-湿度特性曲线如图 2-32 所示。随着相对湿度的增大，电阻值急骤下降，基本按指数规律下降。在单对数的坐标中，电阻-湿度特性近似呈线性关系。

$MgCr_2O_4\text{-}TiO_2$ 系陶瓷湿度传感器的电阻-湿度特性是在不同的温度环境下测量的。其电阻-温度特性曲线如图 2-33 所示，可见，从 20 ℃到 80 ℃各条曲线的变化规律基本一致，具有负温度系数。如果要求精确的湿度测量，需要对湿度传感器进行温度补偿。

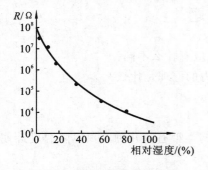

图 2-32 电阻-湿度特性曲线

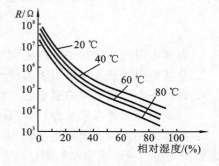

图 2-33 电阻-温度特性曲线

2. 氯化锂湿敏电阻

图 2-34 所示是氯化锂湿敏电阻的结构图。它是在聚碳酸酯基片上制成一对梳状全电极，然后浸涂溶于聚乙烯醇的氯化锂胶状溶液，其表面再涂上一层多孔性保护膜而成的。氯化锂是潮解性盐，这种电解质溶液形成的薄膜能随着空气中水蒸气的变化而吸湿或脱湿。感湿膜的电阻值随空气相对湿度的变化而变化，当空气中湿度增加时，感湿膜中盐的浓度降低。

3. 有机高分子膜湿敏电阻

有机高分子膜湿敏电阻是在氧化铝等陶瓷基板上设置梳状型电极,然后在其表面涂上既具有感湿性能,又有导电性能的高分子材料的薄膜,再涂盖一层多孔质的高分子膜保护层。这种湿敏元件是利用水蒸气附着于感湿薄膜上,其电阻值与相对湿度相对应这一性质。由于使用了高分子材料,所以这种电阻适用于高温气体中湿度的测量。图 2-35 是三氧化二铁-聚乙二醇高分子膜湿敏电阻的结构与特性。

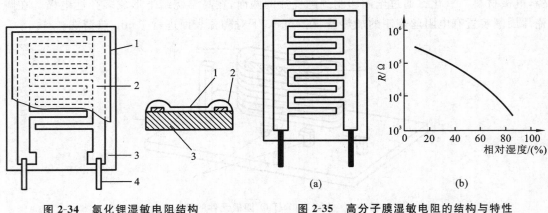

图 2-34　氯化锂湿敏电阻结构

图 2-35　高分子膜湿敏电阻的结构与特性

1—感湿膜;2—电极;3—绝缘基板;4—引线

本 章 小 结

本章主要介绍了电阻式传感器,电阻式传感器的基本原理是将各种非电量转换成电阻的变化量,然后通过对电阻变化量的测量,达到非电量测量的目的。本章研究的电阻式传感器有电阻应变式传感器、压阻式传感器、热电阻式温度传感器、气敏电阻、湿敏电阻等。利用电阻传感器可以测量位移、力、加速度、转矩、温度、气体成分等。

思考与练习题

1. 金属电阻应变片与半导体应变片的电阻应变效应有什么不同?

2. 金属电阻应变片可以用来测量外力,其测量外力的原理是什么?

3. 设计一个铂热电阻的测量电路和调理电路。

4. 热电阻传感器有哪几种? 各有何特点及用途?

5. 列举两种常用的金属热电阻,金属热电阻的结构类型有哪几种? 热电阻温度计使用时是如何克服引线电阻引起的测量误差的?

6. 热敏电阻有几种类型? 它们的性能有何区别?

7. 某工业生产线要求测量 500 ℃、700 ℃、1 000 ℃三个测量点的温度,试制定三种测量方案,并比较它们的优缺点。

第3章 电容式传感器

电容式传感器是把某些非电量物理量的变化通过一个可变电容器,转换成电容量的变化的装置。电容式传感器不但广泛应用于位移、振动、角度、加速度等机械量的精密测量,还应用于压力、压差、液位、成分含量等方面的测量。电容式传感器结构简单、体积小、分辨率高、本身发热小,因而十分适合于非接触测量。这些优点随着电子技术,特别是集成电路技术的迅速发展,得到了进一步的体现,而它的分布电容、非线性等缺点得到了很大改善。因此,电容式传感器在非电量测量和自动检测中有着良好的应用前景。

3.1 电容式传感器

3.1.1 基本工作原理

电容式传感器是一个具有可变参数的电容器。在多数场合下,电容是由两个金属平行极板组成的,并且以空气为介质,如图 3-1 所示。两个平行板组成的电容器的电容为

$$C = \frac{\varepsilon A}{d} = \frac{\varepsilon_0 \varepsilon_r A}{d} \qquad (3-1)$$

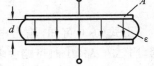

图 3-1 平板电容器

式中:A 为极板的相对覆盖面积;d 为极板间的距离;ε_r 为介质材料的相对介电常数;ε_0 为真空介电常数,$\varepsilon_0 = 8.85 \text{ pF/m}$;$\varepsilon$ 为电容极板间介质的介电常数;C 为电容量。

当被测参数使得式(3-1)中的 A,ε 或 d 发生变化时,电容量 C 也随之变化。如果保持其中两个参数不变,而仅改变其中的一个参数,就可以把该参数的变化转换为电容量的变化,通过测量电路就可转换为电量输出。因此,电容量变化的大小随着被测参数的大小而变化。电容式传感器根据工作原理可分为变极距型、变面积型和变介质型三种类型。

改变平行极板的间距 d 的电容式传感器可以测量微米数量级的位移,而改变极板间相对覆盖面积 A 的电容式传感器则适用于测量厘米数量级的位移,改变介电常数的电容式传感器适用于液位、厚度、温度和组分含量等的变化的测量。

3.1.2 电容式传感器的线性及灵敏度

1. 变极距(间距)型电容式传感器

图 3-2 所示为变极距型电容式传感器的原理图。图 3-2(a)中的极板 1 为静止极板(一般称为定极板),而极板 2 为与被测体相连的动极板。当动极板 2 因被测参数的改变而移动时,就改变了两极板的距离 d,从而改变两极板间的电容 C。由式(3-1)可知,电容量 C 与极间距 d 不是线性关系,而是如图 3-3 所示的双曲线关系。图 3-2(b)是直接利用被测物作为动极板的情形。极板面积为 A,初始距离为 d_0,以空气为介质($\varepsilon_r = 1$),则电容器的电容为

$$C_0 = \frac{\varepsilon_0 A}{d_0}$$

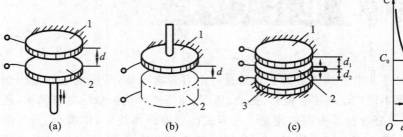

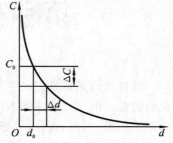

图 3-2　变极距型电容式传感器原理图　　　　图 3-3　C-d 特性曲线关系

若电容器极板间距离初始值 d_0 减小 $\Delta d (\Delta d \ll d_0)$，其电容量增加 ΔC，即

$$C_0 + \Delta C = \frac{\varepsilon_0 A}{d_0 - \Delta d} = C_0 \frac{1}{1 - \frac{\Delta d}{d_0}} \tag{3-2}$$

由式(3-2)可得电容的相对变化量为

$$\frac{\Delta C}{C_0} = \frac{\Delta d}{d_0} \left(1 - \frac{\Delta d}{d_0} \right)^{-1}$$

因为 $\Delta d / d_0 \ll 1$，按幂级数展开得

$$\frac{\Delta C}{C_0} = \frac{\Delta d}{d_0} \left[1 + \frac{\Delta d}{d_0} + \left(\frac{\Delta d}{d_0} \right)^2 + \left(\frac{\Delta d}{d_0} \right)^3 + \cdots \right] \tag{3-3}$$

由式(3-3)可知，输出电容的相对变化量 $\Delta C/C_0$ 与输入位移 Δd 之间的关系是非线性的，当 $\Delta d/d_0 \ll 1$ 时可略去非线性项(高次项)，则可得近似的线性关系式

$$\frac{\Delta C}{C_0} \approx \frac{\Delta d}{d_0}$$

而电容式传感器的灵敏度为

$$K = \frac{\Delta C}{C_0} / \Delta d = \frac{1}{d_0}$$

电容式传感器灵敏度系数 K 的物理意义是：电容器的极板的单位位移引起的电容量的相对变化量的大小。

略去高次项(非线性项)后引起的相对非线性误差为

$$\delta = \left| \frac{\Delta C - \Delta C'}{\Delta C} \right| = \left| \frac{\frac{\Delta d}{d_0} - \frac{\Delta d}{d_0} \left(1 + \frac{\Delta d}{d_0} \right)}{\frac{\Delta d}{d_0}} \right| = \left| \frac{\Delta d}{d_0} \right| \times 100\%$$

可见极间距小，既有利于提高灵敏度，又有利于减小非线性。但 d_0 过小时，容易引起电容器击穿。在实际应用中，为了提高灵敏度，减小非线性，大都采用差动结构。改善击穿条件的办法是在极板间放置高介电常数材料(如云母片等介电材料)。

1) 差动变间隙电容传感器

如图 3-2(c)所示，在差动式电容传感器中，初始极距 $d_1 = d_2 = d_0$，电容器 C_1 的电容随位移 d_1 的减小而增大时，另一个电容器 C_2 的电容则随着 d_2 的增大而减小。它们的特性方程分别为

$$C_1 = C_0 \left[1 + \frac{\Delta d}{d_0} + \left(\frac{\Delta d}{d_0} \right)^2 + \left(\frac{\Delta d}{d_0} \right)^3 + \cdots \right]$$

和

$$C_2 = C_0 \left[1 - \frac{\Delta d}{d_0} + \left(\frac{\Delta d}{d_0}\right)^2 - \left(\frac{\Delta d}{d_0}\right)^3 + \cdots \right]$$

电容的变化量为

$$\Delta C = C_1 - C_2 = C_0 \left[2 \frac{\Delta d}{d_0} + 2 \left(\frac{\Delta d}{d_0}\right)^3 + \cdots \right]$$

电容的相对变化量为

$$\frac{\Delta C}{C_0} = 2 \frac{\Delta d}{d_0} \left[1 + \left(\frac{\Delta d}{d_0}\right)^2 + \left(\frac{\Delta d}{d_0}\right)^4 + \cdots \right]$$

略去高次项,则 $\Delta C / C_0$ 与 $\Delta d / d_0$ 近似成线性关系。

$$\frac{\Delta C}{C_0} \approx \frac{2\Delta d}{d_0}$$

则差动式电容传感器的灵敏度系数为

$$K' = \frac{\Delta C}{C_0} \Big/ \Delta d = 2/d_0$$

差动电容式传感器的相对非线性误差 δ' 近似为

$$\delta' = \left| \frac{\Delta C - \Delta C'}{\Delta C} \right| = \frac{\left| 2\left(\Delta d / d_0\right)^3 \right|}{\left| 2\left(\Delta d / d_0\right) \right|} = \left(\frac{\Delta d}{d_0}\right)^2 \times 100\%$$

由此可见,差动电容式传感器使灵敏度提高一倍,而非线性误差也大为减小,由于温度等环境因素所造成的影响也能得到有效的改善。

2) 固定介质与可变间隙式电容传感器

减小极间隙可提高灵敏度,但容易被击穿。为此,在两极板间加一层云母或塑料等介质,以改变电容的耐压性能。由此构成如图 3-4 所示的固定介质与可变间隙式电容传感器。

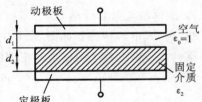

图 3-4　固定介质与可变间隙式电容传感器

由已知,可得

$$\begin{cases} C = \dfrac{C_1 C_2}{C_1 + C_2} \\[2mm] C_1 = \dfrac{\varepsilon_0 \varepsilon_1 A}{d_1} \\[2mm] C_2 = \dfrac{\varepsilon_0 \varepsilon_2 A}{d_2} \end{cases}$$

联立三式,可得

$$C = \frac{\varepsilon_0 A}{d_1 + \dfrac{d_2}{\varepsilon_2}}$$

当空气间隙减小 Δd_1,使电容增加 ΔC 时,有

$$C + \Delta C = \frac{\varepsilon_0 A}{d_1 - \Delta d_1 + d_2/\varepsilon_2}$$

$$\Delta C = \frac{\varepsilon_0 A}{d_1 - \Delta d_1 + \dfrac{d_2}{\varepsilon_2}} - \frac{\varepsilon_0 A}{d_1 + \dfrac{d_2}{\varepsilon_2}}$$

由此可得电容的相对变化量为

$$\frac{\Delta C}{C} = \frac{\Delta d_1}{d_1 - \Delta d_1 + \dfrac{d_2}{\varepsilon_2}} \tag{3-4}$$

由于 $\Delta d_1 \ll d_1, \varepsilon_2 \gg 1$，则

$$\frac{\Delta C}{C} \approx \frac{\Delta d_1}{d_1} \tag{3-5}$$

定义变间隙电容式传感器的灵敏度系数为

$$K = \frac{\dfrac{\Delta C}{C}}{\Delta d_1} = \frac{1}{d_1}$$

2. 变面积型电容式传感器

图 3-5 所示的是常见的变面积型电容式传感器的结构示意图。与变间隙型电容式传感器相比，它的测量范围更大，可测量较大范围的线位移和角位移。图 3-5(c) 中的 1、3 和图 3-5(d) 中的 1 为固定电极板，2 为可动电极板。

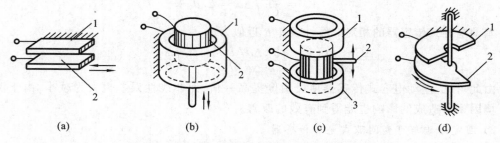

(a)　　　　　(b)　　　　　(c)　　　　　(d)

图 3-5　常见的变面积型电容式传感器的结构示意图

1）线位移式电容传感器

线位移式电容传感器如图 3-5(a) 所示。极板起始覆盖面积为 $A = ab$，沿活动极板宽度方向移动 Δa，则改变了两极板间覆盖的面积，忽略边缘效应，改变后的电容量为

$$C' = \frac{\varepsilon b (a - \Delta a)}{d} = C_0 - \frac{\varepsilon b}{d} \Delta a$$

式中，a 为两极板的极距。

电容的变化量为

$$\Delta C = C - C' = \frac{\varepsilon b}{d} \Delta a = C_0 \frac{\Delta a}{a}$$

其灵敏度为

$$K_C = \frac{\Delta C / C_0}{\Delta a} = \frac{1}{a} \tag{3-6}$$

式 (3-6) 说明其灵敏度系数 K_C 为常数，可见减小极板宽度 a 可提高灵敏度，而极板的起始覆盖长度 b 与灵敏度系数 K_C 无关。但 b 不能太小，必须保证 $b \gg d$，否则边缘处不均匀电场的影响将增大。

平板式极板作线位移时最大的不足之处是对移动极板的平行度要求高，稍有倾斜就会导致极间距 d 变化，影响测量精度。因此，在一般的情况下，变面积型电容式传感器常做成圆柱式的。

2）圆柱式线位移电容传感器

图 3-5(b) 所示是圆柱式线位移电容传感器结构图，图 3-5(c) 所示是差动式线位移电容传感器结构图。由物理学相关知识可知，不计边缘效应影响时，圆柱式线位移电容传感器的

电容量为

$$C = \frac{2\pi\varepsilon l}{\ln(r_2/r_1)}$$

式中：l 为外圆柱筒与内圆柱重叠部分的长度（高度）；r_2 为外圆柱内径；r_1 为内圆柱外径。

动极板 2（圆柱）沿轴线移动 Δl 时，电容的变化量为

$$\Delta C = \frac{2\pi\varepsilon\Delta l}{\ln(r_2/r_1)} = C\frac{\Delta l}{l} \tag{3-7}$$

其灵敏度为

$$K = \frac{\Delta C/C}{\Delta l} = \frac{1}{l}$$

若采用如图 3-5(c)所示的差动结构，动极板向上移动 Δl，则使上面部分的电容量 C_a 增加，下面部分的电容量 C_b 减少，使输出为差动形式，有

$$\Delta C = C_a - C_b = \frac{2\pi\varepsilon(l+\Delta l)}{\ln(r_2/r_1)} - \frac{2\pi\varepsilon(l-\Delta l)}{\ln(r_2/r_1)} = 2C\frac{\Delta l}{l} \tag{3-8}$$

其灵敏度为

$$K = \frac{\Delta C/C}{\Delta l} = \frac{2}{l}$$

比较式(3-8)和式(3-7)可以看出，采用差动式结构，电容变化量增加一倍，则灵敏度也提高一倍，并且灵敏度为常数。

3）角位移式电容传感器

如图 3-5(d)所示为角位移式电容传感器。当两半圆极板重合时，其电容量为

$$C = \frac{\varepsilon S}{d} = \frac{\varepsilon\pi r^2}{2d}$$

式中：r 为半圆极板的半径；d 为两极板的极距。

动极板 2 转过 $\Delta\theta$ 角，其电容量变为

$$C' = \frac{\varepsilon r^2(\pi - \Delta\theta)}{2d} = \frac{\varepsilon S(1 - \Delta\theta/\pi)}{d} = C - C\frac{\Delta\theta}{\pi}$$

则其电容变化量为

$$\Delta C = C - C' = C\frac{\Delta\theta}{\pi}$$

其灵敏度系数为

$$K_C = \frac{\Delta C/C}{\Delta\theta} = \frac{1}{\pi}$$

综合上述分析，变面积型电容式传感器不论被测量是线位移还是角位移，位移与输出电容都为线性关系（忽略边缘效应），并且传感器灵敏度系数为常数。

3. 变介电常数电容式传感器

图 3-6 所示为各种变介电常数电容式传感器的结构原理图。图 3-6(a)所示结构用于测介电质的厚度 δ_x；图 3-6(b)所示结构用于测量位移量 x；图 3-6(c)所示结构用于测量液面位置和液量；图 3-6(d)所示结构则根据介质的介电常数随温度、湿度、容量的改变而改变来测量温度、湿度、容量等参数。

如图 3-7 所示，厚度为 d_2 的介质（介电常数为 ε_2）在电容器中移动时，电容器中介质的介电常数（总值）的改变使电容量改变，可用于测量位移量 x。令 $C = C_A + C_B$，$d = d_1 + d_2$ 且无介质 ε_2 时，有

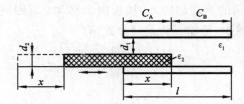

图 3-6 变介电常数电容式传感器结构原理图

$$C_0 = \varepsilon_1 bl / d$$

式中:ε_1 为空气的介电常数;b 为极板宽度;l 为极板长度;d 为极板间隙。

图 3-7 变介电常数电容式传感器

当介质 ε_2 移进电容器中 x 长度时,有

$$C_A = \frac{bx}{\dfrac{d_1}{\varepsilon_1} + \dfrac{d_2}{\varepsilon_2}}$$

$$C_B = b(l - x)\frac{1}{\dfrac{d}{\varepsilon_1}}$$

$$C = C_A + C_B = C_0 \left(1 + \frac{x}{l} \times \frac{\dfrac{d_2}{\varepsilon_1} - \dfrac{d_2}{\varepsilon_2}}{\dfrac{d_1}{\varepsilon_1} + \dfrac{d_2}{\varepsilon_2}} \right)$$

由于 $\varepsilon_2 \gg \varepsilon_1$,则有

$$\frac{d_2}{\varepsilon_1} \gg \frac{d_2}{\varepsilon_2}, \frac{d_1}{\varepsilon_1} \gg \frac{d_2}{\varepsilon_2}$$

$$C = C_0 \left(1 + \frac{d_2}{d_1 l}x \right) C = C_0 (1 + Ax) \tag{3-9}$$

由(3-9)可知,电容量 C 与位移量 x 成线性关系。上述结论均忽略了边缘效应,实际上,由于边缘效应,将会产生非线性,使其灵敏度下降。

引起两极板间介质介电常数变化的因素,可以是介质含水量的变化、介质厚度或高度的变化或介质组分含量的变化。因此,变介电常数式电容传感器可以用来测量含水量、物位及介质厚度等物理参数。所要注意的是,当变介电常数电容式传感器的极板间存在导电物质时,极板表面应涂绝缘层(例如涂厚度为 $0.1\ \text{mm}$ 的聚四氟乙烯薄膜),防止极板短路。

3.2 电容式传感器的测量电路

电容式传感器中的电容值及电容变化值都十分微小,这样微小的电容量不能直接为目前的显示仪表所显示,同时不便于传输。这就必须借助于测量电路来检测出这一微小的电

容增量,并将其转换成与其成单值函数关系的电压、电流或者频率。测量电路包括交流测量电桥、调频电路、运算放大器电路、二极管双 T 型交流电桥、脉冲宽度调制电路等。交流测量电桥具体见 1.3 节中的介绍。

1. 运算放大器电路

将电容式传感器接入运算放大器电路中,如图 3-8 所示。其中,C_x 为电容式传感器的输出电容,U_i 是交流电源电压,U_o 是输出信号的电压。由运算放大器工作原理可得

$$\dot{U}_o = -\frac{C}{C_x}\dot{U}_i \tag{3-10}$$

如果传感器是一个平板电容,则 $C_x = \varepsilon A/d$,代入式(3-10)中,有

$$\dot{U}_o = -\frac{C}{\varepsilon A}d \times \dot{U}_i \tag{3-11}$$

式(3-11)说明运算放大器的输出电压与极板间距 d 呈线性关系。运算放大器测量电路解决了单个变极板间距式电容传感器的非线性问题。

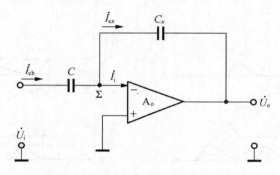

图 3-8　运算放大器电路原理图

2. 脉冲宽度调制电路

脉冲宽度调制电路如图 3-9 所示。它由比较器 A_1、A_2 和双稳态触发器及电容充放电回路组成。C_1、C_2 为差动式电容传感器,U_r 为参考电压,双稳态触发器的两个输出端 A、B 作为差分脉冲宽度调制电路的输出。电路的工作原理具体介绍如下。

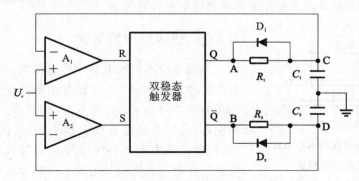

图 3-9　差分脉冲调宽电路

当双稳态触发器处于某一状态($Q=1$,$\overline{Q}=0$)时,A 点高电位通过电阻 R_1 对 C_1 充电,时间常数为 $\tau_1 = R_1 C_1$,直至 C 点电位高于参考电位 U_r,比较器 A_1 产生负跳变信号。与此同时,由于 $\overline{Q}=0$,电容器 C_2 上的电压通过二极管 D_2 放电至 0 电平。A_1 的负跳变信号使 $R=0$,$S=1$,复位双稳态触发器,从而使 $Q=0$,$\overline{Q}=1$,于是 A 点为低电位,C_1 上的电压通过二极

管 D_1 迅速放电至 0 电平；而此时 B 点高电位通过电阻 R_2 对 C_2 充电，时间常数为 $\tau_2 = R_2C_2$，直至 D 点电位高于参考电位 U_r，使比较器 A_2 产生负跳变信号，此时 R＝1，S＝0，置位双稳态触发器发生，回到初始状态。

电路中各点的波形如图 3-10 所示。当差动电容器的初始状态 $C_1＝C_2＝C_0$ 时，取 $R_1＝R_2＝R$，则充电时间常数 $\tau_1＝\tau_2$，脉冲宽度 $T_1＝T_2$，其输出平均电压值 $U_{AB}＝0$。各点的电压波形如图 3-10（a）所示。当由于外部条件发生变化，使差动电容 $C_1 \neq C_2$，假若 $C_1＞C_2$，则 $\tau_1＝R_1C_1＞\tau_2＝R_2C_2$。由于充放电时间常数的变化，使得电路中各点的电压波形产生相应改变。各点的电压波形如图 3-10（b）所示。此时输出电压 U_{AB} 的平均值就不等于 0。

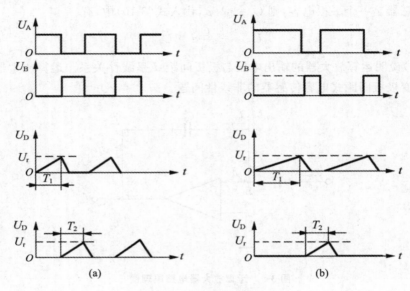

（a）   （b）

图 3-10　各点的电压波形

3.3　影响电容式传感器精度的因素及提高精度的措施

电容式传感器在应用中要注意影响其精度的各种因素。

3.3.1　边缘效应的影响

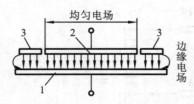

图 3-11　带有保护环的平板电容式传感器结构原理图

1—动极板；2—定极板；3—保护极图

边缘效应不仅使电容式传感器的灵敏度降低，而且会产生非线性效应。为了消除边缘效应的影响，可以采用带有保护环的结构，如图 3-11 所示。保护环与定极板同心、电气上绝缘且间隙越小越好，同时始终保持等电位，以保证中间各种区域得到均匀的场强分布，从而克服边缘效应的影响。为减小极板厚度，往往不用整块金属板做极板，而用石英或陶瓷等非金属材料，蒸涂一层金属膜作为极板。

3.3.2　寄生电容的影响

电容式传感器测量系统寄生参数的影响，主要是指传感器电容极板并联的寄生电容的影响。由于电容式传感器电容量很小,寄生电容的影响就比较明显,往往使传感器不能正常使用。消除和减小寄生电容影响的方法可归纳为以下几种。

1. 缩小传感器至测量线路前置极的距离

将集成电路、超小型电容器应用于测量电路,可使得部分部件与传感器做成一体,这既减小了寄生电容值,又使寄生电容值固定不变。

2. 采用驱动电缆技术

驱动电缆技术的原理电路图如图 3-12 所示。驱动电缆技术实际上是一种等电位屏蔽技术,又称为双层屏蔽等位传输技术。传感器与测量电路前置级间的引线为双屏蔽层电缆,其内屏蔽层与信号传输线(即电缆芯线)通过 1∶1 放大器放大成为等电位,从而消除了芯线与内屏蔽层之间的电容。屏蔽线上由于有随传感器输出信号变化而变化的电压,因此称为驱动电缆。采用这种技术可使电缆线长达 10 m 之远也不影响仪器的性能。

外屏蔽层接大地或接仪器地,用来防止外界电场的干扰。内、外屏蔽层之间的电容是 1∶1 放大器的负载。1∶1 放大器是一个输入阻抗要求很高、具有容性负载、放大倍数为 1(准确度要求达 1/10 000)的同相(要求相移为零)放大器。因此驱动电缆技术对 1∶1 放大器的要求很高,电路复杂,但能保证电容式传感器的电容值小于 1pF 时,也能正常工作。

3. 整体屏蔽法

所谓整体屏蔽法,是将整个桥体(包括供电电源及传输电缆在内)用一个统一屏蔽保护起来,公用极板与屏蔽之间(也就是公用极板对地)的寄生电容 C_1 只影响灵敏度,另外两个寄生电容 C_3、C_4 在一定程度上影响电桥的初始平衡及总体灵敏度,但不妨碍电桥的正确工作,如图 3-13 所示。因此寄生电容对传感器电容的影响基本上得到了排除。

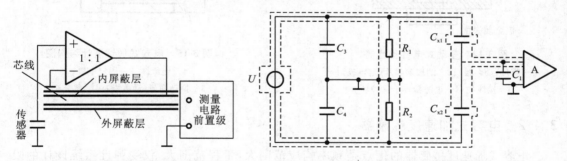

图 3-12 驱动电缆技术的原理电路图   图 3-13 电容电桥的整体屏蔽系统

3.3.3 温度影响

温度对电容式传感器的影响主要有以下两个方面。

1. 对结构尺寸的影响

由于电容式传感器极间隙很小,因而对结构尺寸的变化特别敏感。在传感器各零件材料线性膨胀系数不匹配的情况下,温度变化将导致极间距发生较大的相对变化,从而产生很大的温度误差。为了减小这种误差,应尽量选取温度系数小和温度系数稳定的材料,如电极的支架选用陶瓷材料,电极材料选用铁镍合金。近年来又采用在陶瓷或石英上进行喷镀金或银的工艺。

2. 对介质介电常数的影响

温度对介电常数的影响因介质不同而异,空气及云母的介电常数温度系数近似为零。

而某些液体介质,如硅油、蓖麻油、煤油等,其介电常数的温度系数较大。例如,煤油的介电常数的温度系数可达 0.07%/℃,即若环境温度变化为±50 ℃,则将带来7%的温度误差。故采用此类介质时必须注意温度变化造成的误差。

3.4 电容式传感器的应用

电容式传感器不但应用于位移、振动、角度、加速度、荷重等机械量的测量,也广泛应用于压力、差压、液压、料位、成分含量等参数的测量。

3.4.1 电容式压力传感器

电容式压力传感器实质上是位移传感器,它利用弹性膜片在压力下变形所产生的位移来改变传感器的电容(此时膜片作为电容器的一个电极)。图 3-14 所示是用膜片和两个凹玻璃圆片组成的差动式电容传感器。薄金属膜片夹在两片镀金属的中凹玻璃之间,当两个腔的压差增加时,膜片弯向低压的一边,这一微小的位移改变了每个玻璃圆片之间的电容,所以分辨率很高。同时采用 LC 震荡线路或双 T 电桥,可以测量的压力范围为 0~0.75 Pa。

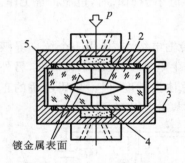

图 3-14 差动式电容传感器
1—膜片(动电极);2—凹玻璃圆片(定电极);
3—接线柱;4—过滤器;5—保护环

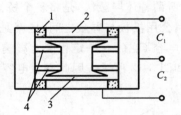

图 3-15 电容式加速度计结构图
1—绝缘体;2—固定电极;
3—振动质量(动电极);4—弹簧片

3.4.2 电容式加速度传感器

电容式加速度传感器的优点是频率响应范围大,量程范围大,仅受弹性系统设计的限制。其设计的困难之一是如何获得对温度不敏感的阻尼。由于气体的黏度和温度系数比液体的要小得多,因此采用空气或其他气体作阻尼是合适的。图 3-15 所示的是采用空气阻尼的电容式加速度计结构图。

3.4.3 电容式荷重传感器

电容式荷重传感器的结构原理图如图 3-16 所示。它选用一块浇铸性好、弹性极高的特种钢(镍铬钼),在同一高度上并排平行打圆孔,用特殊的黏合剂将两个截面为 T 形的绝缘体固定于孔的内壁,保持其平行并留有一定的间隙,在相对面上粘贴铜箔,从而形成一排平板电容。当圆孔受荷重变形时,电容值将改变。在电路上各电容并联,因此总电容增量将正比于被测平均荷重 F。此种传感器的特点是:测量误差小、受接触面影响小;采用高频振荡电路为测量电

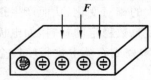

图 3-16 电容式荷重传感器结构原理图

路,把检测、放大等电路置于孔内;利用直流供电,输出也是直流信号;无感应现象,工作可靠,温度漂移可补偿到很小。

3.4.4 振动、位移测量仪

DWY-3 型振动、位移测量仪是一种电容调频原理的非接触式测量仪器,它既是测振仪,又是电子测微仪,主要用来测量旋转轴的回转精度和振摆、往复结构的运动特性和定位精度、机械构件的相对振动和相对变形、工件尺寸和平直度等,以及用于某些特殊测量。它是一种有着广泛应用的通用性精密机械测试仪器。它的传感器是一片金属板,作为固定极板,而以被测构件为动极组成电容器,其测量原理图如图 3-17 所示。

测量时,首先调整好传感器与被测试工件间的原始间隙 d_0。当轴旋转时因轴承间隙等原因使旋转轴产生径向位移和振动 $\pm \Delta d$,相应地产生一个电容变化 ΔC,故该测量仪可以直接指示出 Δd 的大小。当配有记录器和图形显示仪器时,该测量仪还可将 Δd 的大小记录下来并在图像上显示出其变化的情况。

3.4.5 用电容式传感器测厚

电容式传感器测厚是用来测量在轧制工艺过程中金属带材厚度变化的,工作原理如图 3-18 所示。在被测带材的上、下两边各置一块面积相等且与带材距离相同的极板,这样极板与带材间就形成了两个电容器(带材也作为一个极板)。把两块极板用导线连接起来,就成为一个极板,而带材则是电容传感器的另一个极板,其总电容为 $C = C_1 + C_2$。金属带材在轧制过程中不断向前送进,带材带厚如果发生变化,将引起它上、下两个极板间距的变化,即引起电容量的变化。如果总电容量 C 作为交流电桥的一个臂,电容的变化 ΔC 引起电桥不平衡输出,经过放大、检波、滤波,最后在仪表上显示出带材的厚度。这种测厚仪的优点是带材的振动不影响测量精度。

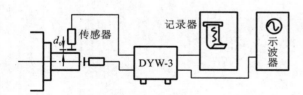
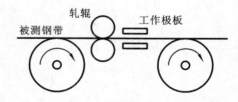

图 3-17 旋转轴的回转精度和振摆的测量原理图   图 3-18 电容式测厚传感器的工作原理

本 章 小 结

本章主要介绍了电容式传感器,其工作原理是把某些非电量的变化通过一个可变电容器,转换成电容量的变化,通过测量电路就可转换为电量输出。电容式传感器根据其工作原理可分为变极距型、变面积型和变介质型三种类型。电容式传感器可用于位移、振动、角度、加速度等机械量的精密测量,还可用于压力、压差、液位、成分含量等方面的测量。

思考与练习题

1. 电容式传感器有哪三大类? 分别适用于测量哪些物理量?
2. 推导差动式变间隙电容传感器的灵敏度,并与单一型传感器进行比较。
3. 电容式传感器的寄生电容是怎样产生的? 对传感器的输出特性有什么影响?

4. 电容式传感器能否用来测量湿度？试说明其工作原理。

5. 若一个差动式电容传感器在压力 F 的作用下,动极板变化了 Δd,试设计一个接口电路,使接口电路的输出电压 U 与压力 F 成一定比例,画出电路,并给出 U 与 F 的关系式。

6. 一个差分电容传感器,两极板的极距为 $d_0 = 2\ mm$,在 1 kg 力的作用下,极距变化了 10 μm。在 10 kg 力的作用下,极距变化了 95 μm。试求:①设计一个桥式电路+放大电路组成的测量电路;②计算在 5 kg 力的作用下,极距的变化量;③在 5 kg 力的作用下,使输出电压的幅值为 2 V,计算测量电路中的参数。

7. 用差动式电容传感器设计一个检测位移的检测装置,画出工作示意图,说明其工作原理。

8. 推导电容传感器(见图 3-19)的下述属性:

(1) 电容相对变化量 $\Delta C/C$ 与极间距相对变化量 $\Delta\delta/\delta$ 的关系;

(2) 敏感度 $S = \Delta C/\Delta\delta$ 与电容极板的遮盖面积 A,介电常数 ε 和极间距 δ 的关系;

(3) 说明为何电容传感器的线性度和敏感度是一对矛盾的参数。

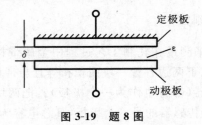

图 3-19　题 8 图

第4章 电感式传感器

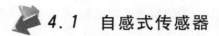

电感式传感器是利用电磁感应原理,将被测的物理量如位移、压力、流量、振动等转换成线圈的自感系数 L 或互感系数 M 的变化,再由测量电路转换为电压或电流的变化量输出,实现由非电量到电量转换的装置。将非电量转换成自感系数变化的传感器通常称为自感式传感器(又称电感式传感器);而将非电量转换成互感系数变化的传感器通常称为互感式传感器(又称差动变压器式传感器)。

电感式传感器具有工作可靠、测量力小、输出功率大等优点。但同时它也有频率响应较低、不宜用于快速动态测量等缺点。

电感式传感器的种类很多,本章主要介绍自感式、互感式和电涡流式三种传感器。

4.1 自感式传感器

4.1.1 自感式传感器的工作原理和等效电路

1. 工作原理

如图 4-1 所示为一个简单的自感式传感器原理图。它由衔铁、铁芯和匝数为 W 的线圈三部分构成。自感式传感器在测量物理量时其衔铁的运动部分产生位移,导致线圈的电感值发生变化,根据定义,线圈的电感为

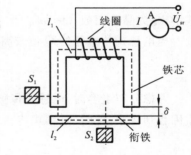

$$L = \frac{W^2}{R_M} \tag{4-1}$$

式中:R_M 为磁阻,它包括铁芯与衔铁磁阻、空气隙磁阻,即

$$R_M = \sum \frac{l_i}{\mu_i S_i} + R_\delta \tag{4-2}$$

图 4-1 自感式传感器原理图

式中:$\sum \dfrac{l_i}{\mu_i S_i}$ 为铁磁材料各段的磁阻之和,当铁芯一定时,其值是一定的;l_i 为各段铁芯的长度;μ_i 为各段铁芯的磁导率;S_i 为各段铁芯的截面积;R_δ 为空气隙磁阻,$R_\delta = 2\delta/\mu_0 S$,其中 S 为空气隙截面积,δ 为空气隙长度,μ_0 为空气的磁导率。

将式(4-2)代入式(4-1)中,即可得电感为

$$L = \frac{W^2}{\sum \dfrac{l_i}{\mu_i S_i} + \dfrac{2\delta}{\mu_0 S}}$$

因为铁磁材料的磁阻与空气隙磁阻相比,其值较小,故计算时可忽略不计,因而有

$$L = \frac{W^2 \mu_0 S}{2\delta} \tag{4-3}$$

由式(4-3)可知,当线圈及铁芯一定时,W 为常数,如果改变 δ 或 S,L 值就会产生相应的变化。电感式传感器就是利用这一原理做成的。最常用的是变空气隙长度 δ 的电感式传感器。由于改变 δ 和 S 都是使空气隙磁阻发生变化,从而使电感发生变化,所以这种传感器也称为变磁阻式传感器。

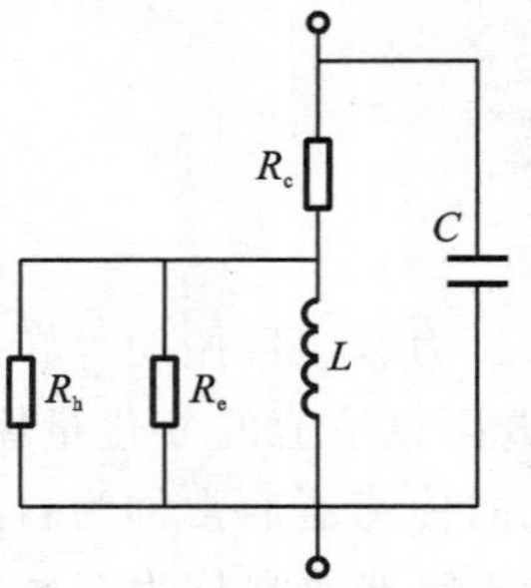

2. 等效电路

电感式传感器是一个带铁芯的可变电感,由于线圈的铜耗、铁芯的涡流损耗、磁滞损耗及分布电容的影响,它并非呈现纯电感。自感式传感器的等效电路如图 4-2 所示,其中 L 为电感,R_c 为铜损电阻,R_e 为电涡流损耗电阻,R_h 为磁滞损耗电阻,C 为传感器等效电路的等效电容。当电感确定后,这些参数即为已知量。

其中需要注意的是,传感器等效电路的等效电容 C,它主要是由线圈绕组的分布电容和电缆电容引起的。电缆长度的变化将引起 C 的变化。

图 4-2 自感式传感器等效电路

显然,忽略分布电容且不考虑各种损耗时,电感式传感器阻抗为

$$Z = R + j\omega L$$

式中:R 为线圈的直流电阻;L 为传感器线圈的电感。

当考虑并联分布电容时,阻抗为 Z_s

$$Z_s = \frac{(R+j\omega L) \cdot \dfrac{1}{j\omega C}}{(R+j\omega L) + \dfrac{1}{j\omega C}} = \frac{R}{(1-\omega^2 LC)^2 + (\omega^2 LC/Q)^2} + j\omega L \frac{(1-\omega^2 LC) - (\omega^2 LC/Q)}{(1-\omega^2 LC)^2 + (\omega^2 LC/Q)^2}$$

$$(4-4)$$

式中:Q 为品质因数,$Q = \omega L/R$。

当电感式传感器的 Q 值较高,即 $1/Q \ll 1$ 时,则式(4-4)可变为

$$Z_s \approx \frac{R}{(1-\omega^2 LC)^2} + \frac{j\omega L}{1-\omega^2 LC} = R_s + j\omega L_s$$

考虑分布电容时,电感式传感器的有效串联电阻和有效电感都增加了,而线圈的有效品质因数却减小,此时,电感式传感器的有效灵敏度为

$$\frac{dL_s}{L_s} = \frac{1}{1-\omega^2 LC} \cdot \frac{dL}{L}$$

即考虑分布电容以后,电感式传感器的灵敏度增加了。因此,必须根据测试时所用电缆长度对传感器重新进行标定,或者相应调整并联电容。

4.1.2 自感式传感器的结构类型及特性

常见的自感式传感器有变间隙式、变面积式和螺线管式三类。

1. 变间隙式电感传感器

变间隙式电感传感器原理图如图 4-3 所示。当图 4-3(a)中所示的衔铁移动时,空气隙将从原始的 δ_0 发生 $\pm\Delta\delta$ 的变化。若使其向上移动取值为 $-\Delta\delta$,则由式(4-3)可得

$$L' = \frac{W^2 \mu_0 S}{2(\delta_0 - \Delta\delta)}$$

电感增量为

$$\Delta L = L' - L_0 = \frac{W^2 \mu_0 S}{2(\delta_0 - \Delta\delta)} - L_0 = L_0 \left(\frac{1}{1 - \dfrac{\Delta\delta}{\delta_0}} - 1 \right) = L_0 \cdot \frac{\Delta\delta}{\delta_0} \cdot \frac{1}{1 - \dfrac{\Delta\delta}{\delta_0}}$$

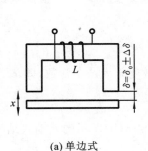

(a) 单边式

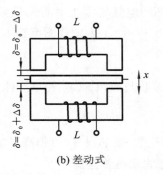

(b) 差动式

图 4-3　变间隙式电感传感器原理图

线圈电感的相对变化量为

$$\frac{\Delta L}{L_0} = \frac{\Delta \delta}{\delta_0} \cdot \frac{1}{1 - \frac{\Delta \delta}{\delta_0}}$$

由泰勒级数展开得

$$\frac{\Delta L}{L_0} = \frac{\Delta \delta}{\delta_0} + \left(\frac{\Delta \delta}{\delta_0}\right)^2 + \left(\frac{\Delta \delta}{\delta_0}\right)^3 + \left(\frac{\Delta \delta}{\delta_0}\right)^4 + \cdots$$

同理,衔铁向下移动的相对变化量 $\Delta L/L_0$ 为

$$\frac{\Delta L}{L_0} = \frac{\Delta \delta}{\delta_0} - \left(\frac{\Delta \delta}{\delta_0}\right)^2 + \left(\frac{\Delta \delta}{\delta_0}\right)^3 - \left(\frac{\Delta \delta}{\delta_0}\right)^4 + \cdots \qquad (4\text{-}5)$$

由式(4-5)可知,线圈电感与空气的气隙长度关系为非线性关系,非线性度随空气气隙变化量的增大而增大;只有当 $\Delta \delta$ 很小时,才可忽略高次项的存在,从而可得近似的线性关系(这里未考虑漏磁的影响)。所以,单边变间隙式电感式传感器存在线性度要求与测量范围要求的矛盾。

电感 L 与空气气隙长度 δ 的关系如图 4-4 所示。它是一条双曲线,所以非线性是较严重的。为了得到一定的线性度,一般 $\Delta \delta/\delta_0$ 的取值为 $0.1 \sim 0.2$。

图 4-3(b)所示为差动式变间隙电感传感器,要求其上、下两铁芯和线圈的几何尺寸与电气参数完全对称,衔铁偏离对称位置的移动,使其一边间隙增大,而另一边间隙减小,两个线圈电感的总变化量为

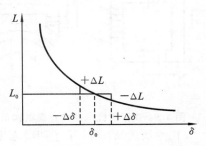

图 4-4　电感 L 与空气隙长度 δ 的关系

$$\frac{\Delta L}{L} = 2\left[\frac{\Delta \delta}{\delta_0} + \left(\frac{\Delta \delta}{\delta_0}\right)^3 + \left(\frac{\Delta \delta}{\delta_0}\right)^5 + \cdots\right]$$

忽略高次项,其电感的变化量为

$$\frac{\Delta L}{L} \approx 2\frac{\Delta \delta}{\delta_0}$$

可见,差动式的灵敏度比单边式的灵敏度增加一倍,而且差动式的 $(\Delta L_1 + \Delta L_2)/L_0$ 式中不包含 $\Delta \delta/\delta_0$ 的偶次项,所以在相同的 $\Delta \delta_0/\delta_0$ 下,其非线性误差比单边的要小得多。所以,实际应用中多采用差动式结构。差动变间隙电感式传感器的线性工作范围内一般 $\Delta \delta/\delta_0$ 的取值为 $0.3 \sim 0.4$。

2. 变面积式电感传感器

变面积式电感传感器的结构示意图如图 4-5 所示。对于单边式结构(见图 4-5(a)),起

始状态时，铁芯的空气气隙正对着衔铁，其截面积为 $S_{\delta_0} = ab$。当衔铁随被测量上、下移动时，其截面积 $S = (a-x)b$，则线圈电感 L 为

$$L = \frac{\mu_0 W^2 b}{2\delta_0}(a - x)$$

可见，线圈电感 L 与面积 S（或 x）呈线性关系，其灵敏度 k 为一个常数，即

$$k = \frac{\Delta L}{x} = \frac{\mu_0 W^2 b}{2\delta_0}$$

正确选择线圈匝数、铁芯尺寸，可提高灵敏度，采用图 4-5(b) 所示的差动式结构则更好。

3. 螺线管式电感传感器

螺线管式电感传感器的结构示意图如图 4-6 所示。它由螺线管形线圈、磁性材料制成的柱形铁芯和外套组成。如图 4-6(a) 所示，设线圈长度和平均半径分别为 l 和 r，铁芯进入线圈的长度和铁芯半径分别为 x 和 r_a，铁芯有效磁导率为 μ_0。当 $l/r \gg l$ 时，可认为管内磁感应强度为均匀分布；当 $x \ll l$ 时，可推导出线圈的电感量 L 为

$$L = \frac{\mu_0 W^2}{l}(lr^2 + \mu_a x r_a^2)$$

可见，L 与 x 呈线性关系，其灵敏度系数 K 为

$$K = \frac{\Delta L}{\Delta x} = \frac{\mu_0 W^2}{l}\mu_a r_a^2$$

实际上，由于漏磁因素等的影响，管内磁场强度 B 的分布并非完全均匀，故其特性具有非线性。但是，在铁芯的移动范围内，能够寻找一段非线性误差较小的区域或采用差动式结构，如图 4-6(b) 所示，则管内磁场强度的分布状况可得到较理想的改善。

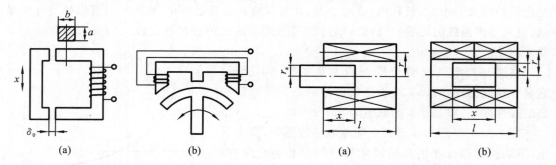

图 4-5　变面积式电感传感器结构示意图　　　图 4-6　螺线管式电感传感器结构示意图

在差动式结构中，由于两线圈完全对称，故当铁芯处于中央对称位置时，两线圈的电感相等，即

$$L_{10} = L_{20} = \frac{\mu_0 W^2}{l}\left(lr^2 + \mu_a \frac{r_a^2 x}{2}\right)$$

若铁芯向左移动 Δx 时，则 L_{10} 增大 ΔL_1，L_{20} 减小 ΔL_2，其值为

$$\Delta L_1 = \frac{\mu_0 W^2}{l}\mu_a r_a^2 \Delta x$$

$$\Delta L_2 = -\frac{\mu_0 W^2}{l}\mu_a r_a^2 \Delta x$$

这样，提高了灵敏度，又对改善其特性的线性度有明显的效果。

4.1.3　电感式传感器的测量电路

电感式传感器最常用的测量电路是交流电桥式测量电路，它有三种基本形式，即电阻平

衡臂电桥、变压器式电桥、紧耦合电感比例臂电桥,如图 4-7 所示。下面简要介绍这三种测量电路。

1. 电阻平衡臂电桥

图 4-7(a)所示是差动式电感传感器所用的电阻平衡臂电桥原理图,它把传感器的两个线圈作为电桥的两个桥臂 Z_1 和 Z_2,而另两个相邻的桥臂用纯电阻 R 代替,对于高 Q 值的差动式电感传感器,其输出电压为

$$\dot{U}_{sc} = k\Delta\delta$$

由上式可知,电桥输出电压与 $\Delta\delta$ 有关,相位与衔铁的移动方向有关。

2. 变压器式电桥

变压器式电桥原理图如图 4-7(b)所示。相邻的两工作桥臂为 Z_1、Z_2,是差动式电感传感器的两个线圈的阻抗。另外两桥臂为变压器次级线圈的两半(每一半的电压为 $\dot{U}/2$),输出电压取自 A、B 两点。假定次级线圈的最下端电位为 0,并且传感器线圈为高 Q 值,即线圈电阻远远小于其感抗($r \ll \omega L$),那么就可以推导其输出电压特性公式为

$$\dot{U}_{sc} = \dot{U}_A - \dot{U}_B = \frac{Z_1}{Z_1 + Z_2}\dot{U} - \frac{1}{2}\dot{U}$$

在初始位置(即衔铁位于差动式传感器中间),由于两线圈完全对称,因此有 $Z_1 = Z_2 = Z$。此时桥路平衡,$\dot{U}_{sc} = 0$。

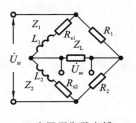 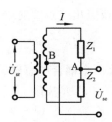 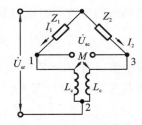

(a) 电阻平衡臂电桥   (b) 变压器式电桥   (c) 紧耦合电感比例臂电桥

图 4-7 交流电桥的几种形式

当衔铁上移时,下面线圈的阻抗增高,即 $Z_1 = Z + \Delta Z$,而上面线圈的阻抗减小为 $Z_2 = Z - \Delta Z$,此时输出电压为

$$\dot{U}_{sc} = \frac{Z_1}{Z_1 + Z_2}\dot{U} - \frac{1}{2}\dot{U} = \frac{\Delta Z}{2Z}\dot{U}$$

因为当 Q 值很高时,线圈内阻可以忽略,所以

$$\dot{U}_{sc} = \frac{j\omega\Delta L}{2j\omega L}\dot{U} = \frac{\Delta L}{2L}\dot{U}$$

同理,当衔铁下移时可得出

$$\dot{U}_{sc} = -\frac{\Delta L}{2L}\dot{U}$$

即

$$\dot{U}_{sc} = \pm\frac{\Delta L}{2L}\dot{U} \tag{4-6}$$

由式(4-6)可知,当衔铁上移和下移时,其输出电压的相位相反,并且随着 $\Delta\delta$ 的变化其输出电压也相应地改变。

3. 紧耦合电感比例臂电桥

紧耦合电感比例臂电桥常用于差动式电感或电容传感器,以差动形式工作的传感器的两个阻抗作为电桥的工作臂,而紧耦合的两个电感作为固定臂,组成电桥电路,如图4-7(c)所示。紧耦合电感比例臂及其 T 形等效变换电路如图4-8所示。

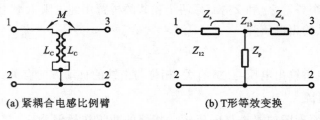

(a) 紧耦合电感比例臂　　　　　**(b) T形等效变换**

图 4-8　紧耦合电感比例臂及其 T 形等效变换示意图

由 T 形转换可得

$$Z_{12} = Z_s + Z_p = j\omega(L_c - M) + j\omega M = j\omega L_c$$
$$Z_{13} = 2Z_s = 2j\omega(L_c - M)$$

耦合系数为

$$k = \frac{M}{L_c}$$

式中:L_c 为线圈的自感;M 为两个线圈的互感。

当两电感内的电流同时流向节点或流出节点 2 时,k 取正值;反之则取负值。

$$Z_s = Z_{12} - Z_p = j\omega L_c - j\omega M = j\omega L_c\left(1 - \frac{M}{L_c}\right) = j\omega L_c(1 - k)$$

当电桥平衡时有 $Z_1 = Z_2 = Z$,因此两个耦合电感臂的支路电流 $I_1 = I_2$,即大小相等且方向相同。当其为全耦合时,有 $k = 1$,$Z_s = 0$。所以有

$$Z_{13} = 2Z_s = 2Z_{12}(1 - k) = 0$$

这样就可看做 1、3 短路,所以并联在 1、3 端的分布电容都被短路了。由此可见,与电感臂并联的任何分布电容对平衡时的输出毫无影响,这就使桥路平衡稳定,简化了桥路的接地和屏蔽问题,改善了电路的零稳定性。

4.2　差动变压器式(互感式)传感器

4.1 节讨论的是将被测量变化转换成线圈自感变化来实现检测的。而本节讨论的差动变压器则是把被测量变化转换成线圈的互感变化来进行检测的。差动变压器本身是一个变压器,其初级线圈输入交流电压,次级线圈感应输出电信号,当互感受外界影响变化时,其感应电压也随之产生相应的变化。它的次级线圈接成差动的形式,故被称为差动变压器。

4.2.1　工作原理

差动变压器式传感器的结构形式很多,如图4-9(a)、(b)所示分别为 E 形变气隙式结构和螺管式结构。差动变压式传感器的结构与前述电感传感器的不同之处在于差动变压器的上、下两铁芯上均有一个初级线圈 W_1(也称励磁线圈)和一个次级线圈 W_2(也叫输出线圈)。上、下两个初级线圈串联后接交流励磁电源电压 U_{sr},两个次级线圈则按电势反相串联。

当衔铁处于中间位置时,有 $\delta_1 = \delta_2$,初级线圈中产生交变磁通 Φ_1 和 Φ_2,在次级线圈中便

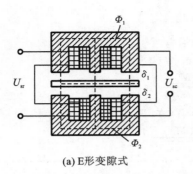
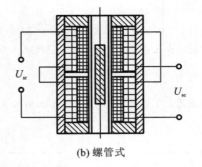

(a) E形变隙式   (b) 螺管式

图 4-9　差动变压器式传感器的结构形式

产生交流感应电动势。由于两边气隙相等、磁阻相等,所以 $\Phi_1 = \Phi_2$,次级线圈中感应出的电动势 $E_{21} = E_{22}$。由于次级线圈是按电动势反向连接的,故其输出电压 $U_{sc} = 0$。当衔铁偏离中间位置时,两边空气气隙长度不等(即 $\delta_1 \neq \delta_2$),次级线圈中感应电动势不再相等(即 $E_{21} \neq E_{22}$),便有电压 U_{sc} 输出。U_{sc} 的大小及相位取决于衔铁的位移大小和方向。这就是差动变压器式传感器的基本工作原理。

4.2.2　差动变压器式传感器的特性

在理想情况下(忽略线圈寄生电容及衔铁损耗),差动变压器的等效电路如图 4-10 所示。

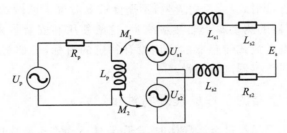

图 4-10　差动变压器的等效电路

图 4-10 中,U_p 为初级线圈的激励电压;L_p、R_p 为初级线圈的电感与有效电阻;M_1、M_2 为初级线圈与两个次级线圈之间的互感系数;U_{s1}、U_{s2} 为两个次级线圈的感应电压。由图 4-10 可得

$$\dot{I}_p = \frac{\dot{U}_p}{R_p + j\omega L_p} \tag{4-7}$$

式中:$\dot{I}_p$ 为初级线圈的电流。

$$\dot{E}_{s1} = -j\omega M_1 I_p \tag{4-8}$$

$$\dot{E}_{s2} = -j\omega M_2 I_p \tag{4-9}$$

由此可得

$$\dot{E}_s = \dot{E}_{s1} - \dot{E}_{s1} = -j\omega M_1 I_p + j\omega M_2 I_p$$
$$= \frac{j\omega (M_2 - M_1)}{R_p + j\omega L_p} \dot{E}_p \tag{4-10}$$

由式(4-10)得

$$E_s = \frac{\omega (M_1 - M_2)}{\sqrt{R_p^2 + (\omega L_p)^2}} E_p \tag{4-11}$$

讨论:(1)当铁芯移动到中心时,$M_1 = M_2 = M$,此时 $E_s = 0$;

(2)当铁芯向上移动时,$M_1 = M + \Delta M$,$M_2 = M - \Delta M$,由式(4-10)得

$$E_s = \frac{2\omega\Delta M}{\sqrt{R_p^2 + (\omega L_p)^2}} E_p \tag{4-12}$$

(3)当铁芯向下移动时,$M_1 = M - \Delta M$,$M_2 = M + \Delta M$,由式(4-10)得

$$E_s = -\frac{2\omega\Delta M}{\sqrt{R_p^2 + (\omega L_p)^2}} E_p \tag{4-13}$$

可见,差动变压器式传感器的特性与互感系数有关,其灵敏度不仅取决于磁系统的结构参数,还取决于初、次级线圈的匝数比及激磁电源电压的大小。可以通过改变匝数比及提高电源电压的办法来提高灵敏度。

4.3 电涡流式传感器

电涡流式传感器是利用金属导体中的涡流与激励磁场之间的相互作用进行电磁能量传递的,因此必须有一个交变磁场的激励源(传感器线圈)。被测对象以某种方式调制磁场,从而改变激励线圈的电感。从这个意义上来说,电涡流式传感器也是一种电感传感器,不过是一种特别的电感传感器。这种传感技术属主动测量技术,即在测试中测量仪器主动发射能量,观察被测对象吸收(透射式)或反射能量,不需要被测对象主动做功。像大多数主动测量装置一样,涡流式传感器的测量属于非接触测量,这给使用和安装带来了很大的方便,特别是测量运动的物体时电涡流式传感器的应用没有特定的目标,一切与涡流有关的因素在原则上都可以用电涡流式传感器进行测量。

4.3.1 电涡流式传感器的工作原理及特性

电感线圈产生的磁力线经过金属导体时,金属导体就会产生感应电流,该电流的流向呈闭合回线,类似水涡形状,故称为电涡流。电涡流式传感器是以电涡流效应为基础,由一个线圈和与线圈邻近的金属导体组成的。图 4-11 给出了电涡流式传感器等效电路示意图和工作原理图。

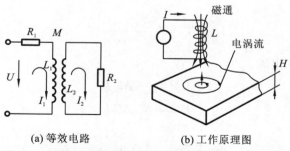

(a) 等效电路　　　　(b) 工作原理图

图 4-11　电涡流式传感器等效电路示意图和工作原理图

线圈中通入交变电流 I 时,可在线圈的周围产生交变的磁场 H_1,位于该磁场中的金属导体产生感应电动势并形成涡流。金属导体上流动的电涡流也将产生相应的磁场 H_2,H_2 与 H_1 的方向相反,对线圈磁场 H_1 起抵消作用,从而引起线圈等效电阻 Z、等效电感 L 或品质因数相应发生变化。金属导体上的电涡流越大,这些参数的变化也越大。根据其等效电

路,可列出电路方程

$$
\left.
\begin{array}{l}
R_1\dot{I}_1 + j\omega L_1\dot{I}_1 - j\omega M\dot{I}_2 = \dot{U} \\
- j\omega M\dot{I}_1 + R_2\dot{I}_2 + j\omega L_2\dot{I}_2 = 0
\end{array}
\right\}
$$

解方程组,其结果为

$$Z = \frac{\dot{U}}{\dot{I}_1} = R_1 + \frac{\omega^2 M^2}{R_2^2 + (\omega L_2)^2}R_2 + j\left[\omega L_1 - \frac{\omega^2 M^2}{R_2^2 + (\omega L_2)^2}\omega L_2\right] \tag{4-14}$$

$$L = L_1 - \frac{\omega^2 M^2}{R_2^2 + (\omega L_2)^2}L_2 \tag{4-15}$$

$$Q = \frac{\omega L_1}{R_1}\frac{1 - \dfrac{L_2}{L_1}\cdot\dfrac{\omega^2 M^2}{R_2^2 + (\omega L_2)^2}}{1 + \dfrac{R_2}{R_1}\cdot\dfrac{\omega^2 M^2}{R_2^2 + (\omega L_2)^2}} \tag{4-16}$$

式中:R_1、L_1 为线圈原有的电阻、电感(周围无金属导体);R_2、L_2 为电涡流等效短路环的电阻和电感;ω 为励磁电流的角频率;M 为线圈与金属体之间的互感系数;$\dot{U}$ 为电源电压。

由式(4-14)至式(4-16)可见,Z、L 和 Q 均为互感的函数,对于已定的线圈,Z、L 和 Q 取决于金属体与线圈的相对位置,以及金属体的材料、尺寸、形状等。当只令其中的一个参数随被测量的变化而变化,其他参数不变时,采用电涡流式传感器并配用相应的测量线路,可得到与该被测量相对应的电信号(电压、电流或频率)输出。这种方法常用来测量位移、金属体厚度、温度等参数,并可做探伤用。

电涡流式传感器由于具有结构简单、体积小、频率响应范围广、灵敏度高等特点,在测试技术中日益得到重视和推广应用。

4.3.2 电涡流式传感器的结构形式及特点

1. 变间隙式

变间隙式传感器最常用的结构形式采用扁平线圈,金属导体与线圈平面平行放置,如图4-12(a)所示。

分析表明,扁平线圈的内径与厚度对特性的影响不大,但线圈外径对特性的线性范围和灵敏度影响较大。线圈外径较大时,线圈磁场的轴向分布范围广,而磁感应强度 B 的变化梯度小,故其线性范围广,而灵敏度较低;外径较小时,则相反。如果在线圈中加一个磁芯,可使传感器小型化,即在相同电感量下,减小匝数,并扩大测量范围。

金属导体是传感器的另一组成部分,它的物理性质、尺寸与形状也与传感器特性密切相关。金属导体的电导率高、磁导率低者其灵敏度高,同时,金属体不应过小、过薄,否则对测量结果均会有影响。

2. 变面积式

变面积式传感器的基本组成同变间隙式传感器,但是它利用金属导体与传感器线圈之间相对覆盖面积的变化而引起涡流效应变化的原理而工作的,其灵敏度和线性范围都比变间隙式好。为了减小轴向间隙的影响,常采用图4-12(b)所示的差动变面积式,将两线圈串联,以补偿轴向间隙变化的影响。

3. 螺线管式

如图4-13所示为差动螺线管式电涡流式传感器结构示意图。它由绕在同一骨架上的两个线圈1、2 和套在线圈外的金属短路套筒所组成,筒长约为线圈的 60%。它的线性特性

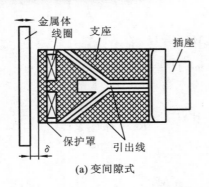
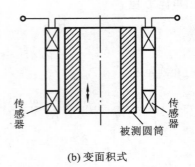

(a) 变间隙式　　　　　　　　　　　　(b) 变面积式

图 4-12　电涡流式传感器

较好,但灵敏度不太高。

4. 低频透射式

低频透射式由两个分别处在金属体两边的线圈组成。传感器采用低频励磁,以提高贯穿深度,适用于测量金属体的厚度,其结构和特性曲线如图 4-14 所示。

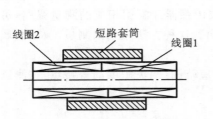

图 4-13　差动螺线管式电涡流式
传感器结构示意图

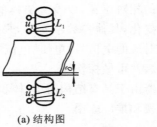

(a) 结构图　　　　(b) 特性曲线

图 4-14　低频透射式电涡流式传感器
结构图和特性曲线

低频励磁电压 u_1 施加于线圈 L_1 的两端,在 L_2 两端产生感应电动势 u_2。当 L_1 与 L_2 之间无金属导体时,L_1 产生的磁场全部贯穿 L_2,u_2 最大;当有金属导体时,因涡流形成的反磁场作用,u_2 将降低。涡流越大,即金属导电性越好或金属板越厚,u_2 将越小。当金属体材料一定时,u_2 将与金属板厚度相对应。

为了提高灵敏度,上述除低频透射式以外的三种结构一般都采用高频励磁电源,并采用调频式电路或调频调幅式电路或调幅式测量电路,将等效电感或等效感抗变换成相应的电压或频率信号。

需要指出的是,电涡流式传感器的线圈与被测金属体之间是磁性耦合的,并利用耦合程度的变化作为参数测试值,因此,传感器的线圈装置仅为"实际测试传感器的一半",另一半是被测体。被测体的物理性质、尺寸和几何形状都与测量装置总的特性密切相关。在电涡流式传感器的设计或使用中,必须同时考虑被测体的物理性能、尺寸和几何形状等因素。

4.3.3　影响电涡流式传感器灵敏度的因素

1. 被测体材料对测量的影响

线圈的阻抗 Z 的变化与材料电阻率 ρ、磁导率 μ 有关,它们影响电涡流的贯穿深度,影响损耗功率,也就会影响传感器灵敏度。一般来说,被测体的电导率越高,灵敏度也越高。如果是磁性材料,则它的磁导率效果与涡流损耗效果相反,因此与非磁性材料的被测体相比,传感器灵敏度较低。

2. 被测体大小和形状对测量的影响

被测体的面积比传感器相对应的面积大很多时,灵敏度不发生变化;当被测体面积为传感器线圈面积的一半时,其灵敏度降低一半;面积更小时,灵敏度显著下降。

被测体为圆柱体时,它的直径 D 必须为线圈直径 d 的 3.5 倍以上,才不影响被测结果。

被测体的厚度也不能太薄。但一般来说,只要有 0.2 mm 以上的厚度,测量就不会受到影响(铜、铝箔等为 0.07 mm 以上)。

3. 传感器的形状和尺寸对传感器灵敏度的影响

传感器的主要构成是线圈,它的形状和尺寸关系到传感器的灵敏度和测量范围,而灵敏度和线性范围与线圈产生的磁场分布有关。

单匝载流圆导线在轴上的磁感应强度根据毕奥-萨伐尔-拉普拉斯定律计算可得如下表达式。

$$B_P = \frac{\mu_0 I r^2}{2(r^2 + x^2)^{3/2}} \tag{4-17}$$

式中:μ_0 为真空磁导率;I 为激励电流强度;r 为圆导线半径;x 为轴上点离单匝载流圆导线的距离。

在励磁电流不变的情况下,制作出三种半径情况下的 B_P-x 的曲线(见图 4-15)。由图 4-15 可知,半径小的载流圆导线,在靠近圆导线处产生的磁感应强度大;而在远离圆导线处,即半径大时,磁感应强度大。这说明,线圈外径大的,线圈的磁场轴向分布大,测量范围大,线性范围相应就大,磁感应强度的变化梯度小,因此灵敏度就低;线圈外径小时,磁感应强度轴向分布的范围小,测量范围小,磁感应强度的变化梯度大,传感器灵敏度高。

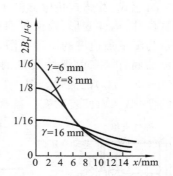

图 4-15 电涡流线圈 B_P-x 的曲线

4.3.4 测量电路

用于电涡流式传感器的测量电路主要有调频式电路、调幅式电路两种,下面分别进行介绍。

1. 调频式电路

调频式测量电路原理图如图 4-16 所示。传感器线圈接入 LC 振荡回路,当传感器与被测导体距离 x 改变时,在涡流影响下,传感器的电感变化导致振荡频率的变化,该变化的频率是距离 x 的函数 $f = L(x)$。该频率可由数字频率计直接测量,或者通过 F-V 变换,用数字电压表测量对应的电压。

2. 调幅式电路

传感器线圈 L 和电容器 C 并联组成谐振回路,石英晶体组成石英晶体振荡电路,如图 4-17 所示。石英晶体振荡器起一个恒流源的作用,给谐振回路提供一个稳定频率(f_0)激励电流 I_0,则 LC 回路输出电压为

$$U_0 = I_0 f(Z) \tag{4-18}$$

式中,Z 表示 LC 回路的阻抗。

当金属导体远离或被去掉时,LC 并联谐振回路的频率即为石英振荡频率 f_0,回路呈现出的阻抗最大,谐振回路上的输出电压也最大;当金属导体靠近传感器线圈时,线圈的等效电感 L 发生变化,导致回路失谐,从而使输出电压降低,L 的数值随距离 x 的变化而变化,因此,输出电压也随 x 而变化。输出电压经过放大、检波后,由指示仪表直接显示出 x 的大小。

除此之外,交流电桥也是常用的测量电路。

图 4-16 调频式测量电路原理图   图 4-17 调幅式测量电路

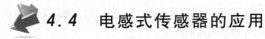

4.4 电感式传感器的应用

4.4.1 电感式传感器的应用

自感式、互感式传感器的工作原理虽不相同,但在应用领域方面具有共同性。除了用于测量位移、构件变形、液位等参数,还可用于测量压力、力、振动、加速度等物理量。图 4-18 所示为测量加速度的原理框图,在该结构中,衔铁即为惯性质量,它由两个弹簧片支撑。传感器的固有频率由惯性质量的大小及弹簧刚度决定,这种结构的传感器只适于低频信号(100～200 Hz)的测量。图 4-19 所示为测量液位的原理图,图中衔铁随浮子运动反映出液位的变化,从而使差动变压器有一个相应的电压输出。

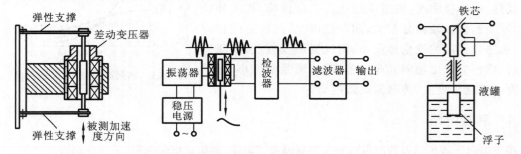

图 4-18 加速度传感器及其测量电路原理图   图 4-19 液位测量原理图

电感式传感器主要用于测量微位移,凡是能转换成位移量变化的参数,如压力、力、压差、加速度、振动、应变、流量、厚度、液位等都可以用电感式传感器来进行测量。

4.4.2 电涡流式传感器的应用

电涡流式传感器的应用领域很广,可进行位移、厚度、转速、振幅、温度等多参数的测量。

1. 位移测量

电涡流式传感器可测量各种形状试件的位移值,测量范围为 0～15 μm(分辨率为 0.05 μm),或者 0～80 mm(分辨率为 0.1%)。凡是可变换成位移量的参数,都可用电涡流式传感器来测量,如汽轮机的轴向窜动(见图 4-20)、金属材料的热膨胀系数、钢水液位、纱线张力、流体压力等。

2. 振幅测量

电涡流式传感器可测量各种振动幅值,均为非接触式测量。例如,可以测量主轴的径向振动,如图 4-21 所示。

3. 转速测量

在一个旋转金属体上加一个有 n 个齿的齿轮,旁边安装电涡流式传感器(见图 4-22),当旋转体转动时,电涡流式传感器将周期性地改变输出信号,该输出信号频率可由频率计测出,由此可算出转速。

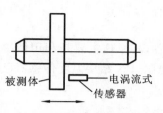

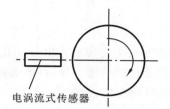

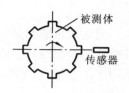

图 4-20　位移测量原理图　　　　图 4-21　振幅测量原理图　　　　图 4-22　转速测量原理图

4. 电涡流探伤

在非破坏性检测领域里,电涡流式传感器已被用做探伤,例如,用来测试金属材料的表面裂纹、热处理裂痕等。探伤时,传感器与被测物体的距离保持不变。当有裂纹出现时,金属导电率、磁导率将发生变化,即涡流损耗改变,从而使传感器阻抗发生变化,导致测量电路的输出电压改变,达到探伤目的的。裂纹信号如图 4-23 所示。

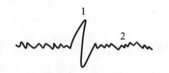

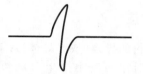

(a) 未通过幅值甄别前的信号　　　　(b) 通过幅值甄别后的信号

图 4-23　电涡流探伤时的测试信号

1—裂纹信号;2—干扰信号

本 章 小 结

本章主要介绍了自感式、互感式和电涡流式三种电感式传感器。电感式传感器是利用电磁感应原理,将被测的物理量转换成线圈的自感系数 L 或互感系数 M 的变化,再由测量电路转换为电压或电流的变化量输出,实现由非电量到电量转换的装置。电感式传感器可用于位移、压力、流量、振动等物理量的测量,但是它的频率响应范围小,不宜用于快速动态测量。

思考与练习题

1. 什么是自感式传感器? 为什么螺管式自感式传感器比变气隙式的测量范围大?

2. 使用自感式传感器时,为什么电缆长度和电源频率不能随便改变?

3. 什么是互感式传感器? 为什么它要采用差动变压器式结构?

4. 为什么说涡流式传感器也属于电感传感器?

5. 被测材料的磁导率不同,对涡流式传感器检测有什么影响? 试说明其理由。

6. 采用电涡流式传感器设计一个金属探测仪。

7. 说明差动式电感传感器的工作原理,试用该传感器设计一个检测位移的检测装置,画出工作示意图,说明其工作原理。

8. 若一个差动式变气隙传感器在压力 F 的作用下,气隙变化了 $\Delta\delta$,试设计一个接口电路,使接口电路的输出电压 U 与压力 F 成一定比例。画出电路,并给出 U 与 F 的关系式。

第5章 热电式传感器

热电式传感器是一种将温度的变化转换为电量变化的装置,其原理主要是利用敏感元件的性能参数随温度的变化而变化的特性。目前,热电偶、热电阻、PN 结型温度传感器已广泛用于工业生产、家用电器、防灾报警等领域。

5.1 热电偶温度传感器

热电偶是工业上最常用的一种测温元件,是一种能量转换型温度传感器。在接触式测温中,热电偶温度传感器具有信号易于传输和变换、测温范围宽、测温上限高及能实现远距离信号传输等优点。热电偶温度传感器属于自发电型传感器,它主要用于-270~+1 800 ℃范围内的测温。

5.1.1 热电效应

两种不同材料的导体(或半导体)A 和 B 的两端紧密连接组成一个闭合回路,当两接触点温度不同时,则在回路中产生电动势,形成回路电流。该现象称为热电效应或塞贝克(Seebeck)效应。回路中的电势称为热电势,用 $E_{AB}(T, T_0)$ 表示。

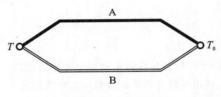

图 5-1 热电效应

把由两种不同材料构成的热电交换元件称为热电偶,如图 5-1 所示。导体 A 和 B 称为热电极。置于被测温度场的接触点称为热端或工作端,另一个接触点称为冷端或自由端,测量时要求冷端温度保持恒定。

当两接触点和温度不同时,热电偶回路中产生热电势,其主要由两部分组成:一部分是两种导体的接触电势,另一部分是单个导体的温差电势。

1. 接触电势

接触电势是由于两种不同导体的自由电子密度不同而在接触点处形成的电动势,又称为珀尔帖电势。当 A 和 B 两种不同材料的导体接触时,根据扩散理论,在接触点处要产生扩散运动。由于 A 和 B 内部单位体积的自由电子数目(即电子密度 N)不同,电子在两个方向上的扩散速率也就不一样,如图 5-2 所示。设导体 A 的自由电子密度大于导体 B 的自由电子密度($N_A > N_B$),则导体 A 扩散到导体 B 的电子数比导体 B 扩散到导体 A 的电子数多,使得导体 A 失去电子带正电,导体 B 得到电子带负电,因此在接触面上形成一个由 A 到 B 的电场 E。该电场的阻碍电子由导体 A 向导体 B 扩散,当电子扩散作用与电场阻碍作用相等时其运动便处于一种动态平衡状态。在这种状态下,导体 A 和导体 B 在接触处产生电动势,称为接触电势。

两接触点的接触电势分别用 $E_{AB}(T)$ 和 $E_{AB}(T_0)$ 表示,根据物理学上的推导有

$$E_{AB}(T) = \frac{kT}{e} \ln \frac{N_A}{N_B}$$

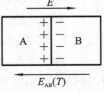

图 5-2 接触电势

$$E_{AB}(T_0) = \frac{kT_0}{e}\ln\frac{N_A}{N_B}$$

式中：k 为波尔兹曼常数（$k = 1.38\times10^{-23}$ J/K）；e 为电子电荷量（$e = 1.602\times10^{-19}$ C）；T、T_0 为接触点的绝对温度（K）；N_A、N_B 为导体 A 和导体 B 的自由电子密度。

总接触电势为

$$E_{AB}(T) - E_{AB}(T_0) = \frac{k(T - T_0)}{e}\ln\frac{N_A}{N_B} \tag{5-1}$$

由式（5-1）可知：接触电势的大小仅与导体材料和接触点的温度有关，与导体的形状和几何尺寸均无关。

2. 温差电势

温差电势是由于同一导体的两端温度不同而产生的一种热电势，又称为汤姆逊电势。将导体两端分别置于不同的温度场 T 和 T_0 中，在导体内部，热端自由电子具有较大的动能，向冷端扩散移动，从而使得热端失去电子带正电，冷端得到电子带负电。因此，在导体中产生一个由热端指向冷端的电场 E，该电场阻碍电子从热端向冷端扩散移动，当电子的运动达到动态平衡时，在导体两端产生相应的电势差，即所谓的温差电势，如图 5-3 所示。

将导体 A 和导体 B 的温差电势分别用 $E_A(T - T_0)$ 和 $E_B(T - T_0)$ 表示，其理论值为

$$E_A(T - T_0) = \int_{T_0}^{T}\sigma_A\,\mathrm{d}T$$

$$E_B(T - T_0) = \int_{T_0}^{T}\sigma_B\,\mathrm{d}T$$

式中，σ_A、σ_B 为导体 A 和导体 B 的汤姆逊系数。

总温差电势为

$$E_A(T - T_0) - E_B(T - T_0) = \int_{T_0}^{T}(\sigma_A - \sigma_B)\,\mathrm{d}T \tag{5-2}$$

由式（5-2）可知：温差电势只与导体材料和接触点的温度有关，与导体的形状和几何尺寸、沿热电极的温度分布均无关。通常情况下，温差电热比接触电热小很多，可以忽略不计。

3. 总电势

当 $T \neq T_0$ 时，导体 A 和导体 B 组成的热电偶回路的等效电路如图 5-4 所示。

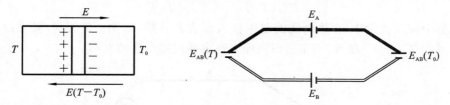

图 5-3　温差电势　　　　图 5-4　热电偶回路的总电势

根据电路理论中的基尔霍夫电压定律，热电偶回路的总电势为

$$\begin{aligned}
E_{AB}(T, T_0) &= E_{AB}(T) + E_B(T - T_0) - E_{AB}(T_0) - E_A(T - T_0) \\
&= \frac{k(T - T_0)}{e}\ln\frac{N_A}{N_B} + \int_{T}^{T_0}(\sigma_A - \sigma_B)\,\mathrm{d}T
\end{aligned} \tag{5-3}$$

式（5-3）表明，热电偶回路中的总热电势等于接触电势和温差电势的代数和。

当热电极材料 A 和材料 B 一定时，热电偶的总电势 $E_{AB}(T, T_0)$ 为 T 和 T_0 的温度函数。若冷端温度恒定，则热电势为温度 T 的单值函数，因此，只要用仪表测出热电偶总热电势即可求得热端温度 T。

通过热电偶理论可以得出热电偶具有以下基本特性。

（1）若热电偶两电极材料相同，则无论两接触点温度如何，总输出热电势为零。

（2）若热电偶两接触点温度相同，尽管电极材料不同，回路中的总电势为零。

（3）热电势的大小仅与热电极材料和接触点温度有关，与热电偶的尺寸、形状等均无关。

5.1.2 热电偶的基本定律

1. 均质导体定律

由同一种材料两端焊接组成的闭合回路，无论其接触面和温度分布如何，都不产生接触电势，温差电势相互抵消，回路中的总电势为零。

热电极的材质不均匀，当热电极上各处的温度不同时，将会产生附加热电势，会造成测量误差。因此，热电极材料的均匀性是衡量热电偶质量的重要指标之一。

2. 中间温度定律

热电偶在接触点温度为 T 和 T_0 的回路电势等于该热电偶在接触点为 (T,T_n) 和 (T_n,T_0) 时的回路电势的代数和，即

$$E_{AB}(T,T_0) = E_{AB}(T,T_n) + E_{AB}(T_n,T_0)$$

式中，T_n 为中间温度。

中间温度定律是热电偶分度表应用的理论依据，热电偶分度表是参考温度 $T_0 = 0\ ℃$ 时的热电偶回路电势 $E_{AB}(T,0)$ 与被测温度 T 的数值对照表。已知被测温度 T，可以从分度表中查到回路电势 $E_{AB}(T,0)$；反之，已知 $E_{AB}(T,0)$，亦可从分度表中查到被测温度 T。

根据中间温度定律，只要给出冷端为 $0\ ℃$ 时热电势和温度的关系，即可求冷端为任意温度 T_0 的热电偶热电势

$$E_{AB}(T,T_0) = E_{AB}(T,0) + E_{AB}(0,T_0)$$

3. 中间导体定律

在热电偶回路中接入第三种导体 C，只要第三种导体 C 的两端温度相同，并且插入的导体是均质的，则不影响热电偶回路的总电势，即

$$E_{AB}(T,T_0) = E_{ABC}(T,T_0)$$

根据中间导体定律，在热电偶回路中接入仪表和导线，如图 5-5 所示，只要保证两个接触点的温度 T_{01} 和 T_{02} 相等，则不会影响原来热电偶回路电势的大小。

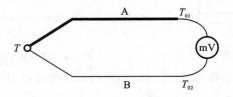

图 5-5 中间导体连接的测温系统

5.1.3 热电偶冷端温度误差及补偿

热电偶回路热电势的大小不仅与热端温度有关，而且还与冷端温度有关。只有当冷端温度保持恒定，热电势才是热端温度的单值函数。在实际测量中，热电偶的冷端温度受环境温度或热源温度的影响，很难保持为 $0\ ℃$。为了使用特性分度表对热电偶进行标定，从而实

现对温度的精确测量,则需要采取一定的措施进行冷端补偿,消除冷端温度变化和不为 0 ℃时所引起的温度误差。

常用的补偿或修正措施有补偿导线法、0 ℃恒温法、电桥补偿法、冷端温度校正法等。

1. 补偿导线法

为了使热电偶冷端温度保持恒定(最好为 0 ℃),可将热电偶电极做得很长,将冷端移到恒温或变化平缓的环境中。采用该方法时,一方面是安装使用不便,另一方面是需要耗费许多贵重的金属材料,因此通常采用廉价的补偿导线将热电偶冷端延伸出来,如图 5-6 所示。

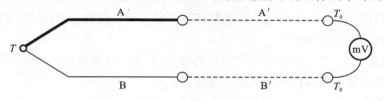

图 5-6 补偿导线法

常用热电偶补偿导线如表 5-1 所示。

表 5-1 常用热电偶补偿导线

热电偶 正极-负极	补偿导线 正极-负极	导线外皮颜色		$T=100 ℃,T_0=0 ℃$ 标准热电势/mV
		正极	负极	
铂铑$_{10}$-铂	铜-铜镍	红	绿	0.643 ± 0.023
镍铬-镍硅	铜-康铜	红	蓝	4.096 ± 0.063
镍铬-考铜	镍铬-考铜	红	黄	6.95 ± 0.30
铜-康铜	铜-康铜	红	蓝	4.26 ± 0.15
钨铼$_5$-钨铼$_{26}$	铜-铜镍	红	橙	1.451 ± 0.051

2. 0 ℃恒温法

一般热电偶定标时,冷端温度以 0 ℃为标准。将热电偶冷端置于冰水混合物中,使其保持恒定的 0 ℃,它可以使冷端温度误差完全消失。0 ℃恒温法通常只有在实验室测温时才有可能实现,不适合工业温度测量。

3. 电桥补偿法

电桥补偿法是利用电桥不平衡产生的电压来补偿热电偶因冷端温度变化而产生的热电势。

如图 5-7 所示,电桥中的电阻 R_1、R_2、R_3、R_w 的温度系数为零,即它们的阻值恒定,R_{Cu} 为铜热电阻(其值随温度变化),放置于热电偶的冷端处。

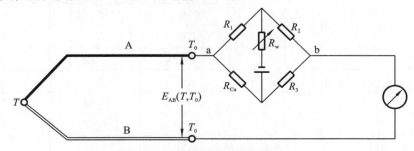

图 5-7 冷端温度自动补偿原理图

电桥平衡点设置在 $T_0 = 20\ ℃$，即当 $T_0 = 20\ ℃$ 时电桥平衡，而当 $T_0 \neq 20\ ℃$ 时，由于 R_{Cu} 阻值随温度变化导致电桥失衡，输出电压 ΔU_{ab}；同时，热电偶因冷端温度 $T_0 \neq 20\ ℃$ 而产生偏移热电势 $\Delta E_{AB}(T_0)$。如果设计 ΔU_{ab} 和 $\Delta E_{AB}(T_0)$ 大小相等，极性相反，则叠加后相互抵消，从而实现冷端温度变化的自动补偿。

4. 冷端温度恒温法和校正法

将热电偶的冷端置于一恒温器内，如恒定温度为 $T_0\ ℃$，则冷端误差 Δ 为

$$\Delta = E_{AB}(T, T_0) - E_{AB}(T, 0) = E_{AB}(0, T_0)$$

Δ 虽然不为零，但为一个定值。只要在回路中加入相应的修正电压，或者调整仪表指示的起始位置，即可实现完全补偿。

当冷端温度不为 $0\ ℃$，但能保持在恒定的温度 T_n 时，可采取相应的修正法将冷端温度校正到 $0\ ℃$，以便使用标准热的电偶温度分度表。

1）热电势修正法

利用热电偶中间温度定律对热电势进行修正。

$$E_{AB}(T, 0) = E_{AB}(T, T_n) + E_{AB}(T_n, 0)$$

式中：T_n 为环境温度；$E_{AB}(T, T_n)$ 为实测热电势；$E_{AB}(T_n, 0)$ 为冷端修正值。

例 5-1 铂铑$_{10}$-铂热电偶测炉温，冷端温度为室温 $21\ ℃$，测得 $E_{AB}(T, 21) = 0.465$ mV，则实际炉温是多少？

解 查分度表 $E_{AB}(21, 0) = 0.119$ mV，则

$$E_{AB}(T, 0) = E_{AB}(T, 21) + E_{AB}(21, 0) = 0.465\ mV + 0.119\ mV = 0.584\ mV$$

再查分度表得 $T = 92\ ℃$。

注：若直接用 0.465 mV 查表，则 $T = 75\ ℃$。不能将 $75\ ℃ + 21\ ℃ = 96\ ℃$ 作为实际炉温。

2）温度修正法

设冷端温度为 T_0，工作端测量温度为 T'，则被测实际温度 T 为

$$T = T' + kT_0$$

式中，k 为热电偶温度修正系数，其值取决于热电偶的种类和被测温度范围。

热电偶温度修正系数如表 5-2 所示。

表 5-2 热电偶温度修正系数

$T'/℃$	热电偶类别				
	铂铑$_{10}$-铂	镍铬-镍硅	铁-考铜	镍铬-考铜	铜-考铜
0	1.00	1.00	1.00	1.00	1.00
20	1.00	1.00	1.00	1.00	1.00
100	0.82	1.00	1.00	0.90	0.86
200	0.72	1.00	0.99	0.83	0.77
300	0.69	0.98	0.99	0.81	0.70
400	0.66	0.98	0.98	0.83	0.68

$T'/℃$	热电偶类别				
	铂铑$_{10}$-铂	镍铬-镍硅	铁-考铜	镍铬-考铜	铜-考铜
500	0.63	1.00	1.02	0.79	0.65
600	0.62	0.96	1.00	0.78	0.65
700	0.60	1.00	0.91	0.80	—
800	0.59	1.00	0.82	0.80	—
900	0.56	1.00	0.84	—	—
1 000	0.55	1.07	—	—	—
1 100	0.53	1.11	—	—	—
1 200	0.53	—	—	—	—
1 300	0.52	—	—	—	—
1 400	0.52	—	—	—	—
1 500	0.53	—	—	—	—
1 600	0.53	—	—	—	—

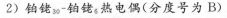 铂铑$_{10}$-铂热电偶测炉温,冷端温度为室温 21 ℃,测得 $E_{AB}(T,21)=0.465$ mV,则实际炉温是多少?

解 由 $E_{AB}(T,21)=0.465$ mV 查温度分度表,则 $T=75$ ℃。

由 $T_0=21$ ℃,查热电偶温度修正系数表,$k=0.82$,则实际炉温为
$$T = 75 ℃ + 0.82 \times 21 ℃ = 92.2 ℃$$

5.1.4 热电偶的分类

1. 按照热电偶的材料分类

国际计量委员会制定的《1990 年国际温标(ITS-90)》规定了几种通用热电偶。

1) 铂铑$_{10}$-铂热电偶(分度号为 S)

正极用铂铑合金丝(90％铂和 10％铑),负极用纯铂丝,测温范围为 0～1 600 ℃。其优点是热电特性稳定、准确度高、熔点高;其缺点是热电势较低,价格昂贵,不能用于金属蒸汽和还原性气体中。

铂铑$_{10}$-铂
热电偶分度表

2) 铂铑$_{30}$-铂铑$_6$热电偶(分度号为 B)

正极用铂铑合金(70％铂和 30％铑),负极用铂铑合金(94％铂和 6％铑),测温范围为 0～1 700 ℃,宜在氧化性和中性介质中使用,不能在还原性介质及含有金属或非金属蒸汽的介质中使用。

铂铑$_{30}$-铂铑$_6$
热电偶分度表

3) 镍铬-镍硅热电偶(分度号为 K)

正极用镍铬合金,负极用镍硅合金,测温范围为 −200～+1 200 ℃。其优点是测温范围大,热电势与温度近似为线性关系,热电势大且价格低。其缺点是热电势稳定性较差。

镍铬-镍硅
热电偶分度表

镍铬-康铜
热电偶分度表

钨铼热电偶分度表

4）镍铬-康铜热电偶（分度号为 E）

正极用镍铬合金，负极用康铜，测温范围为$-200\sim+900$ ℃。其优点是热电势较大，热电线性好，价格便宜。其缺点是不能用于高温测量。

5）钨铼热电偶

正极用钨铼合金（95％钨和5％铼），负极用钨铼合金（80％钨和20％铼），测温上限为2 800 ℃，短期可达3 000 ℃。其高温抗氧化能力差，可应用在真空、惰性气体介质中，不宜用在还原性介质、潮湿的氢气及氧化性介质中。

2. 按照热电偶结构分类

1）普通热电偶

普通热电偶一般由热电极、绝缘管、保护套管和接线盒组成，主要用于测量气体、蒸汽和液体等介质的温度。

2）铠装热电偶

铠装热电偶由热电极、绝缘材料和金属保护管经拉制工艺制成，具有体积小、精度高、响应速度快、可靠性好、耐振动、耐冲击等优点。

3）薄膜热电偶

薄膜热电偶是用真空蒸镀、化学涂层等工艺将热电极材料沉积在绝缘基板上形成的一层金属薄膜，具有热惯性小、反应快等优点，适用于测量微小面积上的瞬变温度。

4）表面热电偶

表面热电偶是用来测量各种状态的固体表面温度，如测量金属块、炉壁、涡轮叶片等表面温度。

5）浸入式热电偶

浸入式热电偶主要用来测钢水、铜水、铝水及熔融合金的温度。

6）热电堆

热电堆是由热电偶串联而成的，其热电势与被测温度的四次方成正比，用于辐射温度计进行非接触式测温。

5.1.5 热电偶测温电路

1. 某点温度测量电路

测量某点温度原理图如图 5-8 所示，一只热电偶配一台显示仪表的测量线路，测量线路主要包括补偿导线、冷端补偿器、连接用铜线及仪表等。

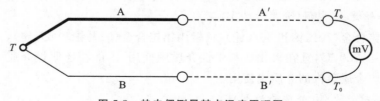

图 5-8 热电偶测量某点温度原理图

2. 温差测量电路

两点温差的测量方法有两种：一种是用两只热电偶分别测量两处的温度，计算温差；另一种是将两只同型号的热电偶反串连接，直接测量温差电势，然后求算温差，测量原理图如图 5-9 所示。

3. 多点温度平均值测量电路

测量多点温度平均值有两种基本形式：一种是热电偶串联测量，如图 5-10 所示；另一种是热电偶并联测量，如图 5-11 所示。

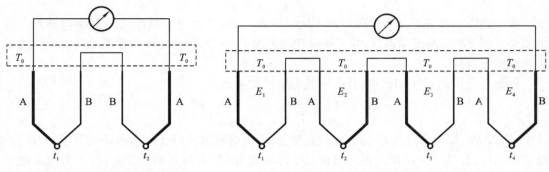

图 5-9　热电偶测两点温差　　　　　　　　图 5-10　热电偶串联测量电路图

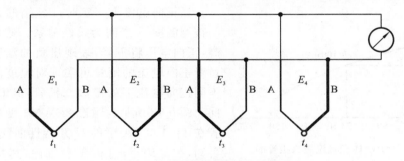

图 5-11　热电偶并联测量电路图

1）热电偶串联测量

将 n 个型号相同的热电偶正负极依次相串联，若 n 个热电偶的热电势分别为 E_1、E_2、E_3 ……E_n，则总热电势为

$$E_{串} = E_1 + E_2 + E_3 + \cdots + E_n$$

热电偶的平均热电势 E

$$E = \frac{E_{串}}{n}$$

热电偶串联测量的优点是热电势大，精度比单个的高，缺点是串联热电偶中若某个热电偶断路，则整个测量电路无法工作。

2）热电偶并联测量

将 n 个型号相同的热电偶正负极分别连接在一起，若 n 个热电偶的热电势分别为 E_1、E_2、E_3 ……E_n，则总热电势为 n 个热电偶热电势值的平均值，即

$$E_{并} = \frac{(E_1 + E_2 + E_3 + \cdots + E_n)}{n}$$

热电偶并联测量的缺点是输出热电势值较小，若某个热电偶断路无输出，则会产生测量误差。

 **5.2** PN 结型温度传感器

半导体材料的许多参数如 PN 结的反向漏电流和正向电压等都与温度密切相关，PN 结

型温敏器件利用半导体材料的性能参数随温度变化的特性来实现对温度的检测、控制或补偿等功能。

5.2.1 温敏二极管

半导体温敏器件可分为电阻型和 PN 结型两大类，热敏电阻属于电阻型温敏器件。这里主要介绍 PN 结型温敏器件，其工作机理是利用 PN 结的正向电压与温度之间的线性关系实现温度测量的。

根据理论可知，PN 结的结电压、电流和温度的关系为

$$U = \frac{kT}{q} \ln \frac{I}{I_s} = U_g - \frac{kT}{q} \ln \frac{BT^r}{I}$$

式中：U 为 PN 结正向电压；k 为波尔兹曼常数；T 为绝对温度（K）；q 为电子电荷量；I 为 PN 结正向电流；I_s 为 PN 结反向饱和电流；U_g 为温度为 0K 时材料的禁带宽度；B 为与温度无关的因子的常数；T^r 为与温度有关的函数项；r 为与迁移率有关的常数。

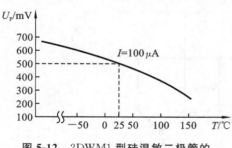

图 5-12　2DWM1 型硅温敏二极管的 $U\text{-}T$ 特性曲线

当正向电流 I 一定时，PN 结的正向电压 U 与被测温度 T 之间为线性关系。随着温度的升高，正向电压将下降，表现出负的温度系数。通过对正向电压的测量可实现对温度的检测。对不同正向电流下的温敏二极管，其 $U\text{-}T$ 关系不同。图 5-12 所示为国产 2DWM1 型硅温敏二极管在 $I = 100~\mu\text{A}$ 下的 $U\text{-}T$ 特性曲线，由图 5-12 可知，在 $-50 \sim +150~℃$ 范围内，其 $U\text{-}T$ 之间具有良好的线性关系。

温敏二极管一般用于温度调节或控制电路。

5.2.2 温敏三极管

利用晶体管温度特性同样可以做成温敏器件。在集电极电流恒定的情况下，晶体管发射结上的正向电压随温度上升而近似线性下降，具有较好的线性关系。

以 NPN 型晶体管为例，其发射结电压 U_{be} 与集电极电流 I_c、温度 T 之间的关系为

$$U_{be} = U_g - \frac{kT}{q} \ln \frac{BT^r}{I_c} \tag{5-4}$$

由式(5-4)可知，集电极电流 I_c 一定时，发射结电压 U_{be} 与 T 呈单值函数关系，并且 U_{be} 随 T 的升高而线性下降。

温敏晶体管具有线性好、成本低、性能好、使用方便等优点，其应用越来越广泛。

本 章 小 结

热电式传感器是一种将温度的变化转换为电量变化的装置，其原理主要是利用敏感元件的性能参数随温度变化的特性来实现温度的测量。通常将温度的变化转换为敏感元件的电势或电阻的变化，再经过测量电路的输出电压或电流信号，通过检测电压或电流参数的变化来检测温度的变化。本章主要介绍热电偶温度传感器、PN 结型温度传感器、集成温度传感器等内容。

热电偶传感器的工作原理基于热电效应，属于能量转换型温度传感器，具有信号易于传输和变换、测温范围宽、测温上限高及能实现远距离信号传输等优点。PN 结型温度传感器是利用 PN 结的正向电压与温度之间的线性关系来实现对温度的检测，主要有温敏二极管和温敏三极管。集成温度传感器是将温敏晶体

管、差分电路等外围电路集成在同一芯片上，可以直接输出电压信号，具有小型化、成本低、使用方便等优点。

思考与练习题

1. 热电偶的工作原理是什么？

2. 什么是热电效应？什么是接触电势？什么是温差电势？

3. 热电偶有哪些基本定律？试简述其内容。

4. 在热电偶回路中接入测量仪表时，会不会影响热电偶回路的热电势值？为什么？

5. 热电偶测温时为何要进行冷端温度补偿？常用的冷端温度补偿方法有哪些？

6. 将一只镍铬-镍硅热电偶与电压表相连，电压表接线端温度是 50 ℃，若电位计上读数为 60 mV，试求热电偶热端温度。

7. 镍铬-镍硅热电偶的灵敏度为 0.04 mV/℃，把它放在 1 200 ℃ 处，若以指示表作为冷端，此处温度为 50 ℃，试求热电势的大小。

8. 已知热电偶的分度号为 K 型，工作时自由端温度 $t_0 = 30$ ℃，现测得热电势为 25.568 mV，求工作端的温度。

9. 试设计测量某点的温度、某两点的温差、某三点的平均温度的测量电路。

10. 热敏电阻如何进行分类？并简述其各自的特点及应用范围。

11. 试述温敏二极管和温敏三极管的工作原理。

12. 温敏晶体管与普通晶体管有何异同？

13. 热电偶存在哪两种热电势，哪一种热电势占主导地位？

14. 镍铬合金与纯铂组成的热电偶，在热端为 100 ℃、冷端为 0 ℃ 时的热电势为 2.95 mV，而纯铂与考铜组成的热电偶在相同条件下的热电势为 4.0 mV，则镍铬和考铜组成的热电偶所产生的热电势是多少？

15. 在某一温度下，铜-铂热电偶的热电势为 -1.0 mV，铂铑-铜热电偶的热电势为 0.5 mV。那么在这一温度下，铂-铂铑热电偶的热电势是多少？

16. 某一热电偶的分度表见表 5-3，在某一温度下其热电势为 109 mV，此时冷端温度为 31 ℃，计算这个温度值。并画出一个利用热电偶测量温度的电路，简述其工作原理。

表 5-3 热电偶的分度表（电压值单位为 mV）

测量端温度/℃	0	10	20	30	40	50	60	70	80	90
0	9.0	10.1	11.0	12.2	13.1	14.1	15.3	16.4	17.6	18.8
测量端温度/℃	0	10	20	30	40	50	60	70	80	90
800	99.5	100.8	102.4	103.8	105.2	106.6	107.0	108.5	109.9	111.5
900	113.0	114.6	116.3	118.0	119.9	121.8	123.7	125.7	127.7	129.8

第6章 压电传感器

压电传感器是一种典型的自发电式传感器,属于无源传感器。它以某些电介质的压电效应为基础,在外力作用下,电介质表面产生电荷,从而将力、压力、加速度、力矩等非电量转换为电量。

压电传感器具有使用频带宽、灵敏度高、信噪比高、结构简单、工作可靠及质量小等优点,可以对各种动态力、机械振动和冲击进行测量,在力学、声学、医学等方面得到广泛的应用。

6.1 压电效应

当沿着一定方向对某些电介质施加压力或拉力时会使其产生变形,介质内部会产生极化现象,在介质的两个表面上会产生数量相等的异号电荷;在外力去掉后,介质又恢复到不带电状态,这种现象称为压电效应。当作用力方向改变时,电荷的极性随之改变。

人们把这种机械能转换为电能的现象称为正压电效应;反之,在电介质的极化方向上施加交变电场,电介质会产生机械变形,当去掉外加电场时,电介质的变形消失,这种现象称为逆压电效应(电致伸缩效应)。具有压电效应的物质很多,如天然的石英晶体,人工制造的压电陶瓷等。

下面以石英晶体为例分析其压电效应的机理。石英晶体的化学式为 SiO_2(二氧化硅),单晶体结构,其形状为六角形晶柱,如图 6-1(a)所示。石英晶体各个方向的特性是不同的,在晶体学中可用三根相互垂直的轴来表示,其中纵轴 z 称为光轴,经过六面体棱线并垂直于光轴的 x 轴称为电轴,与 x 轴和 z 轴同时垂直的 y 轴称为机械轴。从图 6-1(a)所示的石英晶体上切割出一块正平行六面体如图 6-1(b)所示,再次切割出正方体薄片如图 6-1(c)所示。

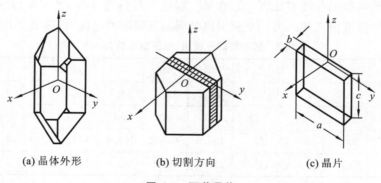

(a) 晶体外形　　(b) 切割方向　　(c) 晶片

图 6-1 石英晶体

通常把沿电轴 x 方向施加作用力产生电荷的压电效应称为纵向压电效应;把沿机械轴 y 方向施加作用力产生电荷的压电效应称为横向压电效应;沿光轴 z 方向施加作用力不产生压电效应。

6.1.1 石英晶体压电效应的机理

石英晶体的压电效应与其内部结构有关,产生极化现象的机理如图 6-2 所示。石英晶体每个晶胞中有 3 个硅离子和 6 个氧原子,1 个硅离子和 2 个氧离子交替排列。沿 z 轴看去,可以近似等效成如图 6-2(a)所示的正六边形排列结构,阳离子代表硅离子 Si^{+4},阴离子代表氧离子 $2O^{-2}$。

当石英晶体在无外力作用时,带正电荷的硅离子和带负电荷的氧离子正好分布在正六边形的顶角上,形成 3 个大小相等、互成 120°夹角的电偶极矩 P_1、P_2、P_3,如图 6-2(a)所示。

电偶极矩的表达式为

$$P = ql \tag{6-1}$$

式中:q 为电荷量;l 为正负电荷之间的距离。

此时,由于正负电荷中心重合,电偶极矩的矢量和等于零,即 $P_1 + P_2 + P_3 = 0$,故晶体表面不产生电荷,即呈电中性。

当石英晶体受到沿 x 轴方向的压力时,晶格产生变形,正负离子的相对位置发生变化,如图 6-2(b)所示。正负电荷中心分离,电偶极矩在 x 轴方向上的分量由于 P_1 的减小和 P_2、P_3 的增大,使得 $P_1 + P_2 + P_3 \neq 0$。在 x 轴的正方向的 A 面上呈负电荷,B 面上呈正电荷。电偶极矩在 y 轴方向上的分量仍为零,不产生电荷。如果沿 x 轴方向施加拉力,则在 A、B 面上产生电荷的极性相反。如果 x 轴方向受的是交变力,则在 x 轴方向上 A、B 两表面间产生交变电场。

当石英晶体受到沿 y 轴方向的压力时,晶格变形如图 6-2(c)所示。P_1 增大,P_2、P_3 减小,在 x 轴方向上 A、B 两表面分别产生正、负电荷,在 y 轴方向上不产生电荷。

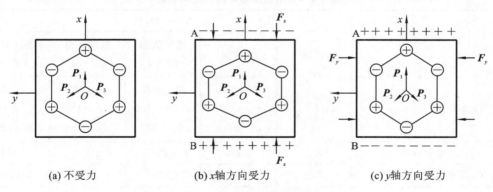

(a) 不受力   (b) x轴方向受力   (c) y轴方向受力

图 6-2　石英晶体的压电模型

当石英晶体在 z 轴方向上受力作用时,由于硅离子和氧离子是对称平移的,正负电荷中心始终保持重合,电偶极矩矢量和始终为零,因此沿 z 轴方向施加作用力,石英晶体不会产生压电效应。

从上述分析可知,无论是沿 x 轴方向施加力,还是沿 y 轴方向施加力,电荷只产生在 x 轴方向的表面上。z 轴方向受力,由于晶格的变形不会引起正负电荷中心的分离,故不会产生压电效应。当作用力 F_x、F_y 的方向相反时,电荷的极性随之改变。

6.1.2 石英晶体压电效应的定量计算

当沿电轴 x 方向施加作用力 F_x 时,在与 x 轴垂直的平面上将产生电荷 q_x,其大小为

$$q_x = d_{11} F_x \qquad (6\text{-}2)$$

式中，d_{11} 为 x 轴方向受力的压电常数。

当沿机械轴 y 方向施加作用力 $\boldsymbol{F}_y$ 时，则在与 x 轴垂直的平面上将产生电荷 q_y，其大小为

$$q_y = d_{12} \frac{a}{b} F_y \qquad (6\text{-}3)$$

式中：d_{12} 为 y 轴方向受力的压电常数，根据石英晶体的对称性，有 $d_{11} = d_{12}$；a、b 分别为晶体切片的长度和厚度。

6.2 压电材料

压电材料是用于制作压电式传感器的敏感元件，因此，选择合适的压电材料是设计高性能压电传感器的关键，选择时一般需考虑以下几个因素。

（1）转换性能：应具有较大的压电常数。

（2）机械性能：应具有机械强度高、机械刚度高，有较宽的线性范围和较高的固有频率。

（3）电气性能：应具有较高的电阻率和较大的介电常数，以防止电荷泄露。

（4）温度稳定性：要求具有较好的温度稳定性，较高的居里温度和较大的工作温度范围。

（5）时间稳定性：压电效应不随时间而发生变化。

应用于压电传感器的压电材料一般有压电晶体、压电陶瓷和新型压电材料三类。表 6-1 列出了常用的压电材料的主要性能。

表 6-1　常用的压电材料的主要性能

	压电材料				
	石英	钛酸钡	锆钛酸铅 PZT-4	锆钛酸铅 PZT-5	锆钛酸铅 PZT-8
压电常数/(pC/N)	$d_{11}=2.31$ $d_{14}=0.73$	$d_{15}=260$ $d_{31}=-78$ $d_{33}=190$	$d_{15}\approx410$ $d_{31}=-100$ $d_{33}=230$	$d_{15}\approx670$ $d_{31}=185$ $d_{33}=600$	$d_{15}=330$ $d_{31}=-90$ $d_{33}=200$
相对介电常数(ε_r)	4.5	1 200	1 050	2 100	1 000
居里温度/℃	573	115	310	260	300
密度/(10^3 kg/m^3)	2.65	5.5	7.45	7.5	7.45
弹性模量/(10^9 N/m^2)	80	110	8 303	117	123
机械品质因数	$10^5 \sim 10^6$	—	$\geqslant500$	80	$\geqslant800$
最大安全应力/(10^5 N/m^2)	95～100	81	76	76	83
体积电阻率/($\Omega \cdot$ m)	$>10^{12}$	10^{10}(25 ℃)	$>10^{10}$	10^{11}(25 ℃)	—
最高允许温度/℃	550	80	250	250	—
最高允许湿度/(%)	100	100	100	100	—

6.2.1 石英晶体

石英晶体是一种性能稳定的压电晶体，在 20～200 ℃ 的范围内，压电常数 d_{11} 的变化率

为$-0.000\ 16/℃$。石英晶体的居里温度为$573\ ℃$,熔点为$1\ 750\ ℃$,密度为$2.65 g/cm^3$。此外,石英晶体具有固有频率高、动态响应好、机械强度高、绝缘性能好、迟滞性小、重复性好、线性范围宽等优点,是压电传感器中理想的压电材料。石英晶体的不足之处是压电常数小,因此石英晶体多用在标准压电传感器或温度较高的压电传感器中。对一般测量用的压电传感器,则基本采用压电陶瓷。

6.2.2 压电陶瓷

压电陶瓷是人工制造的多晶体压电材料。该材料内部的晶粒有许多自发极化的电畴。在极化处理之前,晶粒内电畴杂乱分布,它们的极化效应相互抵消,压电陶瓷内极化强度为零。因此原始的压电陶瓷呈中性,不具有压电性质,如图6-3(a)所示。

在陶瓷上施加外电场时,电畴的极化方向发生转变,趋向于外电场方向排列,从而使材料得到极化。外电场愈强,就有愈多的电畴转向外电场方向。当外电场强度大到使材料的极化达到饱和的程度,即所有电畴极化方向都整齐地与外电场方向一致时,去掉外电场后,电畴的极化方向基本不变,即剩余极化强度很大,此时的材料才具有压电特性,如图6-3(b)所示。

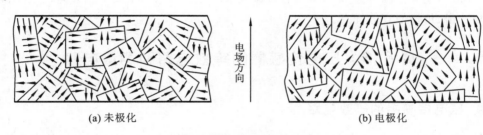

(a) 未极化   (b) 电极化

图6-3 压电陶瓷的极化

经过极化处理后的陶瓷材料受到外力作用时,电畴的界限发生移动,电畴发生偏转,从而引起剩余极化强度的变化,因而在垂直于极化方向的平面上将出现极化电荷的变化。这种因受力而产生的由机械效应转变为电的效应,即为压电陶瓷的正压电效应。电荷量q的大小与外力$\boldsymbol{F}$的关系为

$$q = d_{33}F \tag{6-4}$$

式中,d_{33}为压电陶瓷的压电常数。

极化处理后的压电陶瓷材料的剩余极化强度和特性与温度有关,它的参数也随时间变化,从而使其压电特性减弱。压电陶瓷的压电常数比石英晶体的大得多,而其制造成本大约只有石英晶体的1%,所以压电传感器绝大多数采用压电陶瓷作为敏感元件。

最早使用的压电陶瓷材料是钛酸钡($BaTiO_3$)。它的压电常数约为石英的50倍,但居里温度只有$115\ ℃$,使用温度不超过$70\ ℃$,温度稳定性和机械强度都不如石英。

目前使用较多的压电陶瓷材料是锆钛酸铅(PZT)系列,它是由钛酸铅($PbTiO_2$)和锆酸铅($PbZrO_3$)组成的($Pb(ZrTi)O_3$),其居里温度在$300\ ℃$以上,性能稳定,具有较高的介电常数和压电常数。

6.2.3 新型压电材料

1. 压电半导体

压电半导体材料有硫化锌(ZnS)、碲化镉(CdTe)、氧化锌(ZnO)、硫化镉(CdS)、碲化锌

(ZnTe)和砷化镓(GaAs)等。压电半导体材料既具有压电特性,又具有半导体特性,因而可以采用压电半导体制成集成压电传感器。

2. 压电高分子材料

某些合成高分子聚合物经过延展拉伸和极化处理后具有压电特性,其压电效应比较复杂,不仅要考虑晶格中均匀的内应变对压电效应的作用,还要考虑高分子材料中非均匀内应变所产生的各种高次效应及与整个体系平均变形无关的电荷位移而表现出来的压电特性。典型的高分子压电材料有聚氟乙烯(PVC)、聚偏二氟乙烯(PVF$_2$)及聚氯乙烯(PVC)等。

目前发现的压电常数最高且已用于开发的压电高分子材料是聚偏二氟乙烯,其压电效应可采用类似铁电体的机理来解释。聚偏二氟乙烯中碳原子的个数为奇数,经过机械滚压和拉伸制成薄膜后,带负电的氟离子和带正电的氢离子分别排列在薄膜的对应上下两边上,形成微晶格偶极矩结构,经过一定时间的外电场和温度联合作用后,晶体内部的偶极矩进一步旋转定向,形成垂直于薄膜平面的碳-氟偶极矩固定结构。正是这种固定取向后的极化和外力作用时的剩余极化强度的变化使得薄膜呈现出压电效应。

PVF$_2$的压电灵敏度极高(比压电陶瓷的灵敏度高十多倍),频率响应范围较宽(10^{-5} Hz ~500 MHz),动态范围可达 80 dB,具有机械强度高、柔性好、易于加工成大面积元件和阵列元件、耐冲击、价格便宜等优点。

6.3 压电传感器的等效电路和测量电路

6.3.1 压电传感器的等效电路

当压电元件受力时,就会在两个电极上产生等量的异号电荷,因此压电元件相当于一个电荷发生器。两个电极之间是绝缘的压电介质,使得压电元件又相当于一个电容器,其容量为

$$C_a = \frac{\varepsilon_r \varepsilon_0 A}{d} \tag{6-5}$$

式中:A 为压电片的面积(m^2);d 为压电片的厚度(m);ε_r 为压电材料的相对介电常数;ε_0 为真空的介电常数,$\varepsilon_0 = 8.85 \times 10^{-12}$ F/m。

压电传感器可以等效为一个理想的电压源与电容相串联的等效电路,如图 6-4(a)所示。电容器上的电压 U_a、电荷量 q 和电容量 C_a 之间的关系为

$$U_a = \frac{q}{C_a} \tag{6-6}$$

同样,压电传感器也可以等效成一个电荷源与电容并联的等效电路,如图 6-4(b)所示。

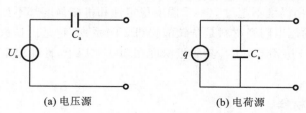

(a) 电压源　　　　　　　　　　　(b) 电荷源

图 6-4　压电元件的等效电路

由等效电路可知,只要传感器内部信号电荷没有泄漏,并且外电路负载为无穷大时,压

电传感器受力作用后产生的电压或电荷才能长期保存。实际上,压电传感器内部信号电荷不可能没有泄漏,外电路负载也不可能为无穷大,只有外力以较高的频率不断作用,压电传感器的电荷才能得到补充,因此压电传感器不适合于静态测量。压电传感器在交变力的作用下,电荷可以不断补充,在测量回路中才可产生一定的电流,故压电传感器只适合于动态测量。

在实际使用过程中,压电传感器要与测量仪器或测量电路相连接,因此需要考虑连接电缆的等效电容 C_c,放大器的输入电阻 R_i,输入电容 C_i 及压电传感器的泄漏电阻 R_a。压电传感器在测量系统中的实际等效电路如图 6-5 所示。

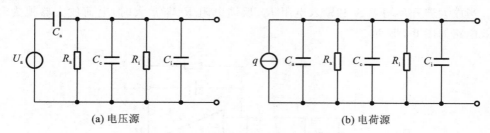

(a) 电压源　　　　　　　　　　(b) 电荷源

图 6-5　压电传感器的实际等效电路

6.3.2　压电传感器的测量电路

压电传感器的内阻抗较大,输出能量较小,因此压电传感器只有与合适的测量电路相连接,才能组成完整的测量系统。通常,在压电传感器输出端接入一个大输入阻抗前置放大器,然后将信号送到测量电路的放大、检波、数据处理和显示电路。

前置放大器的主要作用:一是放大信号,将压电传感器输出的微弱信号进行放大;二是变换阻抗,将压电传感器的大输出阻抗变换为小输出阻抗。压电传感器的输出可以是电压信号,也可以是电荷信号,因此前置放大器有两种形式:电压放大器和电荷放大器。

1. 电压放大器

压电传感器与电压放大器相连的等效电路如图 6-6(a)所示,对其进一步简化,如图 6-6(b)所示。

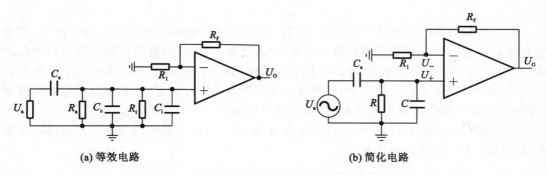

(a) 等效电路　　　　　　　　　　(b) 简化电路

图 6-6　压电传感器与电压放大器相连的等效电路

图 6-6 中,等效电阻 R、C 为

$$R = \frac{R_a R_i}{R_a + R_i} \tag{6-7}$$

$$C = C_c + C_i \tag{6-8}$$

由此得

$$U_+ = \frac{Z_{RC} Z_{C_a}}{Z_{RC} + Z_{C_a}} U_a \tag{6-9}$$

式中：Z_{RC} 为电阻 R 和电容 C 阻抗的并联；Z_{C_a} 为电容 C_a 的阻抗。

$$U_o = \left(1 + \frac{R_f}{R_1}\right) U_- = \left(1 + \frac{R_f}{R_1}\right) U_+ = \frac{R_1 + R_f}{R_1} \frac{Z_{RC} Z_{C_a}}{Z_{RC} + Z_{C_a}} U_a \tag{6-10}$$

2. 电荷放大器

电荷放大器常作为压电传感器的输入电路，由一个反馈电容 C_f 和高增益运算放大器 A 构成。当放大器开环增益 A 和输入电阻 R_i、反馈电阻 R_f 非常大时，电荷放大器视为开路，其等效电路如图 6-7 所示。

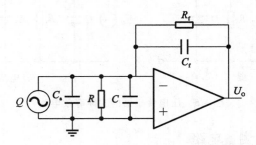

图 6-7　电荷放大器电路

$$U_o = -\frac{Z_{1f}}{Z_{C_a}} \frac{Q}{C_a} \tag{6-11}$$

式中：Z_{1f} 为反馈电阻 R_f 和反馈电容 C_f 阻抗值的并联；Z_{C_a} 为电容 C_a 的阻抗值。

由于电阻 R_f 的阻值很大，所以有

$$Z_{1f} \approx \frac{1}{j\omega C_f} \tag{6-12}$$

将式(6-12)代入式(6-11)中，得

$$U_o = -\frac{\dfrac{1}{j\omega C_f}}{\dfrac{1}{j\omega C_a}} \frac{Q}{C_a} = -\frac{Q}{C_f} \tag{6-13}$$

由式(6-13)可知，电荷放大器的输出电压 U_o 只取决于输入电荷 q 和反馈电容 C_f，与电缆电容 C_a 无关。为了得到必要的测量精度，要求反馈电容 C_f 具有较好的温度和时间稳定性。在实际应用中，考虑被测量的不同量程等因素，C_f 通常做成可调的，范围一般在 100 pF～10 000 pF 之间。同时，为了使放大器的工作稳定性更好，一般在反馈电容的两端并联一个 $10^{10} \sim 10^{14}$ Ω 的大电阻 R_f，以提供直流反馈。

由于电压放大器的输出信号与电缆电容有关，而电荷放大器的输出电压与电缆电容无关，故目前大多采用电荷放大器。

6.3.3　压电传感器的并联与串联

压电传感器在实际应用中，由于单片压电元件产生的电荷量非常小，为了提高压电传感器的灵敏度，通常采用将多片压电元件串联或并联的方式连接，如图 6-8 所示。

1. 压电传感器的并联

如图 6-8(a)所示，并联结构是将两个压电元件的负端粘贴在一起，中间插入金属电极作

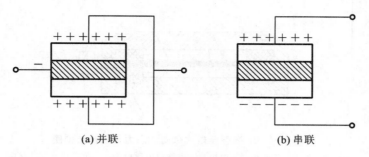

(a) 并联   (b) 串联

图 6-8 压电元件的连接方式

为压电片的负极,正极在上下两边的电极上。压电元件并联方式的输出特性为:输出电荷、电容为单片的两倍,输出电压与单片相同,即

$$
\left.
\begin{array}{l}
q' = 2q \\
U' = U \\
C' = 2C
\end{array}
\right\}
\tag{6-14}
$$

并联接法的特点是输出电荷大,本身电容大,时间常数大,适用于信号变化缓慢且以电荷作为输出量的场合。当采用电荷放大器转换压电元件上的输出电荷时,并联方式可以提高压电传感器的灵敏度。

2. 压电传感器的串联

如图 6-8(b)所示,串联结构是将两个压电元件的不同极性粘贴在一起,粘贴处的正负电荷相互抵消,上、下极板作为正、负极输出。压电元件串联方式的输出特性为:输出电荷与单片的相等,输出电压为单片的两倍,电容为单片的一半,即

$$
\left.
\begin{array}{l}
q' = q \\
U' = 2U \\
C' = C/2
\end{array}
\right\}
\tag{6-15}
$$

串联接法的特点是输出电压大,本身电容小,适用于以电压作为输出信号且测量电路输入阻抗较高的场合。当采用电压放大器转换压电元件上的输出电压时,串联方法可以提高压电传感器的灵敏度。

6.4 压电传感器的应用

压电传感器具有良好的高频响应特性,可以广泛应用于测量力、压力、加速度、位移和振动等物理量。

6.4.1 压电式力传感器

图 6-9 所示为 YDS-78 型压电式单向动态力传感器结构图,它主要应用于频率变化不太大的动态力的测量,如车床动态切削力的测量。

压电式单向动态力传感器的工作原理:被测力通过传力上盖使石英晶片沿电轴方向受压力作用而产生电荷,两块晶片沿电轴反方向叠起,其间是一个片形电极,它收集负电荷。两压电晶片片形电极则分别与传感器的传力上盖及底座相连,因此两块压电晶片被并联起来,提高了传感器的灵敏度,片形电极通过电极引出插头将电荷输出。YDS-78 型传感器的性能指标如表 6-2 所示。

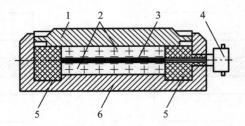

图 6-9　YDS-78 型压电式单向动态力传感器结构图

1—传力上盖；2—压电片；3—电极；4—电极引出线插头；5—绝缘材料；6—底座

表 6-2　YDS-78 型传感器的性能指标

性 能 指 标	数　　值	性 能 指 标	数　　值
测力范围/N	0～5 000	最小分辨率/N	0.01
绝缘阻抗/Ω	2×10^{14}	固有频率/kHz	50～60
非线性误差	<±1	重复性误差/(%)	<1
电荷灵敏度/(pC/kg)	38～44	质量/g	10

6.4.2　压电式压力传感器

图 6-10 所示为常用的膜片式压力传感器的结构图，压电元件为石英晶片，具有良好的线性度和时间稳定性。作用在受压膜片上的压力，通过传力块作用到压电元件上，使压电晶片产生厚度变形。传力块和电极一般采用不锈钢制作，以确保压力能均匀、快速、无损耗地传递到压电元件上。外壳和基座要求有足够的机械强度。

膜片式压力传感器具有灵敏度高、分辨率高、测量频率范围大、结构简单、体积小、质量小、工作可靠等优点，但不能测量频率太低的被测量，特别是不能测量静态参数。

6.4.3　压电式加速度传感器

压电式加速度传感器具有固有频率高、高频响应良好等优点，常用于测量振动和加速度。压电式加速度传感器最常见的结构有纵向压电效应型、横向压电效应型和剪切压电效应型三种，其中纵向压电效应型应用较为广泛。

图 6-11 所示为纵向压电效应型加速度传感器结构图。压电元件由两片压电晶体或压电陶瓷组成。质量块放在压电元件上，接触面要求平整光洁。锁定弹簧应有足够的刚度，用于对质量块施加预压缩载荷。基座和金属外壳需要加厚，用于避免压电元件受其他应力影响而产生噪声信号输出。压电元件的极板表面要求镀银。

振动测量时，由于传感器基座与被测振体刚性固定在一起，传感器可直接感受振体的振动。由于传感器内部锁定弹簧刚度较大，而质量块的质量相对较小，可以近似认为质量块本身的惯性很小，因此质量块能感受与传感器基座相同的振动，并受到与加速度方向相反的惯性力的作用。当压电元件随振动上移时，质量块产生的惯性力使压电元件上的压力增大；反之，当压电元件随振动下移时，质量块产生的惯性力使压电元件上的压力减小。可见，质量块对压电元件的惯性力，相当于一个正比于振动加速度的交变力作用在压电元件上，使压电元件产生正比于此作用力的压电效应，亦即压电效应的输出电荷正比于振动的加速度。

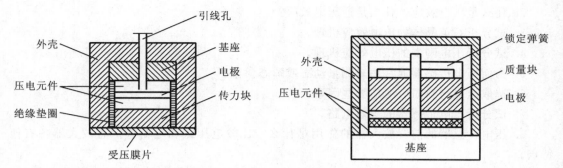

图 6-10　膜片式压力传感器的结构图　　　图 6-11　纵向压电效应型加速度传感器结构图

当加速度传感器和被测物一起受到冲击振动时,压电元件受质量块惯性力的作用,根据牛顿第二运动定律,此惯性力是加速度的函数,即

$$F = ma \qquad (6\text{-}16)$$

式中:F 为质量块产生的惯性力;m 为质量块的质量;a 为加速度。

惯性力 F 作用于压电元件上产生电荷 q,当传感器选定后,m 为常数,则传感器输出电荷为

$$q = d_{11}F = d_{11}ma \qquad (6\text{-}17)$$

电荷 q 与加速度 a 成正比,因此只要测得加速度传感器输出的电荷,便可计算出加速度的大小。

6.4.4　集成压电式传感器

集成压电式传感器是指集压电元件和专用放大器于一体,采用压电薄膜作为换能材料,将动态压力信号通过薄膜变成电荷量,再经传感器内部放大电路转换成电压输出。

集成压电式加速度传感器具有灵敏度高、抗过载和冲击能力强、抗干扰性好、操作简便、体积小、质量小、成本低等优点,已经广泛应用于工业控制、医疗、交通、安全防卫等领域。

本 章 小 结

压电传感器的工作原理主要基于某些电介质的压电效应,即在外力的作用下,电介质表面产生电荷,在外力消失后,电介质又恢复到不带电状态。常用的压电材料有压电晶体、压电陶瓷和新型压电材料。

压电传感器可以等效为一个理想的电压源与电容相串联或一个电荷源与电容相并联的等效电路。由于压电传感器的内阻抗较高,输出能量较小,通常在压电传感器输出端接入一个高输入阻抗的前置放大器,其主要作用是将压电传感器输出的微弱信号进行放大,同时将压电传感器的高输出阻抗变换为低输出阻抗。

压电传感器在应用中,为了提高其灵敏度,通常采用将多片压电元件进行串联或并联的连接方法。并联接法的特点是输出电荷多,本身电容大,时间常数大,适用于信号变化缓慢且以电荷作为输出量的场合。串联接法的特点是输出电压大,本身电容小,适用于以电压作为输出信号且测量电路输入阻抗较高的场合。

压电传感器属于自发电式传感器,具有使用频带宽、灵敏度高、信噪比高、结构简单、工作可靠及质量小等优点,主要用于力、加速度、力矩等参数的测量。

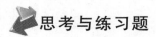 思考与练习题

1. 什么是压电传感器? 它有何特点?

2. 什么是压电效应？什么是逆压电效应？

3. 试分析石英晶体的压电效应机理。

4. 试分析压电陶瓷的压电效应机理。

5. 为何压电传感器通常用来测量动态或瞬态参量？

6. 选取压电材料时应考虑哪些因素？

7. 试分析压电传感器的等效电路。

8. 压电传感器的前置放大器的作用是什么？比较电压式和电荷式前置放大器各有何特点。

9. 压电元件在应用中常采用多片串联或并联结构形式，试述在不同接法下输出电压、电荷、电容的关系，以及它们分别适用于何种应用场合。

10. 什么是电压灵敏度？什么是电荷灵敏度？

11. 采用压电传感器设计一个车流量检测仪。

第7章 光电式传感器

光电式传感器一般由光源、光学通路和光电元件三部分组成,采用光电元件作为检测元件,将被测量的变化转换为光信号的变化,借助光电元件将光信号转变成电信号。

光电式传感器敏感的光信号包括红外线、可见光及紫外线,可利用的光源一般有自然光、白炽灯、发光二极管和气体放电灯。光电式传感器输出的电量可以是模拟量,也可以是数字量。

光电检测方法具有精度高、反应快、非接触、不易受电磁干扰等优点,并且可测参数众多。光电式传感器的结构简单,形式灵活多样。近年来,随着光电技术的发展,光电式传感器已广泛应用于自动检测和控制系统等领域。

7.1 光电效应

光电器件是一种将光的变化转换为电的变化的器件,它是构成光电式传感器的最主要部件。光电器件工作的理论基础是光电效应。光电效应分为外光电效应和内光电效应两大类。

光学的基本单位是光通量,用字母"Φ"表示,单位为流明(lm)。受光面积用字母"A"表示,单位为平方米(m^2)。光照度是指单位面积的光通量,用字母"E"表示,单位为勒克斯(lx)。Φ 与 E 的关系为

$$E = \frac{\mathrm{d}\Phi}{\mathrm{d}A}$$

7.1.1 外光电效应

在光照的作用下,物体内的电子逸出物体表面向外发射的现象称为外光电效应。向外发射的电子称为光电子。基于外光电效应的光电器件有光电管、光电倍增管等。

一束光是由一束以光速运动的粒子组成的,这些粒子称为光子。光子是具有能量的粒子,每个光子具有的能量由式(7-1)确定。

$$E = h\upsilon \tag{7-1}$$

式中:h 为普朗克常数(6.626×10^{-34} J·s);υ 为光波频率(s^{-1})。

物体中的电子吸收入射光的能量后足以克服逸出功 A_0 时,电子就逸出物体表面,产生光电子发射。如果一个光子要想逸出,光子能量 E 必须超过逸出功 A_0,超过部分的能量表现为逸出电子的动能。根据动量守恒定律,有

$$E = \frac{1}{2}m\upsilon_0^2 + A_0 \tag{7-2}$$

式中:m 为电子质量;υ_0 为电子逸出速度。

式(7-2)称为爱因斯坦光电效应方程,由式(7-2)可知以下几点。

(1)只有光子能量 E 大于物体的表面电子逸出功 A_0 时才会产生光子。不同的物体具有不同的逸出功,每一个物体有其对应的光频阀值,称为红限频率或波长限。当光线频率低于红限频率时,光子的能量不足以使物体内的电子逸出,因此对于小于红限频率的入射光,

即使光强再强也不会产生光电子发射;反之,入射光的频率大于红限频率,即使光强很弱,也会有光电子发射。

(2) 当入射光的频谱成分不变时,产生的光电流与光强成正比,即光强越强,入射光子的数目越多,逸出的电子数也就越多。

(3) 光电子逸出物体表面时具有初始动能 $\frac{1}{2}mv_0^2$,因此外光电器件即使没有加阳极电压,也会有光电流产生。要使光电流为零,必须加负的截止电压,并且截止电压与入射光的频率成正比。

7.1.2 内光电效应

当光照射到某些物体上时,其电阻率会发生变化,或者产生光生电动势,这种效应称为内光电效应。内光电效应可以分为光电导效应和光生伏特效应两种。

1. 光电导效应

在光照作用下,物体内的电子吸收光子能量后从键合状态过渡到自由状态,从而引起材料电阻率的变化,这种效应称为光电导效应。基于光电导效应的光电器件都有光敏电阻。

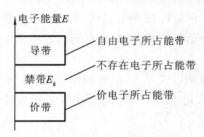

图 7-1 电子能级示意图

当光照射到本征半导体上,并且光辐射能量又足够强时,光电材料价带上的电子将被激发到导带上,从而使导带的电子和价带的空穴增加,致使光导体的导电率增大,如图 7-1 所示。

为了实现能级的跃迁,入射光的能量必须大于光电导材料的禁带宽度 E_g,即

$$E = h\nu = \frac{hc}{\lambda} \geqslant E_g \tag{7-3}$$

式中,ν、λ 分别为入射光的频率和波长。

对于任意光电导体材料,总存在一个照射光波长限 λ,只有波长小于 λ 的光照射在半导体上时,才能产生电子能级间的跃迁,从而使光电导体的电导率增大。

2. 光生伏特效应

在光照作用下,能使物体产生一定方向电动势的现象称为光生伏特效应。基于光生伏特效应的光电器件有光电池、光敏二极管、光敏三极管等。

1) 势垒效应(结光电效应)

当光线照射在不同类型半导体接触区域时会产生光电动势,这就是结光电效应。以 PN 结为例,光线照射到 PN 结时,设光子能量 E 大于禁带宽度 E_g,使价带中的电子跃迁到导带,从而产生电子空穴对,在阻挡层内电场的作用下,被光激发的空穴移向 P 区外侧,被光激发的电子移向 N 区外侧,从而使 P 区带正电,N 区带负电,形成光电动势。

2) 侧向光电效应

当半导体光电器件受光照不均匀时,载流子的浓度梯度将会产生侧向光电效应。当光照部分吸收入射光的能量产生电子空穴对时,光照部分载流子浓度比未受光照部分的载流子浓度大,于是出现载流子浓度梯度,因而载流子要进行扩散。如果电子迁移率比空穴的大,则空穴的扩散作用不明显,电子向未被光照部分扩散,从而造成光照射的部分带正电,未被光照射的部分带负电,光照部分与未被光照部分产生光电动势。

7.2 光电器件

光电器件是将光能转换为电能的一种传感器件,下面介绍几种常见光电器件的原理和特性。

7.2.1 光电管

1. 光电管的结构与原理

光电管是基于外光电效应的器件,可分为真空光电管和充气光电管两类。真空光电管和充气光电管结构类似,主要由一个阴极和一个阳极构成,如图7-2所示。

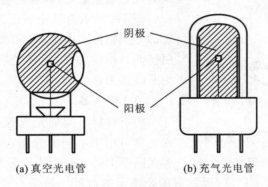

(a) 真空光电管   **(b) 充气光电管**

图7-2　光电管的结构示意图

1) 真空光电管

在一只真空玻璃管内,用逸出功较小的光敏材料作为阴极涂在玻璃管内壁上,用金属丝弯曲成矩形和圆形作为阳极,置于玻璃管的中央。光照射到阴极光敏材料上,便有电子向外逸出,这些电子被中央阳极吸引,从而在外电场的作用下产生电流。

2) 充气光电管

在真空玻璃管内充入少量的惰性气体,如氩或氖,光照射到阴极光敏材料后,光电子在飞向阳极的途中与气体的原子发生碰撞而使气体电离,使得光电流变大,提高光电管的灵敏度。但由于充气光电管的光电流与入射光强度不成比例关系,使其具有稳定性较差、惰性大及容易衰老等缺点。

在自动检测应用领域,由于要求光电管受温度影响小,并且要求其灵敏度稳定,故一般都采用真空式光电管。

2. 光电管的基本特性

光电管的主要性能有伏安特性、光照特性、光谱特性、响应时间、温度特性等。这里仅介绍其基本特性。

1) 伏安特性

在一定的光照射下,光电器件的阴极所加电压与阳极所产生的电流之间的关系称为光电管的伏安特性。真空光电管和充气光电管的伏安特性如图7-3所示。

2) 光照特性

当光电管的阳极和阴极之间所加电压一定时,光通量与光电流之间的关系称为光电管的光照特性。光电管的阴极材料不同,其光照特性也不同。光照特性曲线的斜率(光电流与

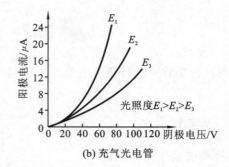

图 7-3 光电管的伏安特性

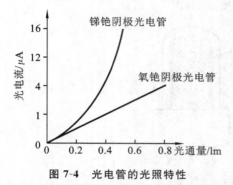

图 7-4 光电管的光照特性

入射光光通量之比)称为光电管的灵敏度。

图 7-4 所示为氧铯阴极光电管和锑铯阴极光电管的光照特性。由图 7-4 可知,氧铯阴极光电管的光照特性为线性关系,而锑铯阴极光电管的光照特性为非线性关系。

3)光谱特性

阴极材料不同的光电管有不同的红限频率 v_0,光电管可用于不同的光谱范围。除此之外,即使照射在阴极上的入射光的频率大于红限频率 v_0 且强度

相同,随着入射光频率的不同,阴极发射的光电子的数量还是会不同,即同一光电管对不同频率的光的灵敏度不同,这种特性称为光电管的光谱特性。因此,对各种不同波长区域的光应选用不同材料的光电阴极。一般白光光源的光电管,阴极用锑铯材料制成;红外光源的光电管,阴极常用银氧铯材料制成;紫外光源的光电管,阴极用锑铯和镁镉材料制成。

7.2.2 光电倍增管

当入射光比较微弱时,普通光电管产生的光电流很小,不容易检测,因此研制出光电倍增管对电流进行放大。

1. 光电倍增管的结构与原理

光电倍增管由光阴极 K、次阴极(倍增电极)D 以及阳极 A 三部分组成,如图 7-5 所示。次阴极可多达 30 级,通常为 12~14 级,阳极是用来收集电子的,其输出为电压脉冲。

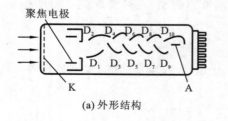

(a) 外形结构

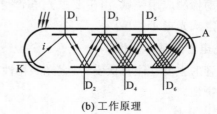

(b) 工作原理

图 7-5 光电倍增管

光电倍增管工作时,各个倍增电极上均加上电压。阴极的电位最低,从阴极开始,各个倍增电极的电位依次增大,阳极电位最高。倍增电极采用次级发射材料制成,该材料在一定能量的电子轰击下,能产生更多的"次级电子"。由于相邻两个倍增电极之间有电位差,因此存在电场,使得电子加速运动。从阴极发射出的光电子,在电场的加速作用下,打到第一个

倍增电极上,引起二次电子发射。每个电子能从倍增电极上打出 3~6 个次级电子;被打出来的次级电子再经过电场的加速后,打在第二个倍增电极上,电子数又增加 3~6 倍,如此不断倍增,阳极最后收集到的电子数将达到阴极发射电子数的 $10^5 \sim 10^6$ 倍,即光电倍增管的放大倍数可达几万到几百万倍。因此在微弱的光照下,光电倍增管能产生很大的光电流。

2. 光电倍增管的主要参数

1)倍增系数

倍增系数用 M 来表示,其大小等于各倍增电极的二次电子发射系数 δ_i 的乘积。如果 n 个倍增电极的 δ_i 都相等,则

$$M = \delta_i^n \tag{7-4}$$

故阳极电流为

$$I = i \cdot \delta_i^n \tag{7-5}$$

式中,i 为光电倍增管阴极的光电流。

光电倍增管的电流放大系数 β 为

$$\beta = \frac{I}{i} = \delta_i^n \tag{7-6}$$

2)阴极灵敏度

阴极灵敏度是指一个光子在阴极上能够打出的平均电子数。

3)倍增管灵敏度

倍增管灵敏度是指一个光子在阳极产生的平均电子数。

4)暗电流

暗电流是指当光电倍增管不受光照,但极间加上电压时所产生的电流。暗电流产生的原因是热发射或场致发射导致阳极上会收集到电子。

7.2.3 光敏电阻

1. 光敏电阻的结构与原理

光敏电阻又称光导管。光敏电阻由半导体材料制成,常见的光敏电阻由硫化镉(CdS)材料制成,另外还有硫化铝、硫化铅、硫化铋、硫化铊等材料。光敏电阻用途很广泛,常应用于照相机、防盗装置、火灾报警器等。

光敏电阻的结构如图 7-6(a)所示。在玻璃底板上均匀地涂上薄薄的一层半导体物质,半导体的两端装有金属电极,并从金属电极上引出导线。为了提高光敏电阻的灵敏度,其电极一般做成梳状电极,如图 7-6(b)所示。同时,为了防止周围介质的污染,在半导体光敏层上覆盖一层漆膜,漆膜的成分应使它在光敏层最敏感的波长范围内透射率最大。

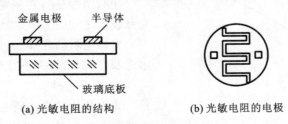

(a) 光敏电阻的结构   (b) 光敏电阻的电极

图 7-6 光敏电阻的结构和电极

光敏电阻没有极性,使用时既可加直流电压,也可以加交流电压。当无光照时,光敏电

阻的阻值很大，电路中电流很小；当有光照时，光敏电阻的阻值急剧减小，电流增大。光照越强，光敏电阻的阻值越小；光照停止，光敏电阻又恢复到高阻状态。

2. 光敏电阻的主要参数

1）暗电阻、暗电流

暗电阻是指光敏电阻在没有光照的黑暗条件下测得的阻值。暗电流是指在给定工作电压和没有光照的黑暗条件下光敏电阻中的电流值。

2）亮电阻、亮电流和光电流

亮电阻是指光敏电阻在光照条件下测得的阻值。亮电流是指在给定工作电压和有光照的条件下光敏电阻中的电流值。光电流是指亮电流和暗电流的差值。

3. 光敏电阻的基本特性

1）伏安特性

伏安特性是指在一定强度的光照下，光敏电阻两端的电压与光敏电阻的电流之间的关系。在一定的工作电压范围内，光敏电阻的伏安特性是线性关系，但不同材料的光敏电阻具有不同的伏安特性。图 7-7 所示为硫化镉光敏电阻的伏安特性图，由图 7-7 可知光敏电阻的阻值与入射光强度有关，而与电压和电流无关。

2）光谱特性

光谱特性是指光电流对不同波长单色光的相对灵敏度。图 7-8 所示为几种不同材料的光敏电阻的光谱特性图，光敏电阻的灵敏度随波长的不同而不同。

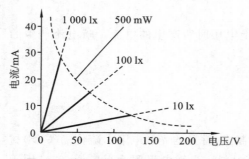

图 7-7 硫化镉光敏电阻的伏安特性图

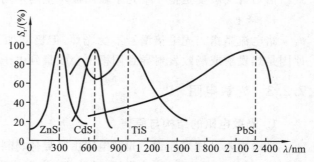

图 7-8 几种不同材料的光敏电阻的光谱特性图

硫化锌对波长为 300 nm 左右的紫外光最敏感；硫化镉光敏波长的峰值在 670 nm 左右；硫化铊的敏感波长范围为 300～14 000 nm，其峰值波长为 1 000 nm 左右；硫化铅具有很宽的敏感波长范围，其峰值波长约为 2 300 nm。

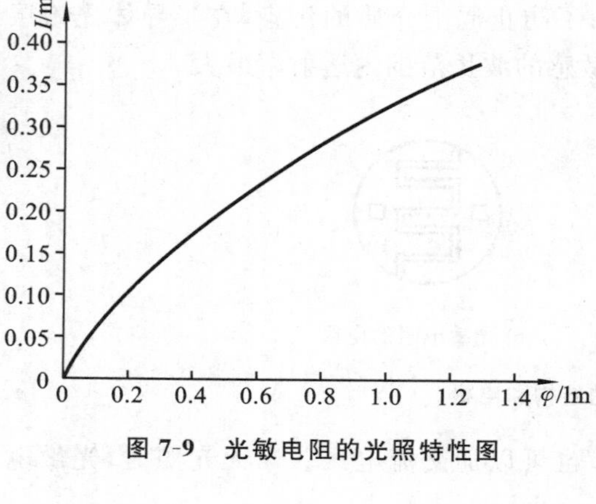

3）光照特性

光照特性是指在一定的电压下，光电流与光照强度之间的关系，如图 7-9 所示。

光敏电阻的光照特性具有非线性特性，适用于制作控制元件，不宜用来制作测量元件。

4）频率特性

频率特性是指光敏电阻上的光电流对入射光调制频率的响应特性。图 7-10 所示为硫化镉和硫化铅光敏电阻的频率特性。入射光调制频率越高，电流相对灵敏度越低，说明光敏元件

图 7-9 光敏电阻的光照特性图

材料具有一定的惰性。

　　5）温度特性

　　温度特性是指光敏电阻的主要参数和基本特性受温度影响的情况。当温度升高时,光敏电阻的暗电阻和灵敏度都要下降,同时温度的变化也会影响其光谱特性等。

　　图 7-11 所示为硫化铅光敏电阻的光谱温度特性图。由图 7-11 可知,它的峰值随温度上升向波长短的方向移动,因此硫化铅光敏电阻要在低温恒温的条件下使用。对于可见光的光敏电阻,其温度影响要小一些。

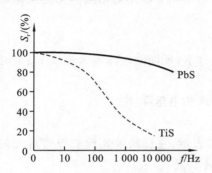

图 7-10　光敏电阻的频率特性图

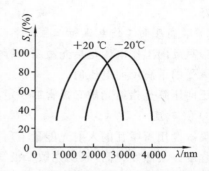

图 7-11　硫化铅光敏电阻的光谱温度特性图

7.2.4　光敏二极管

1. 光敏二极管的结构与原理

　　光敏二极管又称光电二极管,它与普通半导体二极管在结构上相似。图 7-12 所示为光敏二极管的结构图,在光电二极管管壳上装有一个玻璃透镜,入射光通过玻璃透镜照射到具有光敏特性 PN 结的管芯上。

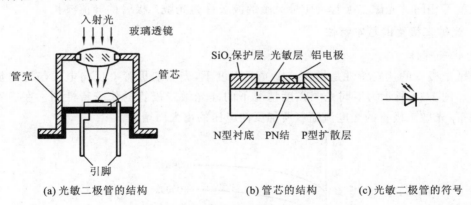

(a) 光敏二极管的结构　　　　　(b) 管芯的结构　　　　(c) 光敏二极管的符号

图 7-12　光敏二极管的结构图与符号

　　光敏二极管的 PN 结具有单向导电性,在电路中一般是处于反向工作状态,如图 7-13 所示。在没有光照时,反向电阻很大,电路中有很小的反向饱和漏电流,又称为暗电流,此时光敏二极管相当于处于截止状态。当有光照射到 PN 结上时,PN 结附近受光子的轰击,半导体内被束缚的价电子吸收光子能量被激发产生电子和空穴对。它们在 PN 结的内电场作用下做定向运动,形成光电流,并且光照度越强,光电流越大。此时光敏二极管相当

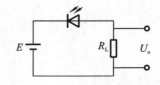

图 7-13　光敏二极管的基本电路

于处于导通状态。光电流流过负载电阻 R_L 时,在电阻两端将得到随入射光变化的电压信号,从而实现光电转换的功能。

2. 光敏二极管的主要参数

1) 暗电流和光电流

暗电流是指光敏二极管在没有光照且在最高反向工作电压条件下的漏电流。暗电流越小,光敏二极管的性能越稳定,检测弱光的能力越强。

光电流是指光敏二极管受到一定光照时最高反向工作电压下产生的电流。光电流值越大越好。

2) 最高反向工作电压和正向压降

最高反向工作电压是指光敏二极管在没有光照的条件下,反向漏电流不大于 $0.1~\mu A$ 时所能承受的最高反向电压值。

正向压降是指给光敏二极管加一定正向电流时其两端的电压降。

3) 灵敏度

灵敏度用每微瓦的入射光能量下所产生的光电流来表示,它反映了光敏二极管对光的敏感程度。灵敏度越高,表明光敏二极管对光的反应越灵敏。

4) 响应时间

响应时间是指将光信号转换成电信号所需的时间。响应时间越短,光敏二极管的光电转换速度越快,其工作频率也越高。

5) 结电容

结电容是指光敏二极管中 PN 结的电容。结电容越小,光敏二极管的工作频率越高。

6) 光谱范围和峰值波长

不同材料制成的光敏二极管具有不同的光谱特性,即光敏二极管对不同波长的光反应的灵敏度不相同。光敏二极管反应最灵敏的波长称为光敏二极管的峰值波长。

3. 光敏二极管的基本特性

1) 伏安特性

光敏二极管的伏安特性是指在给定光照强度下,光敏二极管上反向电压与光电流之间的关系。图 7-14 所示为不同光照强度情况下的硅光敏二极管的伏安特性图。在一定的光照强度下,光敏二极管的光电流随着所加反向电压的增大而增大。

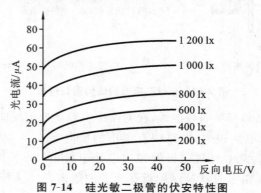

图 7-14　硅光敏二极管的伏安特性图

2) 光谱特性

光敏二极管由于制作的材料不同,可分为硅光敏和锗光敏二极管。图 7-15 所示为硅和锗两种不同材料光敏二极管的光谱特性图,由曲线可知,硅的峰值波长约为 $0.9~\mu m$,锗的峰值波长约为 $1.5~\mu m$,在峰值波长处,光敏二极管的灵敏度最高,当入射光波长增长或缩短时,相对灵敏度有急剧下降的趋势。另外,锗管的敏感范围比硅管大,不过锗管的温度性能较差,因而测可见光时主要采用硅管,探测红外光时主要采用锗管。

3)光照特性

光敏二极管的光照特性是指在所加反向工作电压一定时,光电流与光照度之间的关系。图 7-16 所示为硅光敏二极管的光照特性图,光敏二极管的光照特性近似为线性关系。

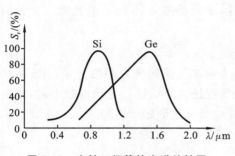

图 7-15 光敏二极管的光谱特性图

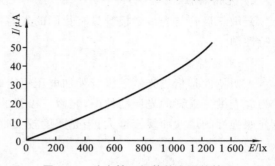

图 7-16 硅光敏二极管的光照特性图

7.2.5 光敏三极管

1. 光敏三极管的结构与原理

光敏三极管与一般三极管相类似,可分为 NPN 型和 PNP 型两种。光敏三极管的结构如图 7-17 所示。为了提高光电转换能力,要求光敏三极管的基区面积做得很大,发射区面积较小,入射光主要被基区吸收。管子的芯片被装在带有玻璃透镜的金属管壳内,当光照射时,光线通过透镜聚焦照射在芯片上。

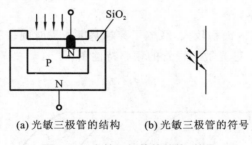

(a) 光敏三极管的结构 　　　 (b) 光敏三极管的符号

图 7-17 光敏三极管的结构、符号

光敏三极管集电极接正向电压,发射极接负电压,如图 7-18 所示。

当没有光照时,流过光敏三极管的电流为集电极与发射极之间的穿透电流 I_{ceo},也称为光敏三极管的暗电流,其大小为

$$I_{ceo} = (1 + \beta)I_{cbo} \qquad (7-7)$$

式中:β 为共发射极直流电流放大系数;I_{cbo} 为集电极与基极之间的反向饱和电流。

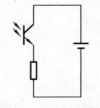

图 7-18 光敏三极管的基本电路图

当有光照射到基区上时,在 PN 结的附近产生电子-空穴对,形成光生电流,相当于三极管的基极电流。由于基极电流的增加,集电极电流是光生电流的 β

倍,即将光敏三极管基极光电流放大 $1+\beta$ 倍,故光敏三极管比光敏二极管具有更高的灵敏度。

2. 光敏三极管的基本特性

1)伏安特性

光敏三极管的伏安特性是指在给定光照强度下,光敏三极管上电压与光电流之间的关系。图 7-19 所示为不同光照强度情况下的硅光敏三极管的伏安特性图。

2)光谱特性

光敏三极管与光敏二极管具有相同的光谱特性,请参见图 7-15 所示的光敏二极管的光谱特性图。

3)光照特性

光照特性是指当光敏三极管外加电压恒定时,光电流与光照度之间的关系。图 7-20 所示为硅光敏三极管的光照特性图,光敏三极管的光照特性为非线性。光照度较小时,光电流随光照强度的增大而缓慢增大;当光照度较大时,光电流又逐渐趋于饱和。

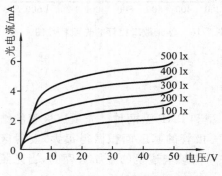

图 7-19 硅光敏三极管的伏安特性图

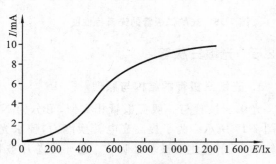

图 7-20 硅光敏三极管的光照特性图

4)频率特性

由于光敏三极管的基区面积较大,载流子穿越基区所需时间较长,其频率特性比光敏二极管的差。图 7-21 所示为硅光敏三极管的频率特性图。

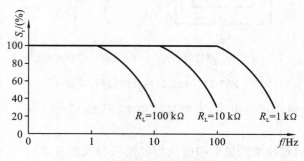

图 7-21 硅光敏三极管的频率特性图

5)温度特性

温度的变化对光敏三极管的暗电流和光电流都会产生影响。光敏三极管的温度特性图如图 7-22 所示,由图 7-22(a)可知,相对硅管而言锗材料光敏三极管的温度稳定性较差,图 7-22(b)表明温度变化对光电流影响很小。

由于光电流比暗电流大得多,故在一定温度范围内,温度对光电流的影响很小,而对暗

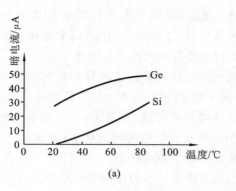
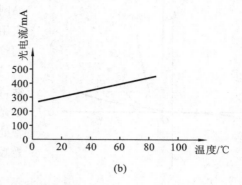

图 7-22　光敏三极管的温度特性图

电流的影响很大。为了提高信噪比,在电子线路设计过程中应该采取相应的补偿或降温措施,尽量消除或减小温度产生的误差。

7.2.6　光敏晶闸管

1. 光敏晶闸管的结构

光敏晶闸管是由光辐射触发而导通的晶闸管,又称为光控晶闸管或光控可控硅。光敏晶闸管有三个 PN 结,分别为 J_1、J_2、J_3,其结构、等效电路和符号如图 7-23 所示。

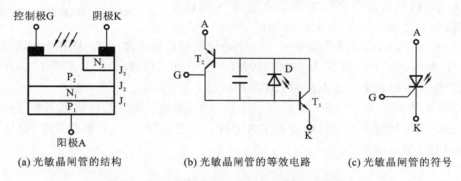

(a) 光敏晶闸管的结构　　　(b) 光敏晶闸管的等效电路　　　(c) 光敏晶闸管的符号

图 7-23　光敏晶闸管的结构、等效电路及符号

光敏晶闸管的特点在于控制极 G 不是由电信号触发的,而是由光照触发的。经触发后,阳极 A 和阴极 K 间处于导通状态,直至电压下降或交流过零时断开。

2. 光敏晶闸管的原理

光敏晶闸管可等效成两个三极管,如图 7-23(a)所示。光敏区为 J_2 结,有光照射到光敏区时,产生通过 J_2 结的光电流。当光电流大于晶闸管开通阈值,并且阳极和阴极之间加上正向电压时,晶闸管由断开状态变为导通状态。

考虑到光敏区的作用,其等效电路如图 7-23(b)所示。当没有光照时,光敏二极管 D 没有光电流,三极管 T_2 的基极电流仅是 T_1 的反向饱和电流。在正常外加电压下,晶闸管处于关断状态。一旦有光照射,光电流 I_p 将作为 T_2 的基极电流。如果 T_1、T_2 的放大倍数分别为 β_1、β_2,则 T_2 的集电极得到的电流是 $\beta_2 I_p$。此电流实际上又是 T_1 的基极电流,因而在 T_1 的集电极上将产生一个 $\beta_1\beta_2 I_p$ 的电流,此电流又成为 T_2 的基极电流。如此循环反复,产生强烈的正反馈,使整个器件就变为导通状态。

如果在 G、K 之间接上电阻,则电阻将会分流部分光敏二极管产生的光电流,此时要使

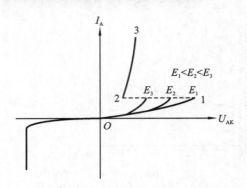

图 7-24　光敏晶闸管的伏安特性图

晶闸管导通，就必须增大光照强度。因此，在实际应用过程中，可以采取 G、K 之间串电阻的方法来调整光敏晶闸管的光触发灵敏度。

光敏晶闸管与普通晶闸管有着相同的伏安特性，如图 7-24 所示。曲线 0～1 段为高阻状态，表示光敏晶闸管未导通；曲线 1～2 段表示光敏晶闸管处于由断开到导通的过渡状态；曲线 2～3 表示光敏晶闸管处于导通状态。

光敏晶闸管可作为光控无触点开关，它与发光二极管可构成固态继电器，具有体积小、无火花、寿命长、动作快等优点，同时起着良好的电路隔离作用，在自动化领域有着广泛应用。

7.2.7　光电池

光电池是基于光生伏特效应的器件，它是在光线照射下，能直接将光能转换为电能的光电器件。光电池在有光照的条件下实质上相当于电压源。

1. 光电池的结构与原理

硅光电池的结构如图 7-25 所示。在一块 N 型硅片上，用扩散的方法渗入一些 P 型杂质形成 PN 结。当入

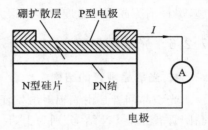

图 7-25　硅光电池的结构

射光照射在 PN 结上时，若光子能量 E 大于半导体材料的禁带宽度 E_g，则在 PN 结内产生电子-空穴对，在内场的作用下，空穴向 P 区移动，电子向 N 区移动，使 P 区带正电，N 区带负电，因而产生光生电动势。光电池的工作原理如图 7-26 所示。

硒光电池结构如图 7-27 所示。在铝片上涂上硒，用溅射的工艺在硒层上形成一层半透明的氧化镉，在正反两面喷上低熔合金作为电极。在光照射下，镉材料带负电，硒材料带正电，从而产生光生电动势。

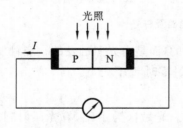

图 7-26　硅光电池的原理

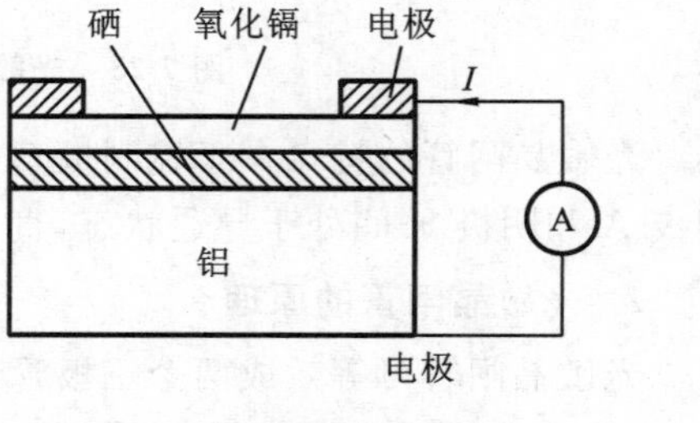

图 7-27　硒光电池结构

2. 光电池的基本特性

1）光谱特性

光电池对不同波长的光的灵敏度不相同。图 7-28 所示为硅光电池和硒光电池的光谱特性曲线。不同材料的光电池，光谱峰值所对应的入射光波长不同。如硅光电池在 0.8 μm 附近，硒光电池在 0.5 μm 附近。硅光电池的光谱响应波长范围为 0.4～1.2 μm，而硒光电池的范围为 0.38～0.75 μm，可见硅光电池可以应用在很宽的波长范围内。

2) 光照特性

光电池在不同光照强度下可产生不同的光电流和光生电动势。硅光电池的光照特性如图 7-29 所示。由图 7-29 中曲线可知,光生电流(短路电流)在很大范围内与光照强度成线性关系,光生电动势(开路电压)与光照强度成非线性关系,并且光照强度为 2 000 lx 时趋近于饱和。因此,把光电池作为测量元件应用时,应把它看成电流源的形式来使用,不能用做电压源。

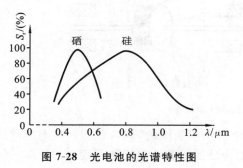

图 7-28　光电池的光谱特性图

图 7-29　硅光电池的光照特性图

3) 频率特性

光电池在测量、计数等应用中,常用交变光照。光电池的频率特性反映光的交变频率与光电池输出电流之间的关系,如图 7-30 所示。从图 7-30 所示曲线上可以看出,硅光电池具有很高的频率响应,可用于高速计数、有声电影等领域。

4) 温度特性

光电池的温度特性是指光电池的开路电压和短路电流随温度变化的关系。图 7-31 所示为光电池的温度特性曲线。由图 7-31 可知,开路电压随着温度的升高而快速下降,而短路电流随着温度的升高而缓慢增加。在实际应用中,应采取温度补偿等措施避免光电池受到温度的影响。

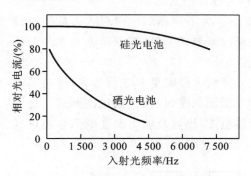

图 7-30　光电池的频率特性

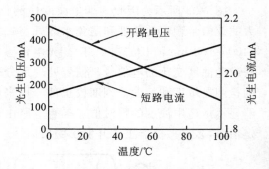

图 7-31　光电池的温度特性

7.3　光电式传感器的应用

7.3.1　光电式转速计

光电式转速计的工作原理图如图 7-32 所示,根据光源和光电传感器的相对位置分为直射式和反射式两种,分别如图 7-32(a)和图 7-32(b)所示。

图 7-32(a)中，在待测转速轴上固定一个带小孔的圆盘，在圆盘的一侧用光源（白炽灯或其他光源）产生稳定的光信号，通过圆盘上的小孔照射到圆盘另一侧的光电传感器上，通过传感器把光信号转换成相应的脉冲信号，经过放大、整形后输出脉冲信号，最后通过计数器进行计数，从而实现转速的测量。

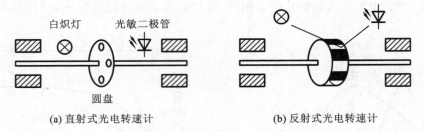

(a) 直射式光电转速计　　　　　　　　(b) 反射式光电转速计

图 7-32　光电式转速计的工作原理图

图 7-32(b)中，在待测转速轴上固定一个涂上黑白相间条纹的圆盘，它们具有不同的反射率。当转轴转动时，反光与不反光交替出现，光电传感器间歇性地接受圆盘上的反射光信号，并将其转换成电脉冲信号。

转轴每分钟的转速 n 与脉冲频率 f 的关系为

$$n = \frac{f}{N} \cdot 60 \qquad (7-8)$$

式中，N 为圆盘上小孔或黑白条纹数目。

7.3.2　光电式浊度仪

烟尘浊度是通过光在烟道里传输过程中的变化大小来检测的。如果烟道浊度增加，光源发出的光被烟尘颗粒的吸收和折射将会增加，到达光电传感器的光就会减弱，输出的电信号幅值也会相应减小，因而，电信号的变化即可反映烟道浊度的变化。

图 7-33 所示为吸收式烟尘浊度检测仪的组成框图。为了检测烟尘中对人体危害性最大的亚微米颗粒的浊度和避免水蒸气与二氧化碳对光源衰弱的影响，选取可见光作为光源（400～700 nm 波长的白炽灯）。光电传感器选取光谱响应范围为 400～600 nm 的光电管，获取随浊度变化的电信号。信号处理部分采用集成运算放大器对信号进行放大，提高系统的检测灵敏度和精度。刻度校正部分用来进行调零与调满刻度，以保证测试准确性。显示器显示烟道中浊度的瞬时值。报警电路由多谐振荡器组成，当运放输出浊度电信号超过规定值时，多谐振荡器工作并发出警报信号。

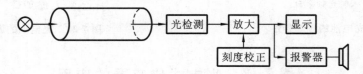

图 7-33　烟尘浊度检测仪的组成框图

本 章 小 结

光电式传感器一般由光源、光学通路和光电元件三部分组成，其工作原理是以光电元件作为检测元件，将被测量的变化转换为光信号的变化，借助光电元件将光信号转换成电信号输出。光电式传感器输出的电量可以是模拟量，也可以是数字量。

光电元件是一种将光的变化转换为电的变化的器件,其转换原理是基于物质的光电效应。光电效应分为外光电效应和内光电效应两大类,内光电效应又分为光电导效应和光生伏特效应两种。常见的光电器件有光电管、光电倍增管、光敏电阻、光敏二极管、光敏三极管、光敏晶闸管、光电池等。

光电式传感器具有精度高、响应快、灵敏度高、功耗低、非接触、不易受电磁干扰等优点,并且可测参数众多,已广泛应用于自动检测、自动控制等领域。

思考与练习题

1. 简述光电式传感器的结构、原理和特点。

2. 什么是外光电效应?什么是内光电效应?什么是光电导效应?什么是光生伏特效应?

3. 常见的光电器件有哪些?并试述其工作原理和基本特性。

4. 用光电式传感器测电机转速时,已知孔数为 40,频率计的读数为 2 kHz,则电机的转速是多少?

5. 用光电传感器设计一个地铁检查机计数器,要求:(1)画出示意图;(2)描述其工作原理。

6. 用任一形式的光电传感器及若干外围器件设计一个楼道灯控制器。

7. 用光电式传感器设计一个产品读数器。

第8章 超声波传感器

超声技术是一门以物理学、电子学、机械及材料科学为基础的通用技术,主要研究超声波的产生、传播和接收技术。超声波具有聚束、定向及反射、散射、透射等特性。超声按振动辐射的大小大致可分为功率超声和检测超声两类。功率超声是指利用超声波使物体或物件发生变化的功率应用;检测超声是指利用超声波获取若干信息。无论是功率超声还是检测超声的应用,均需借助于超声波传感器(即超声换能器或探头)来实现。

目前,超声波技术已经广泛应用于冶金、船舶、机械、医疗等各个工业部门,例如,超声清洗、超声焊接、超声加工、超声检测和超声医疗等方面,取得了良好的社会效益和经济效益。

8.1 超声检测的物理基础

振动在弹性介质内的传播称为波动,简称波。频率在 $16 \sim 2 \times 10^4$ Hz 之间,人耳能听见的机械波称为声波;低于 16 Hz 的机械波称为次声波;高于 2×10^4 Hz 的机械波称为超声波;频率在 $3 \times 10^8 \sim 3 \times 10^{11}$ Hz 之间的波称为微波。波的频率界限如图 8-1 所示。

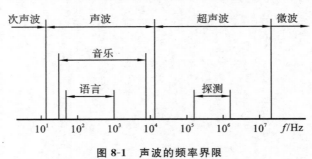

图 8-1　声波的频率界限

8.1.1 超声波的波形及其传播速度

根据声源在介质中的施力方向与波在介质中传播方向,声波可分成以下三种类型。

(1)纵波:质点振动方向与波的传播方向一致的波。纵波能在固体、液体和气体介质中传播。

(2)横波:质点振动方向垂直于波的传播方向的波。横波只能在固体介质中传播。

(3)表面波:质点的振动介于横波和纵波之间,沿着介质表面传播,其振幅随深度增加而迅速衰减的波。表面波的轨迹是椭圆形,质点位移的长轴垂直于传播方向,短轴平行于传播方向。表面波只能在固体的表面传播。

超声波的传播速度与介质密度、弹性特性有关。由于气体和液体的剪切模量为零,故超声波在气体和液体中没有横波和表面波,只能传播纵波。气体中的声速为 344 m/s、液体中的声速为 $900 \sim 1~900$ m/s。在固体中,纵波、横波和表面波的声速有一定的关系,通常可认为横波声速为纵波声速的一半,表面波声速约为横波声速的 90%。

8.1.2 超声波的物理性质

1. 超声波的反射和折射

当声波从一种介质传播到另一种介质时,在两种介质的分界面上,一部分能量反射回原介质,称为反射波;另一部分能量透射过界面,在另一种介质内部继续传播,称为折射波,如图8-2所示。

1) 反射定律

入射角 α 与反射角 α' 的正弦之比等于入射波速度 c_1 与反射波的速度 c_2 之比,即

$$\frac{\sin\alpha}{\sin\alpha'} = \frac{c_1}{c_2} \qquad (8\text{-}1)$$

如果反射波与入射波同处于一种介质时,由于波速相同,则反射角等于入射角。

2) 折射定律

入射角 α 的正弦与折射角 β 的正弦之比等于入射波在第一介质中的波速 c_1 与折射波在第二介质中的波速 c_2 之比,即

$$\frac{\sin\alpha}{\sin\beta} = \frac{c_1}{c_2} \qquad (8\text{-}2)$$

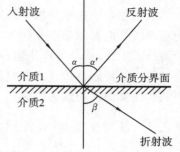

图 8-2　波的反射与折射

2. 超声波的衰减

超声波在介质中传播时,随着传播距离的增加,能量逐渐衰减。在平面波的情况下,距离声源 x 处的声压 P_x 和声强 I_x 的衰减规律如下。

$$P_x = P_0 e^{-\alpha x} \qquad (8\text{-}3)$$
$$I_x = I_0 e^{-2\alpha x} \qquad (8\text{-}4)$$

式中:P_0、I_0 为距离声源 $x=0$ 处的声压和声强;α 为衰减系数,单位为奈培/厘米(Np/cm)。

声波在介质中传播时,能量的衰减程度与声波的扩散、散射及吸收等因素有关。在理想介质中,声波的衰减仅来自于声波的扩散,即随着声波传播距离的增加,单位面积内的声能将要减弱。散射衰减是声波在固体介质中颗粒界面上散射,或者在流体介质中有悬浮粒子使超声波散射。吸收衰减是由介质的导热性、黏滞性及弹性滞后造成的,介质吸收声能并转换为热能。吸收随声波频率的升高而增加。晶粒越粗,频率越高,则衰减系数越大。

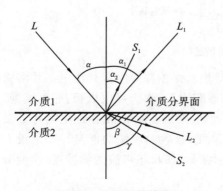

图 8-3　波形及其转换

3. 超声波的波形转换

当超声波以某一角度入射到第二介质(固体)的界面上,除了有纵波的反射和折射外,还有横波的反射和折射,如图8-3所示。在一定的条件下,还能产生表面波。

各种波形均符合几何光学中的反射定律,即

$$\frac{c_L}{\sin\alpha} = \frac{c_{L1}}{\sin\alpha_1} = \frac{c_{S1}}{\sin\alpha_2} = \frac{c_{L2}}{\sin\gamma} = \frac{c_{S2}}{\sin\beta} \qquad (8\text{-}5)$$

式中:α 为入射角;α_1、α_2 分别为纵波与横波的反射角;γ、β 分别为纵波与横波的折射角;c_L、c_{L1}、c_{L2} 分别为入射介质、反射介质与折射介质内的纵波速度;c_{S1}、c_{S2} 分

别为反射介质与折射介质内的横波速度。

如果第二介质为液体或气体,则仅有纵波,不会产生横波和表面波。

8.2 超声波传感器

利用超声波在超声场中的物理特性和各种效应而制成的装置称为超声波传感器,又称为超声波换能器或超声波探头。超声波传感器可以实现声能和电能的互换。以超声波作为检测技术手段,必须要产生超声波和接收超声波。

超声波传感器按其工作原理,可分为压电式、磁致伸缩式、电磁式等类别,其中压电式超声波传感器的应用最为广泛。

8.2.1 压电式超声波传感器

压电式超声波传感器是利用压电材料的压电效应原理制成的。常用的压电材料主要有压电晶体和压电陶瓷。根据正、逆压电效应的不同,压电式超声波传感器分为发生器和接收器两种。

压电式超声波发生器是基于逆压电效应原理工作的。将高频交流电转换成高频机械振动,从而产生超声波。当外加交变电压的频率等于压电材料的固有频率时会产生共振,此时产生的超声波最强。

压电式超声波接收器是基于正压电效应原理工作的。当超声波作用到压电晶片上引起晶片伸缩,在晶片的两个表面上产生极性相反的电荷,然后将电荷转换成电压经放大后送到后级测量电路。典型的压电式超声波传感器结构如图8-4所示。

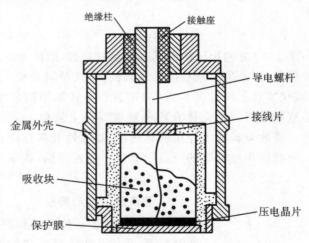

图 8-4 压电式超声波传感器的结构

压电式超声波传感器主要由压电晶片、吸收块(阻尼块)、保护膜等组成。压电晶片多为圆板形,其厚度与超声波频率成反比。压电晶片的两面镀有银层,作为导电极板,底面接地,上面接至引出线。为了避免传感器与被测件直接接触而磨损压电晶片,常在压电晶片下黏合一层保护膜。阻尼块的作用是降低压电晶片的机械品质,吸收超声波的能量。如果没有阻尼块,当激励的电脉冲信号停止时,压电晶片将会继续振荡,加长超声波的脉冲宽度,使分辨率变差。

8.2.2 磁致伸缩式超声波传感器

某些铁磁材料在交变的磁场中沿着磁场方向产生伸缩的现象称为磁致伸缩效应。不同的铁磁材料,其磁致伸缩效应即材料伸长、缩短的程度不同。镍的磁致伸缩效应最大,故通常采用镍作为磁致伸缩材料。由于金属磁致伸缩材料电阻小,为了减小涡流损耗,应用时将其切成薄片并叠层使用,其结构可以做成矩形、窗形等。偏置磁场可采用直流通电产生磁场或采用永久磁铁的方法。磁致伸缩材料除了镍之外,还有铁钴钒合金、镍铁合金等。

磁致伸缩超声波发生器的工作原理是将铁磁材料置于交变磁场中,使它产生机械尺寸的交替变化即机械振动,从而产生超声波。磁致伸缩超声波接收器的工作原理是当超声波作用在磁致伸缩材料上时,引起材料伸缩,从而导致其内部磁场(即导磁性能)发生改变。根据电磁感应原理,磁致伸缩材料上所绕制的线圈里产生感应电动势。

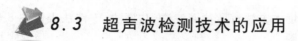
8.3 超声波检测技术的应用

8.3.1 超声波测物位

通常,将存于容器内的液体表面高度称为液位、固体颗粒的高度称为料位,两者统称为物位。超声波测物位的工作原理是基于超声波在两种介质分界面上的反射特性。探头发出的超声波脉冲通过介质到达液体或固体颗粒表面,经反射后又被探头接受。测量发射与接收超声脉冲的时间间隔和介质中的传播速度,即可求出探头与液面或固体表面之间的距离。

下面以液位测量为例介绍超声波脉冲回波法测液位的应用。根据超声探头的数量和声波的传输介质不同,超声波脉冲回波法测液位有单探头液介式、单探头气介式、双探头液介式、双探头气介式等类别,分别如图 8-5 所示。

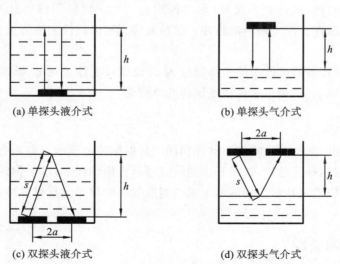

(a) 单探头液介式　　　　　　(b) 单探头气介式

(c) 双探头液介式　　　　　　(d) 双探头气介式

图 8-5　超声波脉冲回波法测液位原理图

对于单个超声探头而言,超声波从发射到液面,又从液面发射到探头的时间间隔为

$$\Delta t = \frac{2h}{v} \tag{8-6}$$

式中:h 为探头到液面的距离;v 为超声波在介质中的传播速度。

由式(8-6)得

$$h = \frac{v \cdot \Delta t}{2} \tag{8-7}$$

对于两个超声探头而言,超声波从发射到被接收经过的路程为 $2s$,而

$$s = \frac{v \cdot \Delta t}{2} \tag{8-8}$$

则液位的高度为

$$h = \sqrt{s^2 - a^2} \tag{8-9}$$

式中:s 为探头到发射点的距离;a 为探头之间的中心距离。

由此可见,只要测得从发射到接收到超声波脉冲的时间间隔 Δt 即可求得待测的液位。

8.3.2 超声波测厚仪

利用超声波测厚度的方法有脉冲回波法、共振法、干涉法等。图 8-6 所示为脉冲回波法检测厚度的工作原理图。

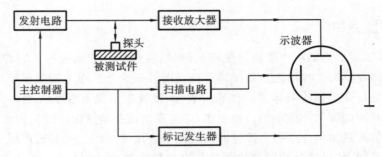

图 8-6 超声波脉冲回波法检测厚度的原理图

超声波探头与被测试件表面接触,由主控制器产生一定频率的电脉冲信号,并进行放大,然后送至超声波探头产生超声波脉冲。脉冲波传到被测试件表面后反射回来,被同一探头接收。

若已知超声波在被测试件中的传播速度为 v,设试件的厚度为 d,脉冲波从发射到接收的时间间隔 Δt 可以测量,则可求出被测试件的厚度为

$$d = \frac{v \cdot \Delta t}{2} \tag{8-10}$$

时间间隔 Δt 的测量方法:将发射脉冲和回波反射脉冲加至示波器垂直偏转板上。标记发生器输出的是时间标记脉冲,并将其加到示波器垂直偏转板上;水平偏转板上则加线性扫描电压。因此,可以直接从示波器屏幕上观察到发射脉冲和回波反射脉冲,从而求出两者的时间间隔 Δt。

8.3.3 超声波测流量

超声波测流量是基于超声波在静止流体和流动流体中的传播速度不同的原理,测量超声波传播时间和相位上的变化,从而可以测得流体的流速和流量。

图 8-7 所示为超声波测流体流量的工作原理图。被测流体的平均速度为 v,超声波在静止流体中的传播速度为 c,超声波传播方向与流体流动方向的夹角为 $\theta(\theta < 90°)$,两个超声探头 A、B 之间的距离为 L。

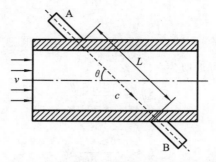

图 8-7　超声波测流体流量的工作原理图

超声波测流量的方法有时差法、相位法、频率差法等,分别介绍如下。

1. 时差法测流量

当 A 为发射换能器,B 为接收换能器时,超声波为顺流方向传播,其速度为 $c+v\cos\theta$,则顺流传播时间 t_1 为

$$t_1 = \frac{L}{c+v\cos\theta} \tag{8-11}$$

当 B 为发射换能器,A 为接收换能器时,超声波为逆流方向传播,其速度为 $c-v\cos\theta$,则逆流传播时间 t_2 为

$$t_2 = \frac{L}{c-v\cos\theta} \tag{8-12}$$

则超声波顺流、逆流传播时间差 Δt 为

$$\Delta t = t_2 - t_1 = \frac{L}{c-v\cos\theta} - \frac{L}{c+v\cos\theta} = \frac{2Lv\cos\theta}{c^2-v^2\cos^2\theta} \tag{8-13}$$

由于超声波在流体中的传播速度远远大于流体的流速,即 $c \gg v$,故式(8-13)可近似为

$$\Delta t \approx \frac{2Lv\cos\theta}{c^2} \tag{8-14}$$

则流体的平均速度 v 为

$$v \approx \frac{c^2}{2L\cos\theta}\Delta t \tag{8-15}$$

测得流速 v 后,只要知道管道流体的截面积,即可求得流体的流量。

时差法测流量的精度取决于时间差 Δt 的测量精度,同时,超声波在流体中的传播速度受温度的影响会产生温漂。

2. 相位法测流量

当 A 为发射换能器,B 为接收换能器时,接收到的超声波信号相对发射超声波信号的相位角 φ_1 为

$$\varphi_1 = \frac{L}{c+v\cos\theta}\omega \tag{8-16}$$

式中,ω 为超声波的角频率。

当 B 为发射换能器,A 为接收换能器时,接收到的超声波信号相对发射超声波信号的相位角 φ_2 为

$$\varphi_2 = \frac{L}{c-v\cos\theta}\omega \tag{8-17}$$

则相位差 $\Delta\varphi$ 为

$$\Delta\varphi = \varphi_2 - \varphi_1 = \frac{L}{c-v\cos\theta}\omega - \frac{L}{c+v\cos\theta}\omega = \frac{2Lv\cos\theta}{c^2-v^2\cos^2\theta}\omega \qquad (8\text{-}18)$$

由于 $c \gg v$,故式(8-18)可近似为

$$\Delta\varphi \approx \frac{2Lv\cos\theta}{c^2}\omega \qquad (8\text{-}19)$$

则流体的平均速度 v 为

$$v \approx \frac{c^2}{2\omega L\cos\theta}\Delta\varphi \qquad (8\text{-}20)$$

相位法测流量以测相位角代替时差法测时间,提高了测量精度。但同样由于超声波在流体中的传播速度受温度的影响将会产生一定的测量误差。

3. 频率法测流量

当 A 为发射换能器,B 为接收换能器时,超声波的频率 f_1 为

$$f_1 = \frac{1}{t_1} = \frac{c+v\cos\theta}{L} \qquad (8\text{-}21)$$

当 B 为发射换能器,A 为接收换能器时,超声波的频率 f_2 为

$$f_2 = \frac{1}{t_2} = \frac{c-v\cos\theta}{L} \qquad (8\text{-}22)$$

则频率差 Δf 为

$$\Delta f = f_1 - f_2 = \frac{c+v\cos\theta}{L} - \frac{c-v\cos\theta}{L} = \frac{2v\cos\theta}{L} \qquad (8\text{-}23)$$

故流体的平均速度 v 为

$$v = \frac{L}{2\cos\theta}\Delta f \qquad (8\text{-}24)$$

当管道尺寸和换能器安装位置一定时,L 和 θ 为常数,流速 v 只与 Δf 有关,而与 c 无关。因此,频率法测流量可以克服温度的影响,从而获得更高的测量精度。

8.3.4 超声波探伤

超声波探伤是无损探伤技术中的一种检测手段,主要用于检测板材、棒料、管材、锻件和焊缝等材料的缺陷,如杂质、气孔、裂纹等,在生产实践中已得到广泛的应用。

超声波探伤按其原理可分为透射法探伤和发射法探伤两类。下面以透射法探伤为例介绍超声波探伤的原理和应用。透射法探伤是根据超声波穿透工件后能量的变化情况来判断工件内部的质量。

图 8-8 所示为透射法探伤原理图,将超声发射探头和接收探头分别置于工件两侧,并使探头处于一条直线上,而且要保证探头与工件之间有良好的声耦合。发射超声波可以是连续波,也可以是脉冲信号。应根据仪表显示值来判断工件内部是否有缺陷。当被测工件内无缺陷时,接收到的超声波能量最大,显示仪表指示值最大;当工件内有缺陷时,因部分能量被反射,接收到的超声波能量减弱,显示仪表指示值偏小。

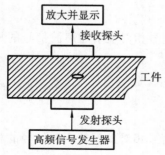

图 8-8 透射法探伤原理图

8.3.5 超声波诊疗

超声波在医疗上的应用是通过向人体内发射超声波,并接受经人体各组织反射回来的超声回波并加以处理和显示,根据超声波在人体不同组织中传播特性的差异进行诊断。表8-1 中列出了超声波在人体组织中的声速。

表 8-1 诊断超声在人体组织中的声速

组织类型	肺	脂肪	肝	血	肾	肌肉	晶状体	骨
声速/(m/s)	600	1 460	1 555	1 560	1 565	1 600	1 620	4 080

由于超声波检测快捷、对软组织成像清晰,使得超声波诊断仪在临床上成为重要的医疗器械。超声波诊断仪的类型很多,常用的有 A 型、M 型、B 型超声波诊断仪,其中 B 型超声波诊断仪是目前医院内普遍使用的临床诊断仪器。

本 章 小 结

超声波传感器是利用超声波的物理特性和各种效应而制成的装置。超声波传感器可以实现声能和电能的互换。以超声波作为检测技术手段,必须要产生超声波和接收超声波。超声波传感器按其工作原理,可分为压电式、磁致伸缩式、电磁式等,其中压电式超声波传感器应用最为广泛,主要应用有超声波测物位、超声波测厚度、超声波测流量、超声波探伤、超声波诊疗等。

思考与练习题

1. 超声波在介质中传播具有哪些特性?
2. 超声波传感器主要有哪几种类型? 试述其工作原理。
3. 超声波测物位有几种测量方法?
4. 超声波测流量有哪些方法? 各有何特点?
5. 用超声波传感器设计一个金属探伤仪,画出原理图并说明其工作原理。
6. 用超声波传感器设计一种流量计,要求:(1)画出该流量计的工作示意图;(2)说明其工作原理,并给出流量计算公式。
7. 用超声波换能器设计一个停车位提示电路,要求:(1)画出示意图;(2)写出工作原理。

第9章 流量检测仪表

在工农业生产和科学研究试验中,流量都是一个很重要的参数。例如,在石油化工生产过程的自动检测和控制中,为了有效地操作、控制和监测,需要检测各种流体的流量。此外,对物料总量的计量还是能源管理和经济核算的重要依据。流量检测仪表是发展生产、节约能源、提高经济效益和管理水平的重要工具。

9.1 流量检测基础知识

9.1.1 体积流量和质量流量

流量是指单位时间内流动介质流经管道(或通道,统称流道)中某截面的数量,也称瞬时流量。而在某一段时间内流过的流体总和,即瞬时流量在某一段时间内的累积值,称为累积流量。流量又有体积流量和质量流量之分。

1. 体积流量

单位时间内流过某截面的流量的体积称为体积流量,用符号 q_v 表示,单位为 m^3/s。根据定义,体积流量可用式(9-1)表示。

$$q_v = \int_A v \, dA \tag{9-1}$$

式中,v 表示截面 A 中某一微元 dA 上的流速。如果流体在该截面的流速处处相等,则体积流量可简写成

$$q_v = vA \tag{9-2}$$

式中,A 表示流道截面积。实际上,流体在有限的流道中流动时,同一截面各处的速度并不相等,这时式(9-2)中的 v 应理解为在截面 A 上的平均速度。在本节的讨论中,若未加特殊说明,一般都是指平均速度。

2. 质量流量

单位时间内通过某截面的流体的质量称为质量流量,用符号 q_m 表示,单位符号为 kg/s。根据定义,质量流量可用式(9-3)表示。

$$q_m = \int_A v\rho \, dA \tag{9-3}$$

式中,ρ 表示截面 A 中某一微元面积 dA 上的流体密度。如果流体在该截面的密度和流速处处相等,则质量流量可写成

$$q_m = \rho v A = \rho q_v \tag{9-4}$$

由于流体的体积受流体的工作状态影响,所以在用体积流量表示时,必须同时给出流体的压力和温度。压力和温度的变化实际上引起流体密度的改变。对于液体,压力的变化对密度的影响非常小,一般可以忽略不计,温度对密度的影响要大一些,一般温度每变化 $10\,^\circ\text{C}$,液体的密度变化在 1% 以内。对于气体,密度受温度、压力变化影响较大。例如,在常温常压附近,温度每变化 $10\,^\circ\text{C}$ 或压力每变化 $10\,\text{kPa}$,气体的密度变化约为 3%。因此,在气体流量检测中,为了便于比较,常将在工作状态下测得的体积流量换算成标准状态下(温度

为 20 ℃，压力为 $1.013\ 2\times10^5\,\mathrm{Pa}$)的体积流量，用符号 q_{vN} 表示，单位符号为 $\mathrm{Nm^3/s}$。

9.1.2　流量检测方法

由于在工业生产过程中，物料的输送绝大部分是在管道中进行的，因此，在下面的讨论中主要介绍用于管道流动的流量检测方法。

流量检测方法的分类，是比较错综复杂的问题，目前还没有统一的分类方法。根据检测量的不同可分为体积流量和质量流量两大类。

1. 体积流量

体积流量的检测有直接法和间接法两类。

1）直接法

直接法也称容积法，在单位时间内以标准固定体积对流动介质连续不断地进行度量，以排出流体固定容积数来计算流量。基于这种检测方法的流量检测仪表主要有椭圆齿轮流量计、旋转活塞式流量计和刮板流量计等。容积法受流体的流动状态影响较小，适用于测量高黏度、低雷诺数的流体。

2）间接法

间接法也称速度法，这种方法是先测出管道内的平均流速，再乘以管道截面积求得流体的体积流量。主要的检测仪表类型有以下几种。

(1) 节流式流量计　利用节流计前后的差压与流速之间的关系，通过差压值获得流体的流速。

(2) 电磁流量计　导电流体在磁场中流动切割磁力线产生感应电势，感应电势的大小正比于流体的平均流速。

(3) 转子流量计　它是基于力平衡原理，流体流经垂直的内含可动的转子的锥形管，转子的高度代表了流体流量的大小。

(4) 涡街流量计　流体在流动中遇到一定形状的物体会在其周围产生有规则的漩涡，漩涡释放的频率正比于流速。

(5) 涡轮流量计　流体对置于管内涡轮的作用力，使涡轮转动，其转动速度在一定流速范围内与管内流体的流速成正比。

(6) 超声波流量计　根据超声波在流动的流体中传播速度的变化可获得流体的流速。

(7) 速度式流量计　该流量计有较宽的使用条件，可用于各种工况下流体的流量检测，有的方法还可用于含杂质或脏污介质流体的检测。但是，由于这种方法是利用平均流速计算流量，所以管路条件的影响很大，流动产生涡流及截面上流速分布不对称等都会给测量带来误差。

2. 质量流量

质量流量的检测也有直接法和间接法两类。

1）直接法

直接法是指检测元件的输出信号直接反映质量流量。直接式质量流量的检测方法主要有利用孔板和定量泵组合实现的差压式检测方法；利用同轴双涡轮组合的角动量式检测方法等。

2）间接法

间接法用两个检测元件分别测出两个相应参数，通过运算间接获取流量的质量流量，检测元件的组合主要有以下几种。

（1）ρq_v^2 检测元件和 ρ 检测元件的组合。

（2）q_v 检测元件和 ρ 检测元件的组合。

（3）ρq_v^2 检测元件和 q_v 检测元件的组合。

其中，ρq_v^2 可用节流式流量计、靶式流量计等得到；q_v 可用容积式流量计、电磁流量计、涡轮流量计、涡街流量计等得到；ρ 可用在线式密度计或通过测量介质的温度和压力经过有关计算获得。

9.2 节流式流量计

如果在管道中安置一个固定的阻力件，它的中间是一个比管道截面小的孔，当流体流过该阻力件的小孔时，由于流体流束的收缩而使流体加快、静压力降低，其结果是在阻力件前后产生一个较大的压力差。它与流量的大小（流速）有关，流量愈大，差压也愈大。因此，只要测出阻力件前后的差压就可以推算出流量。通常把流体流过阻力件流束的收缩造成压力变化的过程称为节流过程，其中的阻力件称为节流件，由此构成的流量计称为节流式流量计。

作为流量检测用的节流件有标准的和特殊的两种。标准节流件包括孔板、标准喷嘴和标准文丘里管，如图 9-1 所示。其中，孔板最简单又最为典型，它加工制造方便，在工业生产过程中常被采用。对于标准化的节流件，设计计算时都有统一的标准，可直接按照标准制造、安装和使用，不必进行标定。

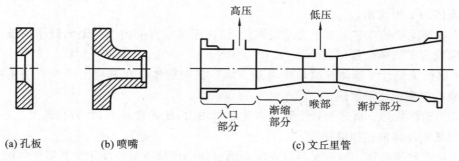

高压   低压

入口   渐缩   喉部   渐扩部分
部分   部分

(a) 孔板   (b) 喷嘴   (c) 文丘里管

图 9-1 标准节流装置

特殊节流件也称非标准节流件，如双重孔板、偏心孔板、圆缺孔板、1/4 圆缺喷嘴等，它们可以利用已有的实验数据进行估算，但必须用实验方法单独标定。特殊节流件主要用于特殊介质或特殊工况条件下的流量检测。

目前最常见的节流件是标准孔板，所以在以下的讨论中将主要以标准孔板为例介绍节流式流量计的检测原理和实现方法等。

9.2.1 检测原理及流量方程

设稳定流动的流体沿水平管流经节流件，在节流件前后将产生压力和速度的变化，如图 9-2 所示。

在截面 1 处流体未受节流件影响，流束充满管道，管道截面为 A_1，流体静压力为 P_1，平均流速为 v_1，流体密度为 ρ_1。截面 2 是经节流件后流束收缩的最小截面，其截面积为 A_2，压

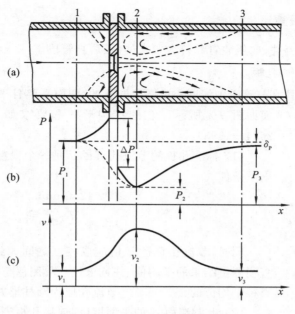

图 9-2 流体流过节流件时压力和流速的变化情况

力为 P_2，平均流速为 v_2，流体密度为 ρ_2。图 9-2 中的压力曲线用点画线代表管道中心处的静压力，实线代表管道壁处的静压力。流体的静压力和流速在节流件前后的变化情况，充分地反映了能量形式的转换。在节流件前，流体向中心加速，至截面 2 处，流束截面收缩到最小，流速达到最快，静压力最低。然后流束扩张，流速逐渐减慢，静压力升高，直到截面 3 处。由于涡流区的存在，导致流体能量损失，因此，在截面 3 处的静压力 P_3 不等于原先静压力 P_1，而产生永久的压力损失 δ_P。

流量基本方程式阐明流量与压差之间的定量关系。假设流体为不可压缩的理想流体，流量基本方程式是根据流体力学中的伯努利方程和流体连续性方程式推导而得的。

质量流量为

$$q_\mathrm{m} = \alpha A_0 \sqrt{2\rho\Delta P} \tag{9-5}$$

体积流量为

$$q_\mathrm{v} = \alpha A_0 \sqrt{\frac{2}{\rho}\Delta P} \tag{9-6}$$

式中：α 表示流量系数；A_0 表示节流件的开孔面积。

式 (9-5) 与式 (9-6) 称为不可压缩性流体的方程，也称流量公式。对于可压缩性流体，考虑到气体流经节流件时，由于时间很短，流体介质与外界来不及进行热交换，可认为其状态变化是等熵过程。这样，可压缩性流体的流量公式与不可压缩性流体的流量公式就有所不同。但是，为了方便起见，可以采用和不可压缩性流体相同的公式形式和流量系数 α，只是引入一个考虑到流体膨胀的校正系数 ε，称可膨胀性系数，并规定在流量公式中使用在节流件之前的密度 ρ_1，则可压缩性流体的流量与压差的关系为

$$q_\mathrm{m} = \alpha\varepsilon A_0 \sqrt{2\rho_1\Delta P} \tag{9-7}$$

$$q_\mathrm{v} = \alpha\varepsilon A_0 \sqrt{\frac{2}{\rho_1}\Delta P} \tag{9-8}$$

式中：可膨胀性系数 ε 的取值小于 1，如果是不可压缩性流体，则 $\varepsilon=1$。

9.2.2　标准节流装置

节流装置包括节流件、取压装置和符合要求的前、后直管段。

1. 标准节流件——孔板

标准孔板是一块具有与管道轴线同心的圆形开孔的、两面平整且平行的金属薄板,其剖面如图 9-3 所示。它的结构形式和要求如下(详见标准 GB/T 2624—1993)。

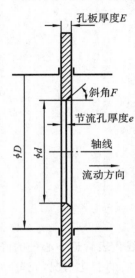

图 9-3　标准孔板

（1）标准孔板的节流孔直径 d 是一个很重要的尺寸,必须满足以下条件。

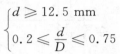

$$\begin{cases} d \geqslant 12.5 \text{ mm} \\ 0.2 \leqslant \dfrac{d}{D} \leqslant 0.75 \end{cases}$$

同时,节流孔直径 d 值应取相互之间大致有相等角度的四个直径测量结果的平均值,并且求任一单测值与平均值之差不得超过直径平均值的 $\pm 0.05\%$。节流孔应为圆柱形并垂直于上游端面 A。

（2）上游端面 A 的平面度(即连接孔板表面上任意两点的直线与垂直于轴线的平面之间的斜度)应小于 0.5%,在直径小于 D 且与节流孔同心的圆内,上游端面 A 的粗糙度必须小于或者等于 $10^{-4}d$;孔板的下游端面 B 无须达到与上游端面 A 同样的要求,但应通过目视进行检查。

（3）节流孔板厚度 e 应在 $0.005D$ 与 $0.02D$ 之间,在节流孔的任意点上测得的各个 e 值之间的差不得大于 $0.001D$;孔板的厚度 E 应在 e 与 $0.05D$ 之间(当 50 mm$\leqslant D \leqslant$64 mm 时,E 可以等于 3.2 mm),在孔板的任意点上测得的各个 E 之差不得超过 $0.001D$;如果 $E > e$,孔板的下游侧应有一个扩散的圆锥表面,该表面的粗糙度应达到上游端面 A 的要求,圆锥面的斜角 F 为 $40° \pm 15°$。

（4）上游边缘 G 应是尖锐的(即边缘半径不大于 $0.000\,4d$),无卷口、无毛边、无目测可见的任何异常;下游边缘 H 和 I 的要求可低于上游边缘 G,允许有些小缺陷。

2. 标准取压装置与取压方式

国家标准中规定的两种取压装置,包括角接取压装置和法兰取压装置。不同的节流件应采用不同形式的取压方式。对于标准孔板,我国规定,标准的取压方式有角接取压法、法兰取压法和 $D - \dfrac{D}{2}$ 取压法。

1）角接取压法

角接取压口位于上、下游孔板前后端面处,取压口轴线与孔板各相应端面之间的间距等于取压口直径的一半或取压口环室宽度的一半。取压口可以是环室取压口或单独钻孔取压口,如图 9-4 所示。当采用环室取压时,通常要求环室在整个圆周上穿通管道,或者每个夹持环应至少由四个开孔与管道内部连通,每个开孔的中心线彼此互成等角度,而每个开孔面积应不小于 12 mm²;当采用单独钻孔取压时,取压口的轴线尽可能以 $90°$ 与管道轴线相交。显然,环室取压由于环室的均压作用,便于测出孔板两端的平稳差压,有利于提高测量的准确度。当管径 $D > 500$ mm 时,一般采用单独钻孔取压。环室宽度或单独钻孔取压口的直径通常取 4～10 mm。

2）法兰取压和 $D-\dfrac{D}{2}$ 取压

法兰取压的上、下游侧取压孔的轴线至孔板上、下游侧端面之间的距离均为 $25.4\pm$ 0.8 mm。取压孔开在孔板上、下游侧的法兰上，如图 9-5 所示。$D-\dfrac{D}{2}$ 径距取压的上游侧取压孔的轴线至孔板上游端面的距离为 $1D\pm0.1D$，下游侧取压孔的轴线至孔板下游端面的距离为 $0.5D$。

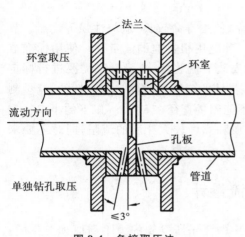

图 9-4　角接取压法

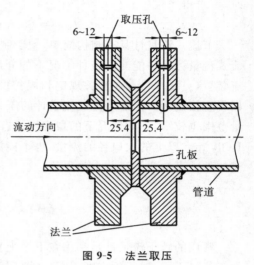

图 9-5　法兰取压

9.2.3　节流式流量计

节流式流量计主要由以下四部分组成。

（1）节流装置，其中包括节流件、取压装置和测量装置所要求的直管段。

（2）传送差压信号的引压管路，包括可能的隔离罐或集气罐、管路和三组阀。

（3）检测差压信号的差压计或差压变送器。

（4）流量显示仪表。

节流装置把流体流量 $q_m(q_v)$ 转换成差压 $\Delta p=K_1 q_m^2$，通过引压管道传送到差压计，差压计进一步将差压信号转换为电流信号 $\Delta I=K_2\Delta p$，显示仪表把接收到的电流信号通过标尺指示流量（或数字显示），标尺的长度 $l=K_3\Delta I$。由于节流装置是一个非线性环节，因此，显示仪表的流量指示标尺也必须是非线性刻度，这给尺寸设计和读数带来不便，其误差也相对会增大一些。

为了解决流量指示的非线性问题，需要在检测系统中增加一个非线性补偿环节，即开方器。开方器可以依附在差压计（这种差压计称为带开方器的差压计）内，即差压计输出与差压之间的关系为 $\Delta I=K_2'\sqrt{K_2\Delta p}$；也可以在差压计后接入一个开方器，开方器的输出为 $\Delta I'=K_2'\sqrt{\Delta I}$，由开方器输出到显示仪表。增加一个开方器后，标尺长度与流量即成为线性关系

$$l=K_3K_2'\sqrt{K_2K_1}q_m=Kq_m \tag{9-9}$$

例 9-1　有一台节流式流量计，满量程为 10 kg/s，当流量为满刻度的 65% 和 30% 时，试求流量值在标尺上的相应位置（距标尺起始点），设标尺总长度为 100 mm。

解 如果流量计不带开方器,则标尺长度与流量的关系为

$$l = Kq_m^2$$

由题意 $q_m = 10$ kg/s 时,$l = 100$ mm,则有 $K = 1$ mm/kg·s^{-1},当 $q_m = 6.5$ kg/s 和 $q_m = 3.0$ kg/s 时,可求得

$$l_{65\%} = 42.25 \text{ mm}, \quad l_{30\%} = 9.0 \text{ mm}$$

如果流量计带开方器,则标尺长度与流量为线性关系,当 $q_m = 6.5$ kg/s 和 $q_m = 3.0$ kg/s 时,可求得

$$l_{65\%} = 65.0 \text{ mm}, \quad l_{30\%} = 30.0 \text{ mm}$$

节流式流量计具有结构简单、便于制造、工作可靠、使用寿命较长、适应性强等优点。节流式流量计几乎能测量各种工况下的介质流量,是一种应用很普遍的流量计。使用标准节流装置,只要严格按照有关规定和规程设计、加工和安装节流装置,流量计不需要进行标定即可直接使用。但是节流式流量计的压力损失大,流量计的刻度一般都是非线性的,流量测量范围也较窄,正常情况下的量程比只有 3:1。故不能测量直径在 50 mm 以下的小口径与 1 000 mm 以上的大口径的流量,也不能测量脏污介质和黏度较大介质的流量,同时还要求流体的雷诺数要大于某个临界值。

9.3 转子流量计

常用的转子流量计是利用在下窄上宽的锥形管中的浮子所受到的力平衡原理工作的。由于流量不同,浮子的高度不同,亦即环形的流通面积要随流量的变化而变化。下面主要讨论转子流量计检测的原理和特点。

9.3.1 检测原理

如图 9-6 所示,在一个垂直的锥形管中,放置一阻力件——浮子(也称转子)。当流体自下而上流经锥形管时,受到浮子阻挡而产生一个差压,并对浮子形成一个向上的作用力,同时浮子在流体中受到向上的浮力,当这两个垂直向上的合力超过浮子本身所受重力时,浮子便要向上运动。随着浮子的上升,浮子与锥形管间的环形流通面积增大,使流速降低,流体作用在浮子上的阻力减小,直到作用在浮子上的各个力达到平衡,浮子停留在某一高度。当流量发生变化时,浮子将移到新的位置,继续保持平衡。在锥形管外设置标尺并沿高度方向以流量为刻度时,则从浮子最高边缘所处的位置便可以知道流量的大小。由于无论浮子处于哪个平衡高度,其前后的压力差(也即流体对浮子的阻力)都是相同的,故这种方法又称恒压降式流量检测方法。

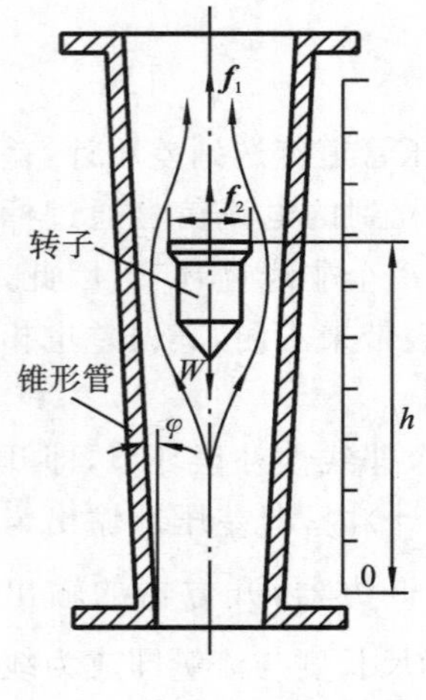

浮子在锥形管中所受到的力有以下几种。

(1) 浮子本身垂直向下的重力 f_1。

$$f_1 = V_f \rho_f g \tag{9-10}$$

(2) 流体对浮子所产生的垂直向上的浮力 f_2。

$$f_2 = V_f \rho g \tag{9-11}$$

图 9-6 转子流量计检测原理

（3）流体作用在浮子上垂直向上的阻力 f_3。

$$f_3 = \zeta A_f \frac{\rho v^2}{2} \tag{9-12}$$

式（9-10）至式（9-12）中：V_f 为浮子的体积；ρ_f 为浮子的密度；ρ 为流体的密度；A_f 为浮子的最大截面积；ζ 为阻力系数；v 为流体在环形流通截面上的平均流速。

当浮子在某一位置平衡时，则

$$f_1 - f_2 - f_3 = 0 \tag{9-13}$$

将式（9-10）至式（9-12）代入式（9-13），整理后得到流体通过环形流通面的流速为

$$v = \sqrt{\frac{2V_f(\rho_f - \rho)g}{\zeta A_f \rho}} \tag{9-14}$$

设环形流通面积为 A_0，则流体的体积流量为

$$q_v = A_0 v = \alpha A_0 \sqrt{\frac{2V_f(\rho_f - \rho)g}{A_f \rho}} \tag{9-15}$$

式中，$\alpha = \sqrt{\dfrac{1}{\zeta}}$，称为转子流量计的流量系数。

式（9-15）是转子流量计的基本流量方程式。可以看出，当锥形管、浮子形状和材料一定时，流过锥形管的流体的体积流量与环形流通面积 A_0 成线性关系。而 A_0 又与锥形管的高度 h 有明确的关系，由图 9-6 可知

$$A_0 = \frac{\pi}{4}\left[(D_0 + 2h\tan\varphi)^2 - d_f^2\right] \tag{9-16}$$

式中：D_0 表示标尺零处锥形管直径；φ 表示锥形管锥半角；d_f 表示浮子最大直径。

制造时，一般使 $D_0 \approx d_f$。由于锥形角很小，一般为 $12'$ 至 $11°31'$，所以 $\tan\varphi$ 很小。如果忽略 $(h\tan\varphi)^2$ 项，则

$$A_0 \approx \pi h D_0 \tan\varphi \tag{9-17}$$

将式（9-17）代入式（9-15），有

$$q_v = A_0 v = \alpha \pi h D_0 \tan\varphi \sqrt{\frac{2gV_f(\rho_f - \rho)}{A_f \rho}} \tag{9-18}$$

由此可见，体积流量与浮子在锥形管中的高度近似成线性关系，流量越大，则浮子所处的平衡位置越高。

9.3.2　转子流量计的特点

转子流量计的主要特点如下。

（1）转子流量计主要适用于中小管径和较低雷诺数的中小流量的检测。

（2）流量计结构简单，使用方便，工作可靠，仪表前直管段长度的要求不高。

（3）流量计的基本误差为仪表量程的 $\pm(1\% \sim 2\%)$，量程比可达 $10:1$。

（4）流量计的测量准确度易受被测介质密度、黏度、温度、压力、纯净度、安装质量等的影响。

9.4　涡街流量计

漩涡式流量检测方法是 20 世纪 70 年代发展起来按流体振荡原理进行检测的方法。目

前已经应用的有两种:一种是应用自然振荡的卡曼漩涡列原理;另一种是应用强迫振荡的漩涡旋进原理。应用上述原理的流量仪表,前者称为涡街流量计,后者称为旋进漩涡流量计。下面主要介绍涡街流量计。

9.4.1 检测原理

在流体中垂直于流动方向放置一个非流线型的物体(如圆柱、三角柱),在它的下游两侧就会交替出现漩涡(见图 9-7),两侧漩涡的旋转方向相反,并轮流地从柱体上分离出来。这两排平行但不对称的漩涡列称为卡曼涡列(有时也称涡街)。由于涡列之间的相互作用,漩涡的涡列一般是不稳定的。实验证明,只有当两列漩涡的间距 h 与同列中相邻漩涡的间距 l 满足 $h/l = 0.281$ 条件时,卡曼涡列才是稳定的。并且,单列漩涡产生的频率 f 与柱体附近的流体流速 v 成正比,与柱体的特征尺寸 d(漩涡发生体的迎面最大宽度)成反比,即

$$f = S_t \frac{v}{d} \tag{9-19}$$

式中,S_t 表示斯特劳哈尔数,是一个无因次数。S_t 主要与漩涡发生体的形状和雷诺数有关。在雷诺数为 $500 \sim 15\,000$ 的范围内,S_t 基本上为一常数。

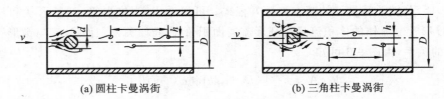

(a) 圆柱卡曼涡街　　　　　　(b) 三角柱卡曼涡街

图 9-7　卡曼涡列形成原理

在管道中插入漩涡发生体时,假设在发生体处的流通截面积为 A_0(等于管道截面积减去发生体最大迎流面面积),则流体的体积流量与漩涡频率的关系为

$$q_v = vA_0 = \frac{\pi D^2 md}{4S_t} f = \frac{f}{K} \tag{9-20}$$

式中:$m = \dfrac{A_0}{A}$;$A = \dfrac{\pi}{4}D^2$;$K = \dfrac{4S_t}{\pi D^2 md}$,表示流量计的仪表系数,单位为脉冲数/米^3。

由式(9-20)可知,仪表系数 K 与漩涡发生体、管道的几何尺寸有关,与斯特劳哈尔数有关。实验表明,对于圆柱形发生体,当管道雷诺数在 $Re_D = 2 \times 10^4 \sim 7 \times 10^6$ 的范围内时,S_t 可视为常数。根据管道雷诺数的范围可以进一步确定流速的可测范围。

漩涡发生体是流量检测的核心,它的形状和尺寸对流量计的性能具有决定性作用。其中圆柱形、方柱形和三角柱形更为通用,称为基形漩涡发生体。圆柱形的 S_t 较高,压损低,但漩涡强度较弱;方柱形和三角柱形漩涡强烈且稳定,但是前者压损大,而后者 S_t 较小。

9.4.2 漩涡频率的检测

涡街流量计中除了漩涡发生体外,还包括频率检测、频率-电压(电流)转换等部分。漩涡频率的检测是涡街流量计的关键。考虑到安装的方便和减小对流体的阻力,可以把漩涡频率的检测元件附在漩涡发生体上,也可以把检测元件放在发生体的后面。不同形状的漩涡发生体,其漩涡的成长过程及流体在漩涡发生体周围的流动情况有所不同,因此,漩涡频率的检测方法也不一样。例如,圆柱体漩涡发生体常用铂热电阻丝检测频率;三角柱漩涡发生体采用热敏电阻或压电晶体检测频率。常见的检测元件有以下几种。

1. 热电丝

热电丝检测元件主要用于圆柱体漩涡发生体,铂热电丝位于圆柱体空腔内,如图 9-8(a)所示。由流体力学可知,当圆柱体右下侧有漩涡时,将产生一个从下到上作用在柱体上的升力。结果有部分流体从下方导压孔吸入,从上方的导压孔吹出。如果把铂电阻丝用电流加热到比流体温度高出某一温度,当流体通过铂电阻丝时,将带走它的热量,从而改变它的电阻值,此电阻值的变化与放出漩涡的频率相对应,由此便可检测出与流速变化成比例的频率。

2. 热敏电阻

两只热敏电阻对称地嵌在三角柱迎流面中间,如图 9-8(b)所示。两只热敏电阻与其他两只固定电阻构成一个电桥,电桥通以恒定电流使热敏电阻的温度升高。当流体为静止或三角柱两侧未发生漩涡时,两支热敏电阻的温度一致,阻值相等,电桥无电压输出。当三角柱两侧交替发生漩涡时,由于散热条件的改变,使热敏电阻的阻值改变,引起电桥输出一系列与漩涡发生频率相对应的电压脉冲。经放大和整形后的脉冲信号即可用于流体总量的显示,同时将通过频率-电压(电流)转换后输出模拟信号,作为瞬时流量显示。

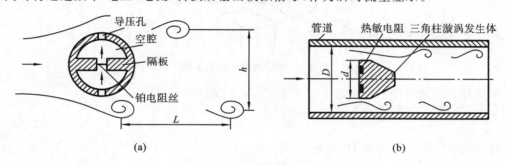

图 9-8　漩涡频率的检测原理

9.4.3　涡街流量计的特点

涡街流量计的特点是管道内无可动部件,使用寿命较长,压力损失较小,测量准确度高,为 $\pm(0.5\% \sim 1\%)$,其量程比一般为 10∶1,最高可达 30∶1;在一定的雷诺数范围内,几乎不受流体的温度、压力、密度、黏度等变化的影响,故用水或空气标定的涡街流量计可用于其他液体和气体的流量测量而不需标定,尤其适用于大口径管道的流量测量。但是流量计安装时要求有足够的直管段长度,上游和下游的直管段分别要求不少于 $20D$ 和 $5D$,漩涡发生体的轴线应与管路轴线垂直。另外,现有漩涡频率的检测方法易受流体介质特性及外部条件(如振动)等的影响,还有待完善。

9.5　电磁流量计

电磁流量计是根据法拉第电磁感应定律进行流量测量的,它能检测具有一定电导率的酸、碱、盐溶液,腐蚀性液体,含有固体颗粒(泥浆、矿浆等)的液体,以及水的流量,但不能检测气体、蒸汽和非导电液体的流量。

9.5.1 检测原理

导体在磁场中做切割磁力线的运动时,在导体中便会产生感应电势,其大小与磁场的磁感应强度、导体在磁场内的有效长度及导体的运动速度成正比。同理,如图 9-9 所示,导电的流体介质在磁场中做垂直于磁场方向的流动而切割磁力线时,也会在管道两边的电极上产生感应电势。感应电势的方向由右手定则确定,其大小由式(9-21)决定。

$$E = BDv \qquad (9\text{-}21)$$

式中:E 表示感应电势;B 表示磁感应强度;D 表示管道直径,即导电流体垂直切割磁力线的长度;v 表示垂直于磁力线方向的流体的平均速度。

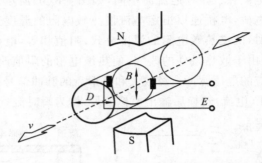

图 9-9 电磁流量计检测原理

因为体积流量等于流体流速 v 与管道截面积 A 的乘积,故

$$q_v = \frac{1}{4}\pi D^2 v \qquad (9\text{-}22)$$

将式(9-21)代入式(9-22)中可得

$$q_v = \frac{\pi D}{4B}E \qquad (9\text{-}23)$$

由式(9-23)可知,在管道直径 D 已确定并维持磁感应强度 B 不变时,体积流量与感应电势具有线性关系,而感应电势与流体的温度、压力、密度和黏度等无关。

根据上述原理制成的流量检测仪表称为电磁流量计。

9.5.2 电磁流量计的结构

电磁流量计主要由磁路系统、测量管、电极、衬里、外壳及转换电路等部分组成。

1. 磁路系统

磁路系统用于产生均匀的直流或交流磁场。直流磁场可以用永久磁铁来实现,其结构比较简单。但是,在电极上产生的直流电势会引起被测液体电解,因而在电极上发生极化现象,破坏了原有的测量条件。当管道直径较大时,要求永久磁铁也必须很大才行,这样既笨重又不经济。所以,早期的电磁流量计大多采用交变磁场,并且是用 50 Hz 工频电源激励产生的。产生交变磁场的励磁线圈的结构形式因测量管的直径不同而有所不同,其中较多采用集中绕组式结构。集中绕组式结构由两只串联或并联的马鞍形励磁组成,上下各用一只夹持在测量管上。为了形成磁路,减少干扰及保证磁场均匀,在线圈外围有若干层硅钢片叠成的磁轭。

但是采用 50 Hz 工频交流励磁时,易受市电所引起的与流量信号同相位和成正交(即存在 90°相差)的各种干扰的影响,形成零漂移。20 世纪 70 年代以来,低频矩形波励磁方式逐渐替代了 50 Hz 交流励磁。这种低频矩形波励磁方式具有功耗小、零点稳定、电极污染影响小等优点,目前已成为主要的励磁方式。

2. 测量管

测量管的作用是让被测液体在管内通过。它的两端设有法兰,以便与管道连接。为了使磁力线通过测量管时磁通不被分路并减少涡流,测量管必须采用不导磁、低导电率、低导热率和具有一定机械强度的材料制成,一般可选用不锈钢、玻璃钢、铝及其他高强度塑料等。

3. 电极

电极的作用是把被检测介质切割磁力线时所产生的感应电势引出,为了不影响磁通分布,避免因电极引入的干扰,电极一般由非导磁的不锈钢材料制成,有些情况需采用哈氏合金 B、C、钛、钽、铂铱合金等材料。电极要求与衬里齐平,以便流体通过时不受阻碍。电极的安装位置宜设在管道的水平方向,以防止沉淀物堆积在电极上而影响测量准确度。

4. 衬里

在测量管的内侧及法兰密封面上,有一层完整的电绝缘衬里。衬里直接接触被测介质,主要作用是增加测量管的耐磨与耐蚀性,防止感应电势被金属测量管的管壁短路。因此,衬里必须是耐腐、耐磨及能耐较高温度的绝缘材料。常用的衬里材料主要有氟塑料、聚氨酯橡胶、陶瓷等。

5. 外壳

外壳一般用铁磁材料制成,它是保护励磁线圈的外罩,并可隔离外磁场的干扰。

6. 转换电路

流体流动产生的感应电势十分微弱,而且各种干扰因素的影响也很大,转换电路的目的是将感应电势放大,并能抑制主要的干扰信号。

9.5.3　电磁流量计的特点

电磁流量计主要有以下几个特点。

(1) 测量管内无可动部件或突出于管道内部的部件,因而几乎无压力损失。

(2) 只要是导电的流体均可使用电磁流量计,被测流体可以含有颗粒、悬浮物等,也可以是酸、碱、盐等腐蚀性介质,因而有宽广的适用范围。

(3) 流量计的输出与体积流量成线性关系,并且不受液体的温度、压力、密度、黏度等参数影响。

(4) 电磁流量计的量程比一般为 10∶1,有的量程比可达 100∶1。测量的口径范围大,可以从 1 mm 到 2 m,特别适用于 1 m 以上口径的水流量测量。测量的准确度一般优于 0.5%。

(5) 电磁流量计反应迅速,可以测量脉动流量。

(6) 电磁流量计的主要缺点有:被测流体必须是导电流体,不能测量气体和石油制品等的流量;受衬里材料的限制,一般其使用温度为 0～200 ℃;因电极是嵌装在测量管上的,这也使最高工作压力受到一定限制,一般为 2.5 MPa。

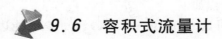

9.6　容积式流量计

容积式流量检测是一种直接式流量测量方法,它是让被测流体充满具有一定容积的空间,然后再把这部分流体从出口排出,根据单位时间内排出的流体体积可直接确定体积流量。根据一定时间内排出的总体积数可确定流体的体积总量,即累积流量。

常见的容积式流量计有椭圆齿轮流量计、腰轮(罗茨)流量计、刮板流量计、活塞式流量计、湿式流量计及皮囊式流量计等,其中腰轮流量计、湿式流量计、皮囊式流量计可以用于气体流量测量。

9.6.1 检测原理

为了连续地在密闭管道中测量流体的流量,一般采用容积分界方法,即由仪表壳体和活动壁组成流体的计量室,流体经过仪表时,在仪表的入、出口之间产生压力差,推动活动壁旋转,将流体一份一份地排出。设计量室的容积为 V_0,当活动壁旋转 n 次时,流体流过的体积总量为 nV_0。根据计量室的容积和旋转频率可获得瞬时流量。

下面主要介绍椭圆齿轮流量计。

如图 9-10 所示,椭圆齿轮流量计的活动壁是一对互相啮合的椭圆齿轮。被测流体由左向右流动,椭圆齿轮 A 在差压 $\Delta P = P_1 - P_2$ 的作用下,产生一个顺时针转矩,如图 9-10(a)所示,使齿轮 A 沿顺时针方向旋转,并把齿轮与外壳之间的初月形容积内的介质排出,同时带动齿轮 B 做逆时针方向旋转。在图 9-10(b)所示的位置时,齿轮 A、B 均受到转矩作用,并使它们继续沿原来的方向转动。在图 9-10(c)所示的位置时,齿轮 B 在差压 ΔP 的作用下产生一个逆时针转矩,使齿轮 B 旋转并带动齿轮 A 一起转动,同时又把齿轮 B 与外壳之间空腔内的介质排出。这样齿轮交替地(或同时)受力矩作用,保持椭圆齿轮不断旋转,介质以初月形空腔为单位一次又一次地经过齿轮排至出口。可以看出,椭圆齿轮每转动一周,排出四个初月形空腔的容积,所以流体总量为

$$Q_v = 4nV_0 \qquad (9-24)$$

式中,V_0 表示初月形空腔的容积。

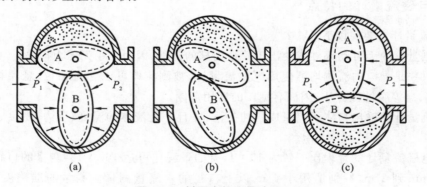

(a)　　　　　　　(b)　　　　　　　(c)

图 9-10　椭圆齿轮流量计原理

腰轮流量计的工作原理和椭圆齿轮相同,只是活动壁为一对腰轮,并且腰轮上没有啮合用的齿。

9.6.2 容积式流量计的特点

容积式流量计的主要特点如下。

(1) 测量准确度较高,可达±(0.2%~0.5%),有的甚至能达到±0.1%;量程比一般为10:1。

(2) 容积式流量计适宜于测量较高黏度的液体流量,在正常的工作范围内,温度和压力

对测量结果的影响很小。

（3）安装方便，对仪表前、后直管段长度没有严格的要求。

（4）由于仪表的准确度主要取决于壳体与活动壁之间的间隙，因此，对仪表制造、装配的精度要求高，传动机构也比较复杂。

（5）要求被测介质干净，不含固体颗粒，否则会使仪表磨损或卡住，甚至损坏仪表，为此要求在流量计前安装过滤器。

（6）常用的测量口径为 10~150 mm，当测量口径较大时，成本高，质量和体积大，维护不方便。

9.7 质量流量计

质量流量的检测是通过一定的检测装置，使它的输出直接反映出质量流量而无须进行换算。目前，质量流量的检测方法主要有以下两大类。

1. 直接式

直接式检测方法是指检测元件的输出可直接反映质量流量。

2. 间接式

间接式检测方法需要同时检测出体积流量和流体的密度，或者同时用两个不同的检测元件检测出两个与体积流量和密度有关的信号，通过运算得到反映质量流量的信号。

9.7.1 直接式质量流量计

目前，直接式质量流量的检测方法有许多种，如由孔板和定量泵组合实现的差压方法；由两个用弹簧连接的涡轮构成的涡轮转矩式方法；应用麦纳斯效应的检测方法和基于科里奥利力的检测方法等。在众多的方法中，基于科里奥利力（科氏力）的质量流量的检测方法最为成熟，根据此原理构成的科氏质量流量计应用已十分广泛。

基于科氏力原理构成的质量流量计有直管、弯管、单管、双管等多种形式。但目前应用最多的是双弯管型，其结构如图 9-11 所示。测量管道是两根两端固定平行的 U 形管，在两个固定点的中间位置由驱动器施加产生振动的激励能量，在管内流动的流体产生科里奥利力，使测量管两侧产生方向相反的扭曲。位于 U 形管的两个直管管端的两个检测器用光学或电磁学方法检测扭曲量以求得质量流量。

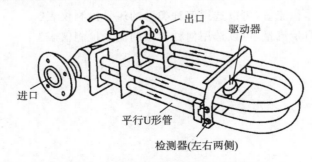

出口　　驱动器

进口

平行U形管

检测器(左右两侧)

图 9-11　双弯管型科氏力质量流量计的结构

科氏力质量流量计的测量准确度较高，主要用于黏度和密度相对较大的单相流体和混相流体的流量测量。由于结构等原因，这种流量计适用于中小尺寸管道的流量检测。

9.7.2 间接式质量流量计

间接式质量流量计实际上就是组合式质量流量计,它是在管道上串联多个(常见的是两个)检测元件(或仪表),建立各自的输出信号与流体的体积流量、密度等之间的关系,通过组合,联立求解方程间接推导出流体的质量流量。目前,主要的组合方式有如下几种。

1. 差压式流量计与密度计组合方式

差压式流量计的差压输出值正比于 ρq_{v}^2,若配上密度计进行乘法运算后再开方即可得到质量流量。即

$$\sqrt{K_1 \rho q_{\mathrm{v}}^2 K_2 \rho} = \sqrt{K_1 K_2} \rho q_{\mathrm{v}} = K q_{\mathrm{m}} \tag{9-25}$$

2. 体积式流量计与密度计组合方式

体积式流量计是指容积式流量计及速度式流量计,它能产生流体的体积流量信号,配上密度计进行乘法运算后得到质量流量,即

$$K_1 q_{\mathrm{v}} \cdot K_2 \rho = K q_{\mathrm{m}} \tag{9-26}$$

3. 差压式流量计或靶式流量计与体积式流量计或速度式流量计组合的方式

差压式流量计或靶式流量计的输出信号与 ρq_{v}^2 成正比,而体积式或速度式流量计的输出信号与 q_{v} 成正比,将这两个信号进行除法运算后也可以得到质量流量,即

$$\frac{K_1 \rho q_{\mathrm{v}}^2}{K_2 q_{\mathrm{v}}} = K q_{\mathrm{m}} \tag{9-27}$$

本 章 小 结

本章介绍了流量的基本概念及表示方法,在此基础上介绍了节流式流量计、转子流量计、涡街流量计、电磁流量计、容积式流量计、质量流量计等的结构和工作原理。

思考与练习题

1. 什么是体积流量?什么是质量流量?
2. 流量检测方法有哪些?有哪些常用的流量检测仪表?
3. 转子流量计的检测原理是什么?
4. 涡街流量计的漩涡频率如何检测?
5. 如果要测量体积流量,可以选用何种类型的流量检测仪表?
6. 如果要测量质量流量,可以选用何种类型的流量检测仪表?

第⑩章 物位传感器

物位是指各种容器设备中液体介质液面的高度、两种不相容的液体介质的分界面的高度和固体粉末状物料的堆积高度等的总称。具体来说,常把储存于各种容器中的液体所积存的相对高度或自然界中的江、河、湖、水库的表面称为液位;在各种容器中或仓库、场地上堆积的固体的高度或表面位置称为料位;在同一容器中由于两种密度不同且不相容的液体间或液体与固体之间的分界面(相界面)位置称为界位。上述液位、料位和界位总称为物位。

10.1 概 述

物位检测在现代工业生产过程中具有重要地位。一方面通过物位检测可确定容器里的原料、半成品或成品的数量,以保证能连续供应生产中各个环节所需的物料或进行经济核算;另一方面是通过检测,连续监视或调节容器内流入和流出物料的平衡,使之保持在一定的高度,使生产正常进行,以保证产品的质量、产量和安全。一旦物位超出允许的上、下限则报警,以便采取应急措施。物位检测的结果常用绝对长度单位或百分数表示。要求物位检测装置或系统应具有对物位进行测量、记录、报警或发出控制信号等功能。

在物位检测中,由于被测对象不同、介质状态和特性不同及检测环境和条件不同,决定了物位检测方法的多样性。简单的方法有直读式或直接显示的装置,复杂的方法有利用敏感元件将物位转变为电量输出的电测仪表,以及建立在多传感器数据融合技术和智能识别与控制技术基础上的检测与控制系统,也有应用于特殊要求和场合的声、光、电转换原理的传感器等。

物位传感器可分为两类:一类是连续测量物位变化的连续式物位传感器;另一类是以点测量为目的的开关式物位传感器,即物位开关。目前,开关式物位传感器比连续式物位传感器应用得广。它主要用于过程自动控制的门限、溢流和防止空转等。连续式物位传感器主要用于连续控制和仓库管理等方面,有时也可用于多点报警系统中。目前使用的物位检测传感器按工作原理大致可分为以下几类。

(1)直读法 直接使用与被测容器连通的玻璃管或玻璃板来显示容器内的物位高度,或者在容器上开有窗口直接观察物位高度。这类仪表有玻璃管液位计、玻璃板液位计、窗口式料位仪表等。

(2)压力法 在静止的介质内,某一点所受压力与该点上方的介质高度成正比,因此可用压力表示其高度,或者间接测量此点与另一参考点的压力差。这类仪表有压力式、差压式等。

(3)浮力法 利用漂浮于液面上的浮子位置随液面的升降而变化,或者浸没于液体中浮筒的浮力随液位的变化而变化来测量液位。这类仪表有带钢丝绳或钢丝带式浮子液位计和带杠杆浮球(浮筒)式液位计等几种形式。

(4)电学法 将物位的变化转换为某些电学参数的变化而进行间接测量的物位仪表。根据电学参数的不同,可分为电阻式、电容式、电感式及压磁式等类别。

(5)声学法 由于物位的变化引起声阻抗变化、声波的遮断和声波反射距离的不同,测出这些变化就可测知物位高低。这类仪表有声波遮断式、反射式和声阻尼式等。

（6）光学法 利用物位对光波的遮断和反射原理来测量物位。

（7）核辐射法 放射性同位素所放出的射线，如 α 射线、γ 射线等，被中间介质吸收而减弱，利用此原理可以制成各种液位仪表。

（8）其他方法 利用微波、激光、光纤等测量物位的方法。

10.2 浮力式液位传感器

接触式物位传感器主要有电容式、浮子自动平衡式、压力式等。

浮子自动平衡式物位传感器通过检测平衡浮子浮力的变化来进行液位的测量。它可以配备计算机，使之具有自检、自诊断和远传的功能，利用它可以高精度地测量大跨度的液位。

1. 测量原理

浮力式液位传感器是利用液体浮力来测量液位的。它是将一个浮子置于液体中，浮子

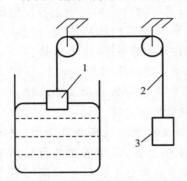

图 10-1 水塔水位测量示意图

受到浮力的作用漂浮在液面上，当液面变化时，浮子随之同步移动，其位置就反映了液面的高低。例如，水塔里的水位常用这种方法指示，图 10-1 所示的是水塔水位测量示意图。液面上的浮子 1 由绳索 2 经滑轮与塔外的重锤 3 相连，重锤上的指针位置便可反映水位。但与直观印象相反，标尺下端代表水位高，若使指针动作方向与水位变化方向一致，则应增加滑轮数目，但会引起摩擦阻力增加，误差也会增大。

2. 主要特点

浮力式液位传感器结构简单，使用方便，是目前应用较广泛的一种液位传感器。该传感器的结构合理、抗干扰能力强、分辨率高、量程大、寿命长，有掉电后信号跟踪记忆功能。它能够长期用于液位测量并能保证性能的稳定可靠，是江河湖泊、水库、船闸、水电站、水文站、水厂及石油化工等行业理想的液位传感器。

10.3 静压式物位传感器

静压式物位传感器是依据液体质量所产生的压力进行物位测量的。

压力式物位传感器一般采用半导体膜盒结构，利用金属片承受液体压力，通过封入的硅油导压传递给半导体应变片进行液位的测量。由于固态压力传感器（压阻电桥式）性能的提高和微处理技术的发展，压力式物位传感器的应用愈来愈广。近年来，已经研制出了体积小、温度范围宽、可靠性好、精度高的压力式物位传感器，同时，其应用范围也不断地拓宽。

10.3.1 测量原理

由于液体对容器底面产生的静压力与液位高度成正比，因此通过测量容器中液体的压力即可测算液位高度。对常压开口容器，液位高度 H 与液体静压力 P 之间的关系为

$$H = \frac{P}{\rho g} \tag{10-1}$$

式中：ρ 为被测液体的密度（kg/m³）；g 为重力加速度（m/s²）。

由式（10-1）可知，测出静压力 P 即可求出液位高度 H。根据此原理制成的传感器就是

静压式物位传感器,有压力式和差压式两种。

10.3.2 压力式物位传感器

压力式物位传感器的重点是检测压力,这里介绍常用的压力式液位传感器。

用于测量开口容器液位高度的压力式液位传感器原理图如图 10-2 所示。

图 10-2(a)所示为压力表式液位计,它是利用引压管将压力变化值引入高灵敏度压力表进行测量的。图 10-2(a)中压力表高度与容器底等高,这样压力表读数即直接反映液位高度。如果两者不等高,当容器中液位为零时,压力表中读数不为零,而是反映容器底部与压力表之间的液体的压力差值,该值称为零点迁移量,测量时应予注意。这种方法的使用范围较广,但要求介质洁净,黏度不能太高,以免阻塞引压管。

图 10-2(b)所示为法兰式压力变送器,变送器通过法兰装在容器底部的法兰上,作为敏感元件的金属膜盒经导压管与变送器的测量室相连,导压管内封入沸点高、膨胀系数小的硅油,使被测介质与测量系统隔离。它可以将液位信号变成电信号或气动信号,用于液位显示或控制调节。由于是法兰式连接,并且介质不必流经导压管,因此可用来检测有腐蚀性、易结晶、黏度大或有色的介质。

图 10-2(c)所示为吹气式液位计,压缩空气通过气泡管通入容器底部,调节旋塞阀使少量气泡从液体中逸出(大约每分钟 150 个),由于有微量气泡,可认为容器中液体静压与气泡管内的压力近似相等。当液位高度发生变化时,由于液体静压变化会使逸出的气泡量变化。调节阀门使气泡量恢复原状,即调节液体静压与气泡管内压力平衡,从压力表的读数即可反映液位的高低。这种液位计结构简单、使用方便,可用于测量有悬浮物及高黏度液体。如果容器封闭,则要求容器上部有通气孔。它的缺点是需要气源,而且只能适用于静压不高、精度要求不高的场合。

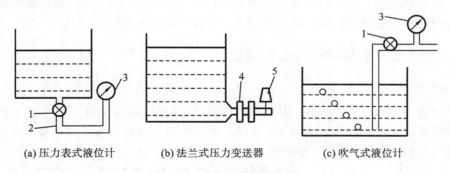

(a) 压力表式液位计　　　(b) 法兰式压力变送器　　　(c) 吹气式液位计

图 10-2　压力式液位传感器

1—旋塞阀;2—引压管;3—压力表;4—法兰;5—压力变送器

10.3.3 差压式物位传感器

对于密闭容器中的液位测量,还可用差压法来进行测量。差压法是将液位差转换为差压进行测量,输出标准电流,从而达到液位测量的目的。差压传感器由测量、信号传送放大和电磁反馈三部分组成。差压传感器将被测压力 p_1、p_2 引入其测量部分的正、负压室,在测量膜盒上形成差压 Δp,产生一个检测力矩 M_I,再通过传送放大部分转换为直流电流 I_0 输出。该输出电流 I_0 同时又经过反馈机构产生一个反馈力矩 M_f,它与检测力矩 M_I 作用相反,当 $M_I = M_f$ 时,电流 I_0 不再变化而稳定输出,并有 $I_0 \infty \Delta p$。这样,当 Δp 在 0 到 $\Delta p_{\max}$ 范围间变化时,其输出电流 I_0 为 4～20 mA 信号。差压式液位计原理示意图如图 10-3 所示。

图 10-3　差压式液位计原理示意图

差压式液位计使用的注意事项如下。

（1）对有腐蚀性介质、易结晶介质等，要用隔离器进行防护。

（2）双法兰差压式液位计的变送器安装高度应不影响零点迁移。

（3）当介质密度受温度变化影响时，必须注意对刻度进行修正。

（4）差压式液位计安装时，要在取压口处装截止阀，以便安装和维护。

（5）差压式液位计的正、负压引压管之间要安装平衡阀，以避免差压变送器单向受压而损坏。

（6）使用差压式液位计时，要防止泄露，应按规定定期排污或排气。

10.4　超声波物位传感器

超声波物位检测是利用超声波在两种物质的分界面上的反射特性，测量超声波传感器从发射超声脉冲开始到接收发射回波脉冲为止的时间间隔来实现的。

10.4.1　超声波物位传感器的工作原理

1. 工作原理

超声波物位传感器可检测液位及粉体和粒状体的物位，如图 10-4 所示为一个超声波液位测量原理图。在被测液体液位的上方安装一个空气传导型的超声波发生器和接收器。按超声波脉冲发射原理，根据超声波的往返时间就可测得液体的液位高度。

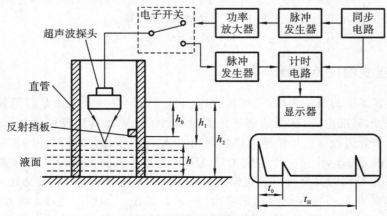

图 10-4　超声波液位测量原理图

由图 10-4 可以看出,超声波传播距离为 h_1,超声波的速度为 c,传播时间为 Δt,则超声波传播距离为

$$h_1 = \frac{1}{2}c\Delta t \qquad (10\text{-}2)$$

超声波传播距离与液体有关,故可测出液位。超声波传播时间用接收到的信号触发门电路对振荡器的脉冲进行计数实现。时钟电路定时触发输出电路,产生电脉冲信号,驱动超声发生器,产生脉冲式超声波,时钟电路同时触发计时电路,开始计时。当超声波经液面反射回来,由接收器转换成电信号,经整形放大后,作为计时电路的停止信号。计时电路测得的超声波脉冲发出到反射信号接收的时间差,经运算后得到液位信号,再通过指示表显示。

2. 物位传感器中的反射挡板——标准参照物

当超声波液位传感器测量液位时,如果液面晃动,就会因为反射波散射而接收困难,因此可用直管将超声波传播路径限定在某一小的空间内。另外,由于空气中的声速随温度变化而变化,这样会造成由于温度变化带来的测量误差,通常称为温漂。为了解决这两个问题,一般在超声波的传播路径中还设置了一个反射性良好的小板做标准参照物,随时标定测量环境中的超声波的速度,以便计算修正温度变化造成的测量误差。

例 10-1 从图 10-4 所示超声波液位传感器的显示屏上测得 $t_0 = 3.5$ ms,$t_1 = 14.0$ ms。已知水底与超声探头的间距 h_2 为 10 m,反射小板与探头的间距 h_0 为 0.8 m,求液位。

解 由于 $c = \dfrac{2h_0}{t_0} = \dfrac{2h_1}{t_1}$,即

$$\frac{h_0}{t_0} = \frac{h_1}{t_1}$$

所以得

$$h_1 = \frac{t_1}{t_0}h_0 = \frac{14 \times 0.8}{3.5} \text{ m} = 3.2 \text{ m}$$

$$h = h_2 - h_1 = 10 \text{ m} - 3.2 \text{ m} = 6.8 \text{ m}$$

3. 超声波物位传感器的盲区

超声波以脉冲形式发射,脉冲的持续时间为 2～3 ms,3 ms 的行程将近 1 m,即探头与物位之间的距离不得小于 0.5 m,这就是超声波物位传感器的盲区。

10.4.2 认识超声波物位传感器

图 10-5 所示为几种常用的超声波物位传感器外形图。

(a) 一体超声波物位传感器　　(b) 分体超声波物位传感器　　(c) 多点超声波物位传感器

图 10-5 超声波物位传感器外形图

10.4.3　超声波物位传感器的安装要求及存在的缺点

1. 超声波物位传感器的安装要求

(1) 传感器和最高物位之间的距离应大于盲区,并保证传感器的轴线垂直于被测物面。

(2) 安装位置尽可能远离噪声源。

(3) 应保证传感器发射角的存在,距器壁的距离 $L \geqslant 0.12 \times$ 量程,测量时应避开入料口。

(4) 测量范围内不应有障碍物,以防造成回波干扰。

2. 超声波物位传感器存在的缺点

(1) 超声波仪器结构复杂,价格相对昂贵。

(2) 当超声波传播介质的温度或密度发生变化时,声速也将发生变化,对此超声波物位传感器应有相应的补偿措施,否则会严重影响测量精度。

(3) 有些物质对超声波有强烈吸收作用,选用测量方法和测量仪器时,要充分考虑物位测量的具体情况和条件。

本 章 小 结

物位是指各种容器设备中液体介质液面的高度、两种不相容的液体介质的分界面的高度和固体粉末状物料的堆积高度等的总称,具体来说分为液位、料位和界位。

本章详细讨论了浮力式液位传感器、静压式物位传感器、超声波物位传感器这三种传感器的测量原理、工作特点及结构分类等,并列举了相关实例,帮助大家学习。

思考与练习题

1. 什么是物位测量?什么是物位仪表?物位仪表的检测对象一般是什么?

2. 说明用压力式传感器测量液位的原理。

3. 什么是零点迁移?应用中应如何调整零点迁移?

4. 如何选择差压变送器的测量范围?

5. 说明用浮力式传感器测量液位的原理。

6. 试描述浮筒液位传感器的调校过程。

7. 描述电容式物位传感器测量液位和料位时的工作原理。

8. 电容式物位传感器测物位的对象有哪些?

9. 试述超声波物位传感器的原理。

10. 为何超声波物位传感器中要设一个反射挡板?

11. 试述超声波物位传感器的安装要求。

12. 用超声波传感器设计一个粮仓料位检测仪。

13. 思考一下,用重锤测量料位的方法。

14. 用光电传感器设计一个料位计。

第11章 磁敏传感器

磁敏传感器是基于磁电转换原理的传感器。20 世纪 60 年代初,西门子公司研制出第一个实用的磁敏元件;1966 年又出现了铁磁性薄膜磁阻元件;1968 年索尼公司研制出性能优良、灵敏度高的磁敏二极管;1974 年美国韦冈德发明了双稳态磁性元件。目前上述磁敏元件已得到广泛的应用。磁敏传感器主要有磁敏电阻、磁敏二极管、磁敏三极管和磁电传感器等。

11.1 磁敏电阻器

磁敏电阻器(magnetic resistor)是基于磁阻效应的磁敏元件,如图 11-1 所示,也称为 MR 元件。磁敏电阻的应用范围比较广,可以利用它制成磁场探测仪、位移和角度检测器、电流表及磁敏交流放大器等。

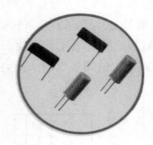

图 11-1　磁敏元件

1. 磁阻效应

若给通以电流的金属或半导体材料的薄片加上与电流垂直或平行的外磁场,则其电阻值增加,这种现象称为磁致电阻变化效应,简称为磁阻效应。

在外加磁场的作用下,某些载流子受到的洛伦兹力比霍尔电场的作用力大时,它的运动轨迹就偏向洛伦兹力的方向。这些载流子从一个电极流到另一个电极所通过的路径就要比无磁场时的路径长些,因此增加了电阻率。

当温度恒定时,在磁场内,磁阻与磁感应强度 B 的平方成正比。如果器件只是在电子参与导电的简单情况下,理论推导出来的磁阻效应方程为

$$\rho_B = \rho_0(1 + 0.273\mu^2 B^2) \tag{11-1}$$

式中:ρ_B 为磁感应强度为 B 时的电阻率;ρ_0 为零磁场下的电阻率;μ 为电子迁移率;B 为磁感应强度。

当电阻率变化为 $\Delta\rho = \rho_B - \rho_0$ 时,则电阻率的相对变化为

$$\Delta\rho/\rho_0 = 0.273\mu^2 B^2 = K\mu^2 B^2 \tag{11-2}$$

由此可知,磁场一定时电子迁移率越高的材料(如 InSb、InAs 和 NiSb 等半导体材料),其磁阻效应越明显。

当材料中仅存在一种载流子时磁阻效应几乎可以忽略,此时霍尔效应更为强烈。若在

电子和空穴都存在的材料(如 InSb)中,则磁阻效应很强。

磁阻效应还与磁敏电阻的形状、尺寸密切相关。这种与磁敏电阻形状、尺寸有关的磁阻效应称为磁阻效应的几何磁阻效应。若考虑其形状的影响,电阻率的相对变化与磁感应强度和迁移率的关系可表达为

$$\frac{\Delta\rho}{\rho_0} \approx K(\mu B)^2 \left[1 - f\left(\frac{L}{b}\right)\right] \tag{11-3}$$

式中,$f\left(\dfrac{L}{b}\right)$ 为形状效应系数。

长方形磁阻器件只有在 L(长度)$<b$(宽度)的条件下,才表现出较高的灵敏度。把 $L<b$ 的扁平器件串联起来,就会得到零磁场电阻值较大、灵敏度较高的磁阻器件。

图 11-2(a)所示为器件长宽比 $L/b \gg 1$ 的纵长方形片,由于电子运动偏向一侧,必然会产生霍尔效应,当霍尔电场 E_H 对电子施加的电场力 f_E 和磁场对电子施加的洛伦兹力 f_L 平衡时,电子运动轨迹就不再继续偏移,所以片内中段电子运动方向和长度 L 平行,只有首尾两段才是倾斜的。这种情况下电子的运动路径的增加得并不显著,电阻也增加得不多。

图 11-2(b)所示是在 $L>b$ 长方形磁阻材料上面制作许多平行等间距的金属条(即短路栅格),这种栅格磁阻器件相当于许多扁条状磁阻串联。所以栅格磁阻器件既增加了零磁场电阻值,又提高了磁阻器件的灵敏度。实验表明,对于 InSb 材料,当 $B=1$T 时,电阻可增大 10 倍(因为来不及形成较大的霍尔电场 E_H)。

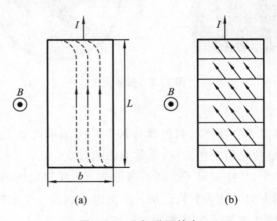

(a)　　　　　　　　　(b)

图 11-2　几何磁阻效应

2. 磁敏电阻的结构

磁敏电阻的结构如图 11-3 所示。

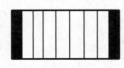 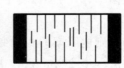 

(a) 短路电极　　　(b) 在结晶中有方向性地析出金属　　　(c) 圆盘结构

图 11-3　磁敏电阻的结构

各种形状的磁敏电阻,其磁阻与磁感应强度的关系如图 11-4 所示。由图 11-4 可知,圆盘形样品的磁阻最大。磁敏电阻的灵敏度一般是非线性的,并且受温度影响较大。因此,使用磁敏电阻时,首先了解如图 11-5 所示的特性曲线,再确定温度补偿方案。磁阻元件的电阻值与磁场的极性无关,它只随磁场强度的增加而增加。磁阻元件的温度特性不好,应用时,一般都要设计温度补偿电路。

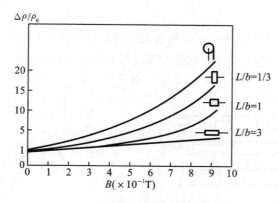

图 11-4 磁阻和磁场感应强度的关系

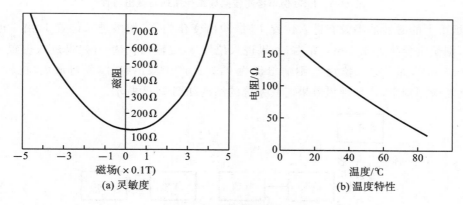

图 11-5 磁敏电阻的特性

 11.2 磁敏电阻器的应用

1. 主要应用方向

磁敏电阻在实际应用中主要用于以下几个方面。

1)控制元件

磁敏电阻可在交流变换器、频率变换器、功率电压变换器、磁通密度电压变换器和位移电压变换器等电路中作控制元件。

2)计量元件

可将磁敏电阻用于磁场强度测量、位移测量、频率测量和功率因数测量等诸多方面。

3)开关电路

可将磁敏电阻用于接近开关、磁卡文字识别和磁电编码器等方面。

4) 运算器

磁敏电阻可在乘法器、除法器、平方器、开平方器、立方器和开立方器等方面使用。

5) 模拟元件

可将磁敏电阻用于非线性模拟、平方模拟、立方模拟、三次代数式模拟和负阻抗模拟等方面。

2. 应用实例

(1) 锑化铟(InSb)磁阻传感器在磁性油墨鉴伪点钞机中的应用。InSb伪币检测传感器安装在光磁电伪币检测机上,其工作原理与输出特性如图11-6所示。

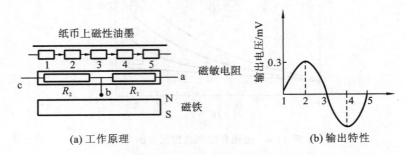

(a) 工作原理　　　　　　　　(b) 输出特性

图 11-6　InSb 伪币检测传感器工作原理与输出特性

当纸币上的磁性油墨没有进入位置 1 时,输出变化为零,如果进入位置 1,由于电阻 R_2 的增大,则输出变化为 0.3 mV 左右;如果进入位置 3,则输出仍为 0;如果进入位置 4,则输出为 −0.3 mV,如果进入位置 5,则输出仍为 0,如此产生输出特性,经过放大、比较、脉冲、显示,就能检测伪币,达到理想效果。其系统的结构如图 11-7 所示。

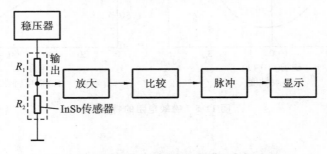

图 11-7　InSb 传感器电路工作原理

(2) 半导体 InSb 磁敏无接触电位器是半导体 InSb 磁阻效应的典型应用之一。与传统电位器相比,它具有无可比拟的优点:无接触电刷、无电接触噪声、旋转力矩小、分辨率高、高频特性好、可靠性高、寿命长。半导体 InSb 磁敏无接触电位器是基于半导体 InSb 的磁阻效应原理,由半导体 InSb 磁敏电阻元件和偏置磁钢组成,其结构与普通电位器相似。由于无电刷接触,故称无接触电位器。

该电位器的核心是差分型结构的两个半圆形磁敏电阻。它们被安装在同一旋转轴的半圆形永磁钢上,其面积恰好覆盖其中一个磁敏电阻。随着旋转轴的转动,磁钢覆盖于磁阻元件的面积发生变化,引起磁敏电阻值发生变化,旋转转轴,就能调节其阻值。其工作原理和输出电压随旋转角度变化的关系曲线如图 11-8 所示。

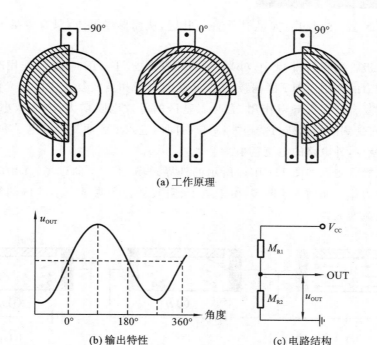

(a) 工作原理

(b) 输出特性 (c) 电路结构

图 11-8　磁敏无接触电位器工作原理和输出特性曲线图

11.3　磁敏二极管和磁敏三极管

磁敏二极管、三极管是继霍尔元件和磁敏电阻之后迅速发展起来的新型磁电转换元件。

霍尔元件和磁敏电阻均是用 N 型半导体材料制成的一体型元件。磁敏二极管和磁敏三极管是 PN 结型的磁电转换元件,它们具有输出信号大、灵敏度高(磁灵敏度比霍尔元件高数百甚至数千倍)、工作电流小、能识别磁场的极性、体积小、电路简单等特点,它们比较适合磁场、转速、探伤等方面的检测和控制。

11.3.1　磁敏二极管的结构和工作原理

1. 结构和工作原理

磁敏二极管的 P 和 N 电极由高阻材料制成,在 P、N 之间有一个较长的本征区 I。本征区 I 的一面磨成光滑的低复合表面(为 I 区),另一面打毛,设置成高复合区(为 r 区),其原因是电子-空穴对易于在粗糙表面复合而消失。当通过正向电流后就会在 P、I、N 结之间形成电流,如图 11-9 所示。由此可知,磁敏二极管是 PIN 型的。

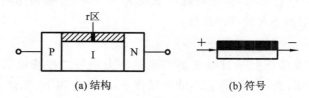

(a) 结构　　　　　　　　　　(b) 符号

图 11-9　磁敏二极管的结构示意图

当磁敏二极管未受到外界磁场作用时,外加正偏压(P 区为正),则有大量的空穴从 P 区通过 I 区进入 N 区,同时也有大量电子注入 P 区,从而形成电流,只有少量电子和空穴在 I 区复合。

当磁敏二极管受到如图 11-10 (b)所示的外界磁场 H^+(正向磁场)作用时,则电子和空穴受到洛伦兹力的作用而向 r 区偏转,由于 r 区的电子和空穴复合速度比光滑面 I 区快,空穴和电子一旦复合就失去导电作用,意味着基区的等效电阻增大,电流减小。磁场强度越强,电子和空穴受到的洛伦兹力就越大,单位时间内进入 r 区而复合的电子和空穴的数量就越多,载流子减少,外电路的电流越小。

当磁敏二极管受到如图 11-10(c)所示的外界磁场 H^-(反向磁场)作用时,则电子和空穴受到洛伦兹力作用而向 I 区偏移,由于电子、空穴复合率明显变小,I 区的等效电阻减小,则外电路的电流变大。

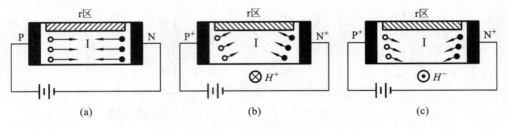

图 11-10　磁敏二极管工作原理示意图

若在磁敏二极管上加反向偏压(P 区的负),则仅有很微小的电流流过,并且几乎与磁场无关。

因此,该器件仅能在正向偏压下工作。利用磁敏二极管的正向导通电流随磁场强度的变化而变化的特性,即可实现磁电转换。

总而言之,可以得出以下结论:随着磁场大小和方向的变化,可产生正负输出电压的变化,特别是在较弱的磁场作用下,可获得较大输出电压。若 r 区和 r 区之外的复合能力之差越大,那么磁敏二极管的灵敏度就越高。

磁敏二极管反向偏置时,则在 r 区仅流过很微小的电流,几乎与磁场无关。因而二极管两端电压不会因受到磁场作用而有任何改变。

2. 磁敏二极管的主要特性

1)磁电特性

在给定条件下,磁敏二极管输出的电压变化与外加磁场的关系称为磁敏二极管的磁电特性,如图 11-11 所示。

磁敏二极管通常有单只使用和互补使用两种使用方式。它们的磁电特性如图 11-11 所示。由图 11-11 可知,单只使用时,正向磁灵敏度大于反向;互补使用时,正、反向磁灵敏度曲线对称,并且在弱磁场下有较好的线性。

2)伏安特性

磁敏二极管的正向偏压和通过电流的关系被称为磁敏二极管的伏安特性,如图 11-12 所示。从图 11-12 可知,磁敏二极管在不同磁场强度 H 的作用下,其伏安特性是不一样的。图 11-12(a)所示为锗磁敏二极管的伏安特性;图 11-12(b)所示为硅磁敏二极管的伏安特性,表示在较宽的偏压范围内,电流变化比较平坦;当外加偏压增加到一定值后,电流迅速增加且伏安特性曲线上升很快,表现出其动态电阻比较小。

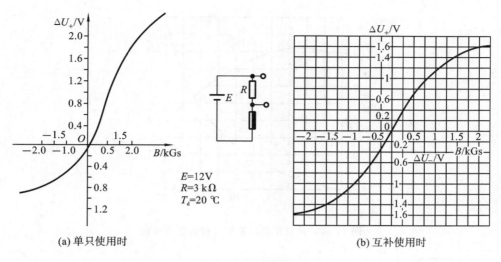

(a) 单只使用时

(b) 互补使用时

图 11-11　磁电特性

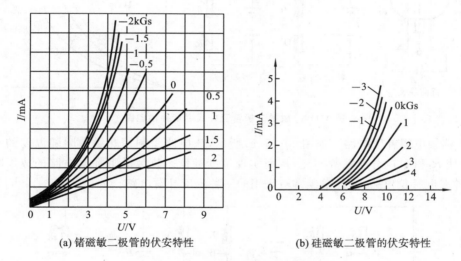

(a) 锗磁敏二极管的伏安特性

(b) 硅磁敏二极管的伏安特性

图 11-12　磁敏二极管的伏安特性

3) 温度特性

一般情况下,磁敏二极管受温度的影响较大,即在一定测试条件(或者无磁场作用时)下,磁敏二极管的输出电压变化量 ΔU 的中点电压 U_{m} 随温度变化较大,如图 11-13 所示。因此,实际使用时,必须对其进行温度补偿。

(1) 互补式温度补偿电路　如图 11-14 所示,选用两只性能相近的磁敏二极管,按相反磁极性组合,即将它们的磁敏面相对或背向放置,串接在电路中。无论温度如何变化,其分压比总保持不变,输出电压 U_{m} 随温度变化而始终保持不变,这样就达到了温度补偿的目的。不仅如此,互补电路还能提高磁灵敏度。

(2) 差分式电路　如图 11-15(a)所示。差分电路不仅能很好地实现温度补偿,提高灵敏度,还可以弥补互补电路的不足。如果电路不平衡,可适当调节电阻 R_1 和 R_2。

(3) 全桥电路　全桥电路是用两个互补电路并联而成的,其电路如图 11-15(b)所示。它和互补电路一样,其工作点只能选在小电流区。该电路在给定的磁场下,其输出电压是差分电路的两倍。由于要选择四只性能相同的磁敏二极管,会给实际使用带来一些困难。

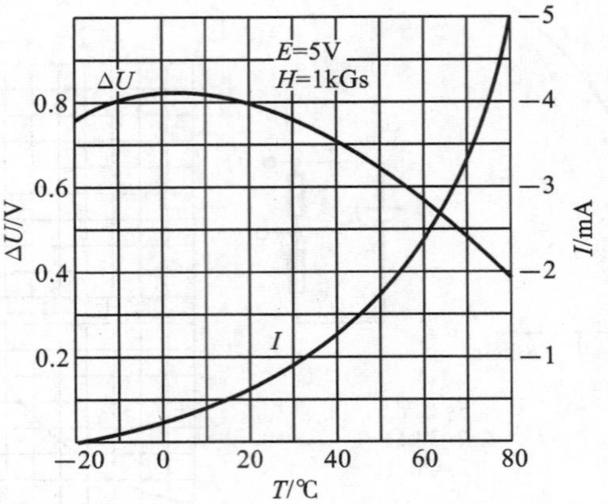

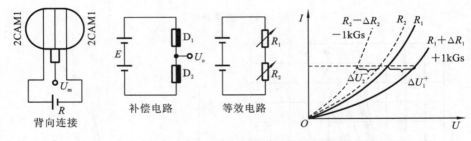

图 11-13　单只使用时磁敏二极管温度特性

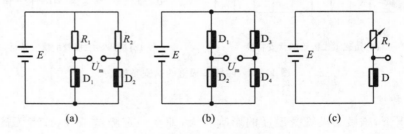

图 11-14　磁敏二极管互补式温度补偿电路

（4）热敏电阻补偿电路　如图 11-15（c）所示，该电路是利用热敏电阻随温度的变化的特性，而使 R_t 和 D 的分压系数不变，从而实现温度补偿。热敏电阻补偿电路的成本略低于上述三种温度补偿电路，因此是经常被采用的一种温度补偿电路。

图 11-15　温度补偿电路

11.3.2　磁敏三极管的结构和工作原理

1. 磁敏三极管的结构

在弱 P 型或弱 N 型本征半导体上用合金法或扩散法形成发射极、基极和集电极。其最大特点是基区较长，基区结构类似于磁敏二极管，也有高复合速率的 r 区和本征 I 区，如图 11-16 所示。长基区分为输运基区和复合基区两类。

2. 磁敏三极管的工作原理

当磁敏三极管未受到磁场作用时，由于其基区宽度大于载流子有效扩散长度，大部分载流子通过 e→I→b，形成基极电流；少数载流子输入到 c 极，因而基极电流大于集电极电流。当受

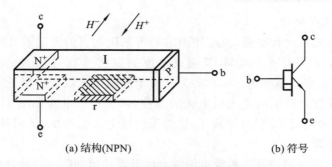

(a) 结构(NPN)　　　　　　　　　(b) 符号

图 11-16　磁敏三极管的结构与图形符号

到正向磁场(H^+)作用时,由于磁场的作用,洛伦兹力使载流子向复合区偏转,导致集电极电流显著下降;当反向磁场(H^-)作用时,载流子向集电极一侧偏转,使集电极电流增大。由此可知,磁敏三极管在正、反向磁场作用下,其集电极电流出现明显变化,如图 11-17 所示。

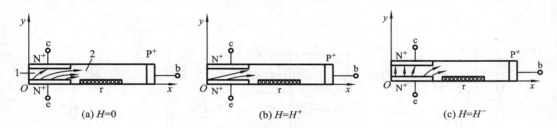

(a) $H=0$　　　　　　　(b) $H=H^+$　　　　　　　(c) $H=H^-$

图 11-17　磁敏三极管工作原理示意图

1—运输基区;2—复合基区

3. 磁敏三极管的主要特性

1) 磁电特性

磁敏三极管的磁电特性是其应用的基础,也是其主要特性之一。例如,国产 NPN 型 3BCM(锗)磁敏三极管的磁电特性,在弱磁场作用下,曲线接近一条直线,如图 11-18(a)所示。

2) 伏安特性

磁敏三极管的伏安特性类似普通晶体管的伏安特性。图 11-18(b)为不受磁场作用时,磁敏三极管的伏安特性曲线;图 11-18(c)是磁场为 ±1 kGs,基极电流为 3 mA 时,集电极电流的变化。由图 11-18 可知,磁敏三极管的电流放大倍数小于 1。

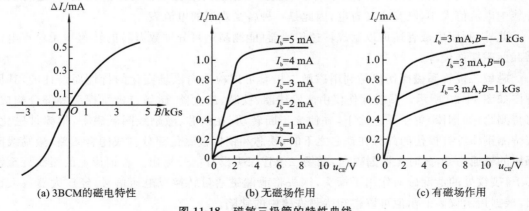

(a) 3BCM的磁电特性　　　　(b) 无磁场作用　　　　(c) 有磁场作用

图 11-18　磁敏三极管的特性曲线

3）温度特性及其补偿

磁敏三极管对温度比较敏感,实际使用时必须采用适当的方法对其进行温度补偿。对于锗磁敏三极管,如 3ACM、3BCM,其磁灵敏度的温度系数为 $0.8\%/℃$;硅磁敏三极管(3CCM)磁灵敏度的温度系数为 $-0.6\%/℃$ 。对于硅磁敏三极管可用正温度系数的普通硅三极管来补偿因温度而产生的集电极电流的漂移,具体补偿电路如图 11-19 所示。当温度升高时,T_1 管集电极电流 I_c 增加,导致 T_m 管的集电极电流也增加,从而补偿了 T_m 管因温度升高而导致 I_c 的下降。

图 11-19(b)是利用锗磁敏二极管电流随温度升高而增加的这一特性使其做硅磁敏三极管的负载,当温度升高时,可以弥补硅磁敏三极管的负温度漂移系数所引起的电流下降的问题。除此之外,还可以采用两只特性一致、磁极相反的磁敏三极管组成的差分电路,如图 11-19(c)所示,这种电路既可以提高磁灵敏度,又能实现温度补偿,它是一种行之有效的温度补偿电路。

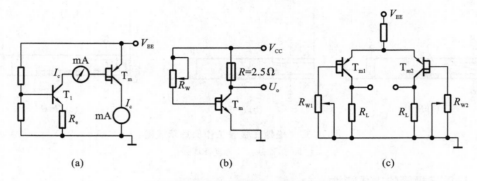

图 11-19 磁敏三极管的温度补偿电路

11.3.3 磁敏二极管和磁敏三极管的应用

由于磁敏管具有较高的磁灵敏度,体积和功耗都很小,并且能识别磁极性等优点,是一种新型半导体磁敏元件,它有着广泛的应用前景。

利用磁敏管可以制作磁场探测仪器——如高斯计、漏磁测量仪、地磁测量仪等。用磁敏管做成的磁场探测仪,可测量 10^{-7} T 左右的弱磁场。

根据通电导线周围具有磁场,而磁场的强弱又取决于通电导线中电流大小的原理,可利用磁敏管采用非接触方法来测量导线中电流。而用这种装置不仅可以检测磁场,还可确定导线中电流值大小,既安全又省电,因此是一种备受欢迎的电流表。

此外,利用磁敏管还可以制成转速传感器(能测高达每分钟数万转的转速),无触点电位器和漏磁探伤仪等。

磁敏二极管漏磁探伤仪是利用磁敏二极管可以检测弱磁场变化的特性而设计的,其原理图如图 11-20 所示。漏磁探伤仪由激励线圈、铁芯、放大器、磁敏二极管探头等部分构成。将待测物(如钢棒)置于铁芯之下,并使之不断转动,在铁芯、激励线圈激磁下,钢棒被磁化。若待测钢棒没有损伤的部分在铁芯之下时,铁芯和钢棒被磁化部分构成闭合磁路,激励线圈感应的磁通为 Φ ,此时无泄漏磁通,磁场二极管探头没有信号输出。若钢棒上的裂纹旋至铁芯下,裂纹处的泄漏磁通作用于探头,探头将泄漏磁通量转换成电压信号,经放大器放大输出,根据指示仪表的示值可以得知待测铁棒中的缺陷。

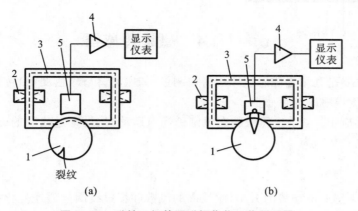

图 11-20　磁敏二极管漏磁探伤仪工作原理图

1—待测物;2—激励线圈;3—铁芯;4—放大器;5—磁敏二极管探头

11.3.4　常用磁敏管的型号和参数

常用磁敏管的型号和参数如表 11-1 和表 11-2 所示。

表 11-1　3BCM 型锗磁敏三极管参数

参　　数	单位符号	测 试 条 件	规　　范				
			A	B	C	D	E
磁灵敏度 $h=\dfrac{I_{c0}-I_{cB}}{I_{c0}}\times100\%$	%	$E_c=6$ V, $R_L=100$ Ω, $I_b=2$ mA, $B=\pm0.1$ T	5～10	10～15	15～20	20～25	＞25
击穿电压 BU_{CEO}	V	$I_c=1.5$ mA	20	20	25	25	25
漏电流 I_{CEO}	mA	$V_{cs}=6$ A	≤200	≤200	≤200	≤200	≤200
最大基极电流	mA	$E_c=6$ V $R_L=5$ kΩ	4				
功耗 P_{cm}	mW		45				
使用温度	℃		−40～65				
最高温度	℃		75				

表 11-2　3CCM 型硅磁敏三极管参数

参　　数	单位符号	测 试 条 件	规　　范
磁灵敏度 $h=\dfrac{I_{c0}-I_{cB}}{I_{c0}}\times100\%$	%	$E_c=6$ V $I_b=3$ mA $B=\pm0.1$ T	＞5%
击穿电压 BU_{CEO}	V	$I_c=10$	≥20 V
漏电流 I_{CEO}	μA	$I_{ce}=6$ A	≤5 μA
功耗	mW		20 mW
使用温度	℃		−40～85
最高温度	℃		100
温度系数	%/℃		−0.10～−0.25

11.4 磁敏传感器

磁电式传感器是利用电磁感应原理将被测量(如振动、位移、速度等)转换成电信号的一种传感器,也称为电磁感应传感器。

根据电磁感应定律,当 N 匝线圈在恒定磁场内运动时,设穿过线圈的磁通为 Φ,则线圈内产生的感应电动势 e 为

$$e = -N\frac{\mathrm{d}\Phi}{\mathrm{d}t} \tag{11-4}$$

可见,线圈中感应电动势的大小,跟线圈的匝数和穿过线圈的磁通变化率有关。一般情况下,匝数是确定的;而磁通变化率与磁场强度 B、磁路磁阻 R_m、线圈的运动速度 v 有关,故只要改变其中一个参数,就会改变线圈中的感应电动势。

根据结构方式的不同,磁电式传感器通常分为动圈式和磁阻式两大类,下面分别介绍。

11.4.1 动圈式磁电传感器

动圈式磁电传感器又可分为线速度型与角速度型两种。图 11-21 所示为线速度型传感器工作原理图。在永久磁铁产生的直流磁场内,放置一个可动线圈,当线圈沿磁场方向做直线运动时,线圈相对于磁场方向的运动速度为 v。

它所产生的感应电动势为

$$e = -NBlv \tag{11-5}$$

式中:N 为线圈匝数;B 为磁场的磁感应强度;l 为单匝线圈的有效长度;v 为线圈相对于磁场方向的运动速度。

式(11-5)表明,当 B、N 和 l 恒定不变时,便可以根据感应电动势 e 的大小计算出被测线速度 v 的大小。

图 11-22 所示为角速度型传感器工作原理图,线圈在磁场中以角速度 ω 旋转时产生的感应电动势为

$$e = -kNBS\omega \tag{11-6}$$

式中:k 为与结构有关的系数,$k<1$;S 为单匝线圈的截面积;ω 为角速度。

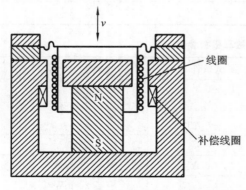

图 11-21 线速度型传感器工作原理图

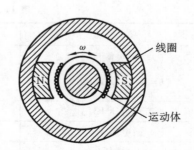

图 11-22 角速度型传感器工作原理图

式(11-6)表明,当传感器结构确定后,N、B、S 和 k 皆恒定不变,便可以根据感应电动势 e 的大小确定被测量 ω。故这种传感器常被用于测量转速。

需要注意的是在式(11-5)、式(11-6)中的 v、ω 指的是线圈与磁铁的相对速度,而不是磁铁的绝对速度。

11.4.2　磁阻式磁电传感器

磁阻式磁电传感器与动圈式磁电传感器不同,它在工作的时候其线圈与磁铁部分是相对静止的,由与被测量连接的物体(导磁材料)的运动来改变磁路的磁阻,因而改变贯穿线圈的磁通量,在线圈中产生感应电动势。

磁阻式磁电传感器一般常用于测量转速、偏心、振动等,产生感应电动势的频率作为输出,而电动势的频率取决于磁通变化的频率。其工作原理及应用如图 11-23 所示。如图 11-23(a)所示可以测旋转物体的角频率,圆轮旋转时,圆轮上的凸起处的位置发生变化,引起磁路中磁阻变化,从而引起贯穿线圈的磁通量发生变化,其产生的交变电势的频率为

$$f = n/60 = \omega/2\pi \tag{11-7}$$

式中:f 为感应电势频率(周/秒);ω 为圆轮的角速度;n 为圆轮的转速(转/分)。

这样,就可测得运动物体的频率。

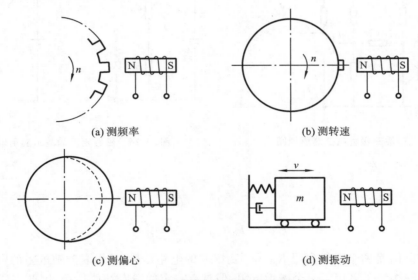

(a) 测频率　　　　　　　　　　　　(b) 测转速

(c) 测偏心　　　　　　　　　　　　(d) 测振动

图 11-23　磁阻式磁电传感器工作原理与应用

11.4.3　磁电式传感器测量电路

磁电式传感器直接输出感应电势,并且传感器通常有较高的灵敏度,所以一般不需要高增益放大器。但磁电式传感器是速度传感器,若要获取被测位移或角速度,则要配用积分或微分电路。图 11-24 所示为一般测量电路框图,其中虚线框内整形及微分部分电路仅用于以频率作为输出时。

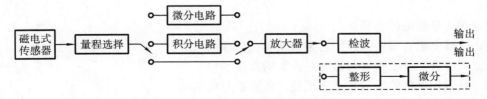

图 11-24　磁电式传感器测量电路框图

11.5 磁敏传感器的应用

1. 磁敏三极管电位器

利用磁敏三极管制成的无触点电位器原理图如图 11-25 所示。将磁敏三极管置于 1 kGs 磁场作用下,改变磁敏三极管基极电流,该电路的输出电压在 0.7~15 V 内连续变化,这样就等效于一个电位器,并且无触点,因而该电位器可用于变化频繁、调节迅速、噪声要求低的场合。

2. 磁敏电阻的基本应用电路

磁敏电阻的基本应用电路如图 11-26 所示。图 11-26(a)为单个磁敏电阻应用时的接法,磁敏电阻 R_M 与普通电阻 R_P 串联再接到电源 E 上。普通电阻 R_P 是用来取出变化的磁阻信号的。流经磁敏电阻 R_M 的电流 I_M 经过普通电阻 R_P 变为电压。

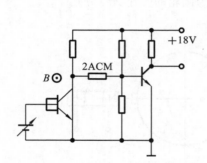

图 11-25　磁敏三极管电位器原理图

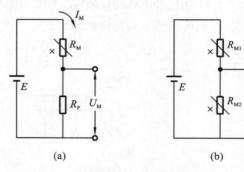

图 11-26　磁敏电阻的基本应用电路

由图 11-26 可知

$$I_M = \frac{E}{R_M + R_P}$$

$$U_M = I_M R_M = \frac{E R_M}{R_M + R_P}$$

图 11-26(b)是两个磁敏电阻 R_{M1} 和 R_{M2} 串联的电路结构,从串联磁敏电阻的中点得到输出信号。这种接法虽多用了一个磁敏电阻,但具有一定的温度补偿作用,因此广泛应用于与机电有关的机构中或作为非接触式磁性分压器使用。

本 章 小 结

本章主要介绍了磁敏元件和磁敏传感器的结构、工作原理、主要特性和应用。通过对它们的测量电路的分析,了解磁敏传感器测量的各环节在实际测量中的应用,掌握它们的基本测量方法。

思考与练习题

1. 什么是磁敏传感器?
2. 磁敏电阻有哪些特点?它是根据什么原理制成的?
3. 试分析磁敏二极管与磁敏三极管的工作原理。
4. 磁阻式磁电传感器与动圈式磁电传感器有何不同?
5. 用磁敏传感器设计一个转速表。

第⑫章 红外传感器

随着科技的快速发展,红外技术已经慢慢被大家所熟知。如今,红外技术在现代科技、国防、工农业、医学等领域获得了广泛的应用。红外传感器是红外技术的一个实际应用案例。红外传感器系统是以红外线为介质的测量系统,按照功能能够分成五类:①辐射计(用于辐射和光谱测量);②搜索和跟踪系统(用于搜索和跟踪红外目标,确定其空间位置并对它的运动进行跟踪);③热成像系统(可产生整个目标红外辐射的分布图像);④红外测距和通信系统;⑤混合系统(指以上各类系统中的两个或多个的组合)。红外传感器根据探测机理可分为光子探测器(基于光电效应)和热探测器(基于热效应)两类。本章在红外辐射的基本知识基础上,重点介绍红外探测器的结构、原理及应用。

📌 12.1 红外辐射的基本知识

12.1.1 红外辐射

任何物体,只要其温度高于绝对温度(-273 ℃),就会有红外线向周围空间辐射。红外辐射的物理本质是热辐射,物体的温度越高,辐射出的红外线越多,红外辐射的能量越强。

红外线是可见光中红色光以外的光线,是一种人眼看不见的光线。它的波长范围大致在 $0.76\sim1\ 000\ \mu m$ 的频谱范围之内,相对应的频率在 $4\times10^{14}\sim3\times10^{11}$ Hz 之间。红外线与可见光、紫外线、X 射线、γ 射线和微波、无线电波一起构成了整个无限连续的电磁波谱。

红外辐射和所有的电磁波一样,是以波的形式在空间中传播的,它在真空中的传播速度等于波的频率与波长的乘积,即等于光在真空中的传播速度。

$$c = \lambda f \tag{12-1}$$

式中:λ 为红外辐射的波长(μm);f 为红外辐射的频率(Hz);c 为光在真空中的传播速度,$c=3\times10^{10}$ m/s。

12.1.2 红外辐射的基本定律

1. 基尔霍夫定律

一个物体向周围辐射热能的同时,也吸收周围物体的辐射能。如果几个物体处于同一温度场中,各物体的热发射本领正比于它的吸收本领,可用式(12-2)表示。

$$E_r = aE_0 \tag{12-2}$$

式中:E_r 为物体在单位面积和单位时间内发射出的辐射能;a 为物体的吸收系数(黑体 $a=1$,实际物体 $0<a<1$);E_0 为常数,等于黑体在相同温度下发射的能量。

2. 斯蒂芬-玻尔兹曼定律

物体在温度 T 时,在单位面积和单位时间内的红外辐射总能量 E 为

$$E = \varepsilon\sigma T^4 \tag{12-3}$$

式中:ε 为比辐射率,物体表面辐射本领与黑体辐射本领之比值,黑体有 $\varepsilon=1$;σ 为斯蒂芬-玻尔兹曼常数,$\sigma=5.6697\times10^{-8}$ W/(m^2·k^4);T 为物体的绝对温度(K)。

从式(12-3)可看出,物体红外辐射的能量与它自身的绝对温度的四次方成正比,表明物体温度越高,其表面辐射能量越大。

3. 维恩位移定律

物体峰值辐射波长 λ_m 与物体自身的绝对温度 T 成反比,可用式(12-4)表示。

$$\lambda_m T = A \tag{12-4}$$

式中:A 为物体的吸收率,$A = (2\,897.8 \pm 0.4)\ \mu m \cdot k$。

从式(12-4)可以看出,物体温度越高,辐射波长越短。

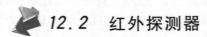

12.2 红外探测器

红外探测器是把接收到的红外辐射能量转换成电能的一种光敏器件。红外探测器种类很多,常见的有热探测器和光子探测器两大类。

12.2.1 热探测器

热探测器在吸收红外辐射后温度升高,引起某种物理性质的变化,这种变化与吸收的红外辐射成一定关系。因此,只要检测出上述变化,即可确定被吸收的红外辐射能大小,从而得到被测的非电量值。

热探测器的主要优点是响应波段宽,可以在室温下工作,使用简单。但是热探测器响应时间长,灵敏度低,因此,一般用于红外辐射变化缓慢的场合。

热探测器主要有热电偶型、热释电型、热敏电阻型和高莱气动型四种。

1. 热电偶型探测器

热电偶型红外探测器的工作原理与一般热电偶类似,也是基于热电效应。所不同的是它对红外辐射敏感。它由热电功率差别较大的两种材料(如铋-银、铜-康铜、铋-铋锡合金等)构成的闭合回路,回路存在两个接点,一个称为冷接点,另一个称为热接点。当红外辐射照射到热接点时,该点温度升高,而冷接点温度保持不变,此时,热电偶回路中产生热电势,热电势的大小反映热接点吸收红外辐射的强弱。

在实际应用中,为提高输出灵敏度,往往将几个热电偶串联起来组成热电堆来检测红外辐射的强弱。

2. 热释电型探测器

热释电型探测器是利用热释电材料的自发极化强度随温度变化的效应制成的一种热敏型红外探测器。热释电材料是一种具有自发极化的电介质,它的自发极化强度随温度变化,可用热释电系数 p 来描述。

$$p = dP/dT \tag{12-5}$$

式中:P 为极化强度;T 为绝对温度。

在恒定温度下,材料的自发极化被体内的电荷和表面吸附电荷所中和。如果热释电材料做成表面垂直于极化方向的平行薄片,当红外辐射入射到薄片表面时,薄片因吸收辐射而发生温度变化,从而引起极化强度的变化,而中和电荷由于材料的电阻率跟不上这一变化,其结果是薄片的两表面之间出现瞬态电压,若有外电阻跨接在两表面之间,电荷就通过外电路释放出来。电流大小除了与热释电系数成正比以外,还与薄片的温度变化率成正比,因而可用来测量入射辐射的强弱。

一般热释电红外探测器在 $0.2 \sim 20\ \mu m$ 波段内的灵敏度相对平坦。在不同场合,要求探测器的响应波段窄化,因此,一般在探测器上加上一定波段的滤波片,以获得不同用途。例如,对于防盗报警的热释电型探测器,考虑到人体约在 $9.4\ \mu m$ 处红外辐射最强,一般需加 $7.5 \sim 14\ \mu m$ 的红外滤波片。

3. 热敏电阻型探测器

热敏电阻一般制成薄片状,它是由锰、镍、钴的氧化物混合后烧结而成的。当红外辐射照射到热敏电阻上时,其温度升高,引起阻值变化,测量热敏电阻阻值变化的大小,即可知入射的红外辐射的强弱,从而可以判断出产生红外辐射物体的温度。

热敏电阻按照温度系数不同分为正温度系数热敏电阻(PTC)和负温度系数热敏电阻(NTC)两类。当温度升高时,PTC 阻值变大而 NTC 的阻值减小。

4. 高莱气动型探测器

高莱气动型探测器主要利用小容量的气体受热膨胀使柔镜变形的原理来探测辐射。其原理图如图 12-1 所示,它有一个气室,以一个小管道与一块柔镜相连,薄片背向管道的一面是反光镜,气室的前面附有吸收膜。当红外辐射被薄膜吸收时产生温升,气体受热膨胀,使柔镜弯曲,光源发出的光经光栅聚焦到柔镜上,经此镜反射回的光栅图像再经过光栅投射到光电管上,当柔镜受压弯曲时,光栅图像相对于光栅产生位移,使投射到光电管的光通量发生变化。光电管输出信号的变化量反映出辐射的强弱。这种探测器瞬间响应慢,但能探测弱光,主要应用于光谱仪器中。

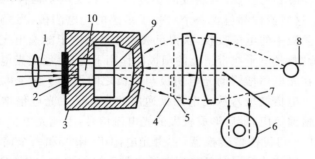

图 12-1　高莱气动型探测器原理图
1—红外辐射;2—透红外窗口;3—吸收膜;4—光栅图像;5—光栅;
6—光电子管;7—反射镜;8—可见光源;9—柔镜;10—气室

12.2.2　光子探测器

光子探测器是利用某些半导体材料在入射光的照射下,产生光子效应,使材料的电学性质发生变化的特性。通过测量材料电学性质的变化,可以确定红外辐射的强弱。利用光子效应制成的红外探测器,统称为光子探测器。光子探测器的主要特点是灵敏度高、响应速度快、响应频率高,但一般需在低温下工作,探测波段较窄。

光子探测器按照工作原理,一般分为内光电和外光电探测器两种。前者又分为光电导探测器、光生伏特探测器和光磁电探测器三种。

1. 光电导探测器(PC 器件)

光电导探测器是利用光电导效应制成的探测器。光电导效应是指当光照射到半导体材料时,材料吸收光子的能量,使非传导态电子变为传导态电子,引起载流子浓度增加,因而导致材料电阻率增大。硫化铅(PbS)、硒化铅(PbSe)、锑化铟(InSb)、碲镉汞(HgCdTe)等材料都可以用来制造光子探测器。使用光子探测器时,需要制冷和加上一定偏压,否则会导致响应率降低、噪声大、响应波段窄,最终导致红外探测器的损坏。

2. 光生伏特探测器(PU 器件)

光生伏特探测器是利用光生伏特效应制成的探测器。光生伏特效应指当光照射到某些半导体材料制成的 PN 结上时,自由电子与空穴定向移动,在 PN 结两端产生一个附加电势,称它为光生电动势。光电池就属于这种探测器。制造光生伏特探测器的材料有砷化铟(InAs)、锑化铟(InSb)、碲镉汞(HgCdTe)、碲锡铅(PbSnTe)等。

3. 光磁电探测器(PEM 器件)

光磁电探测器是利用光磁电效应制成的探测器。光磁电效应是指置于强磁场中的半导体表面受到光辐射时产生光生电子-空穴对,表面的电子与空穴浓度增大,向半导体内部扩散,在扩散中受强磁场的作用,电子与空穴发生不同方向的偏转,它们的积累在半导体内部产生一个电场,阻碍电子和空穴的继续偏转,若此时半导体两端短路,则产生短路电流,开路时,则有开路电压。

光磁电探测器不需要制冷,响应波段可达 $7~\mu m$ 左右,时间常数小,响应速度快,不用加偏压,有极低的内阻,噪声小,有良好的稳定性和可靠性;但其灵敏度低,低噪声前置放大器制作困难,因而影响了使用。

4. 外光电探测器(PE 器件)

外光电探测器是利用外光电效应制成的探测器,是真空电子器件,如光电管、光电倍增管和红外变像管等。这些器件都包含一个对光子敏感的光电阴极,当光子投射到光电阴极上时,光子可能被光阴极中的电子吸收,获得足够大能量的电子能逸出光电阴极而成为自由的光电子。在光电管中,光电子在带正电的阳极的作用下运动,形成光电流。光电倍增管与光电管的差别在于,在光电倍增管的光电阴极与阳极之间设置了多个电位逐级上升并能产生二次电子的电极(光电倍增极),从光阴极逸出的光电子在光电倍增极电压加速下与光电倍增极碰撞,发生倍增效应,最后形成较大的光电流信号,因此光电倍增管有更高灵敏度。红外变像管是一种红外-可见图像转换器,它由光电阴极、阳极和一个简单的电子光学系统组成,光电子在受到阳极加速的同时又受到电子光学系统的聚焦,当它们撞击在与阳极相连的磷光屏上时,便发出绿色的光像信号。

外光电探测器的响应速度比较快,一般只需几毫微妙,但电子逸出需要较大的光子能量,因而该探测器只适于近红外辐射或可见光范围内使用。

12.3 红外探测器的应用

12.3.1 红外测温

1. 红外测温的特点

温度测量的方法很多,红外测温是比较先进的测温方法,其优点如下。

(1)非接触式。

(2)测温范围广,几乎可以应用于所有测温场合。

(3)响应速度快,一般为毫秒级甚至微秒级。

(4)测温灵敏度高,输出信号强。

它的主要缺点是结构复杂,测温准确度不如接触式温度计高。

2. 红外测温分类

依据测温原理的不同,红外测温分为三种:①通过测量辐射物体的全波长的热辐射来确定物体的辐射温度的方法称为全辐射测温法;②通过测量物体在一定波长下的单色辐射亮度来确定它的亮度温度的方法称为亮度测温法;③如果是通过被测物体在两个波长下的单色辐射亮度之比随温度变化来定温的方法称为比色测温法。

亮度测温法无须温度补偿,发射率误差较小,测温精度高;但工作于短波区,只适用于高温测量。比色测温法的光学系统可局部遮挡,受烟雾灰尘影响小,测量误差小;但必须选择合适波段,使波段的发射率相差不大。全辐射测温法是根据所有波长范围内的总辐射定温,能够对波长较长、辐射信号较弱的中低温物体进行测量,而且结构简单,成本较低;但它的测温精度稍差,受物体辐射率影响大。

3. 红外测温原理

图12-2所示为红外测温仪结构原理图,它由光学系统、调制盘、红外探测器、电子放大器和指示器等几部分组成。

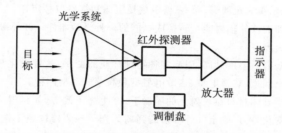

图12-2　红外测温仪结构原理图

红外探测器把红外辐射能量的变化转变成电量的变化。

光学系统的部件是用红外光学材料制成的,700 ℃以上的高温测温仪主要用在 0.76～3 μm 的近红外区,可用一般光学玻璃或石英等材料制作;100～700 ℃的中温测温仪,主要用在 3～5 μm 的中红外区,可采用氟化镁和氯化镁等材料制作;100 ℃以下的低温测温仪,主要用在 5～14 μm 的中远红外区,可采用锗、硅、硫化锌等材料制作。

调制器由微电机和调制盘组成,具有等间距小孔的调制盘把被测物连续的辐射调制成交变的辐射状态,使红外探测器的输出变成交变信号,经放大器放大后的信号由指示器指示,或者由记录器记录下来,即可确定被测物的温度值。

12.3.2　红外分析仪

红外分析仪根据物体在红外波段的吸收特性而进行工作。许多化合物的分子在红外波段都有吸收带,而且因物质的分子不同,吸收带所在的波长和吸收的强弱也不同。根据吸收带分布的情况和吸收的强弱,可以识别物质分子的类型,从而得出物质组成及百分比。

根据不同的目的和应用场合,红外分析仪具有很多不同的形式,如红外水分分析仪、红外气体分析仪、红外光谱仪、红外分光光度计等。下面简单介绍一种红外气体分析仪。如图12-3所示,红外气体分析仪由红外光源、调制盘、测量气室、参比气室等部分组成。调节红外光源,使之分别通过测量气室和参比气室。在测量气室中导入被测气体后,具有被测气体特有波长的光被吸收,因此,从测量气室中出来的红外辐射变弱,而参比气室中的红外辐射不变。这样,两个气室出来的红外辐射强度有差别,并且被测气体浓度越大,两个气室出来的

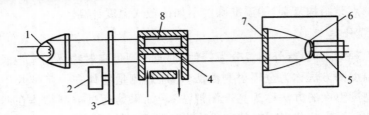

图 12-3　红外气体分析仪结构原理图

1—红外光源；2—电动机；3—调制盘；4—测量气室；
5—红外传感器；6—透镜；7—干涉滤光片；8—参比气室

红外辐射强度差别越大。红外传感器交替接收两束不等的红外辐射后，将输出一个交变电信号，经过适当处理后，就可以根据输出信号的大小来判断被测气体浓度。

本章小结

　　红外传感器系统是以红外线为介质的测量系统，红外线是可见光中红色光以外的光线，是一种人眼看不见的光线。它的波长范围大致在 $0.76 \sim 1\,000$ μm 的频谱范围之内，相对应的频率在 $4 \times 10^{14} \sim 3 \times 10^{11}$ Hz 之间。红外辐射遵守基尔霍夫定律、斯蒂芬-玻尔兹曼定律和维恩位移定律。

　　红外探测器是把接收到的红外辐射能量转换成电能的一种光敏器件。红外探测器种类很多，常见的有热探测器和光子探测器两大类。

　　热探测器在吸收红外辐射后温度升高，引起某种物理性质的变化，这种变化与吸收的红外辐射成一定关系。热探测器主要有热电偶型、热释电型、热敏电阻型和高莱气动型四种。

　　光子探测器利用某些半导体材料在入射光的照射下，产生光子效应，使材料的电学性质发生变化的原理。通过测量电学性质的变化，可以确定红外辐射的强弱。光子探测器按照工作原理，一般可分为内光电和外光电探测器两种。前者又分为光电导探测器、光生伏特探测器和光磁电探测器三种。

　　红外探测器应用广泛，本文重点介绍了红外测温和红外分析仪的结构和工作原理。

思考与练习题

　　1. 什么是红外辐射？

　　2. 红外探测器有哪些类型？并简要说明各自的工作原理。

　　3. 与普通测温相比，红外测温有哪些特点？

　　4. 红外探测器在使用过程中应该注意哪些问题？

　　5. 试说明基尔霍夫定律、斯蒂芬-玻尔兹曼定律、维恩位移定律各自所阐述的侧重点是什么。

　　6. 用红外传感器设计一个温度测量仪。

　　7. 用红外传感器设计一个鼠标器。

第13章 成分测量传感器

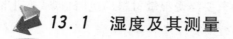

成分量的测量在现代测试技术中占有相当重要的地位。常见的成分量主要有湿度、浓度、气体成分及含量等。这里只对湿度、浓度、气体成分及含量的测量进行介绍。

13.1 湿度及其测量

1. 湿度与露点

1）湿度

湿度是指大气中水蒸气的含量，即空气的干湿程度。通常采用绝对湿度和相对湿度两种方法来表示。绝对湿度是指单位大气中所含水蒸气的绝对含量或浓度（或密度），其单位符号为 g/m^3，一般用符号 AH 表示；相对湿度是指被测气体中的水蒸气压和该气体在相同湿度下饱和水蒸气压的百分比，一般用符号％RH 表示。

2）露点

降低温度可以使未饱和水蒸气变成饱和水蒸气，即湿度达到 $100％RH$。露点就是使大气中的未饱和水蒸气变成饱和水蒸气的温度。而露点跟大气中水蒸气的含量有关，因而只要测得露点就可以通过一些已知的数据查得大气中水蒸气的绝对含量，即绝对湿度。

2. 湿度传感器及分类

由于大气中的水蒸气含量比其他气体成分少得多，而且液态水又会使一些感湿材料溶解、腐蚀和老化，同时湿度信息的传递一般必须依靠水对感湿元件直接接触来完成，因而感湿元件只能暴露在待测环境中，故很容易损坏。再者在水蒸气中，各种感湿元件所涉及的物理、化学过程十分复杂，目前还有很多过程尚未了解清楚。鉴于此，湿度的测量是目前所有非电物理量的测量中比较困难的测量之一。

根据是否为水分子亲和型（水分子易于吸附在固体表面并渗透到固体内部的特性）进行分类，目前应用、发展比较成熟的湿度传感器可分为如图 13-1 所示的类型。

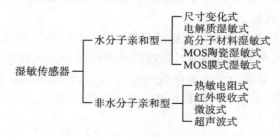

图 13-1 湿度传感器的类型

由于水分子亲和型湿度传感器的响应速度低、可靠性差，不能很好地满足工业生产和日常生活中使用的需要，所以随着非水分子亲和型湿度传感器相关技术的发展，它的应用也越来越广泛。因此，这里先对水分子亲和型湿度传感器进行简单的原理性介绍，然后介绍一些非水分子亲和型湿度传感器。

3. 常见的水分子亲和型湿度传感器的工作原理

1）电解质湿度传感器

传感器中湿敏材料的电解质溶液中离子的导电能力与溶液浓度成正比，即当传感器置于某湿度环境下，如果环境的相对湿度较高，则湿敏材料将吸收水分从而使溶液浓度降低，使电解质溶液的导电能力减弱，因此使湿敏材料的电阻率增高；反之，如果环境相对湿度较低，则其将从湿敏材料中吸收水分，使溶液浓度升高，电解质溶液导电能力增强，从而使湿敏材料的电阻率降低。因此，只要测得湿敏材料的电阻值（或变化情况）就可以测得环境中的湿度（或湿度变化情况）。

2）MOS 陶瓷湿度传感器

当水分子吸附在 MOS 半导体上时，半导体陶瓷表面层的电阻值发生变化。由于氧化物材料的不同，半导体陶瓷湿敏元件分为负特性湿敏半导体陶瓷和正特性湿敏半导体陶瓷两类。

对于负特性湿敏半导体陶瓷，当其表面吸附水分子时，陶瓷表面层的电阻值明显变小。当表面层的电阻值减小到一定程度时，半导体内层的电阻就会远大于表面层电阻，电流就主要从表面层通过。同时由于电阻值变小，流过半导体陶瓷湿敏元件的电流就会增大；相反，对于正特性湿敏半导体陶瓷，当表面吸附水分子时陶瓷表面层的电阻值明显增大。表面层电阻值增大一定程度时，半导体内层的电阻就会远小于表面层电阻，但是通常湿敏半导体陶瓷材料是多孔型的，表面层电阻占的比例就较大，从而引起半导体陶瓷的电阻值增加，则流过半导体陶瓷湿敏元件的电流就会减小。因此，只要能测得 MOS 陶瓷的电阻或流过其的电流就能测得 MOS 陶瓷湿敏元件所处环境的湿度。

3）MOS 膜式湿度传感器

通过一定方式喷撒或涂敷在陶瓷基片上的 MOS 膜式湿敏元件（瓷粉）的阻值随湿度的变化相当剧烈。无论是负特性湿敏瓷粉还是正特性湿敏瓷粉，其阻值总是随湿度的增高而急剧变小，即 MOS 膜式湿敏元件具有负特性。只要能测得 MOS 膜式湿度传感器中湿敏元件的阻值，即可测得湿敏元件所处环境的湿度。

4）高分子湿度传感器

高分子湿度传感器是利用具有感湿特性的高分子聚合物的迅速吸湿和脱湿能力而做成的湿度传感器，目前常见的主要有高分子电容式湿度传感器、高分子电阻式湿度传感器和高分子石英振动式湿度传感器。

（1）高分子电容式湿度传感器　结构示意图如图 13-2 所示，在高分子薄膜上的电极是很薄的金属微孔蒸发膜，水分子可以通过两端的电极被高分子薄膜吸附或释放，随着水分子的吸附或释放，两高分子薄膜的介电系数发生相应的变化，从而引起电极间电容值的变化，则通过测得两电极间的电容值就可测得电极所处环境的湿度。

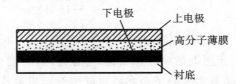

下电极　上电极　高分子薄膜　衬底

图 13-2　高分子电容式湿度传感器的结构示意图

（2）高分子电阻式湿度传感器　主要使用高分子固体电解质材料做成感湿膜，由于膜中的可动离子而产生导电性，随湿度的增加，其电离作用增强，使可动离子的浓度提高，电极之间的电阻值减小。当湿度减小时,其电离作用减弱,使可动离子的浓度下降,电极之间的电阻值增大。这样,湿度传感器对水分子的吸附和释放情况,可根据电极间阻值的变化检测出来,从而测得相应的湿度。

(3) 高分子石英振动式湿度传感器　在石英晶体片的表面涂敷高分子膜,当膜吸附或释放水分子时,膜的质量变化使石英晶体片的振荡频率发生变化,不同的频率代表了高分子膜吸附不同的水分子含量,因此,可以通过测出石英晶体片的振荡频率来测得相对应的湿度。

4. 常见的非水分子亲和型湿度传感器的工作原理

常见的非水分子亲和型湿度传感器有热敏电阻式湿度传感器、红外线吸收式湿度传感器、微波式湿度传感器、超声波式湿度传感器等。

1) 微波式湿度传感器

由于水分子会对微波产生损耗,故可根据这一特性利用微波检测湿度。微波在传输过程中,水分子含量不同的介质对微波的吸收程度也不相同,因此,只要能测出微波能量的损耗值便可测得被测介质中水分子的含量,即湿度。微波式湿度传感器的工作原理图如图13-3所示。

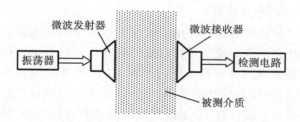

图 13-3　微波式湿度传感器的工作原理图

2) 热敏电阻式湿度传感器

热敏电阻式湿度传感器由两个特性完全相同的热敏电阻 R_1、R_2 与 R_0 及 R_p 组成电桥。其中,R_2 作为温度补偿元件封入一个小盒内,而 R_1 用来作为湿敏检测元件。当有电流通过热敏电阻时,热敏电阻会发热(温度大约为 20 ℃)。工作开始前,在湿度为零的条件下(实际中常常是在干燥的空气情况下)对电桥进行调零。工作时,使 R_1 与被测空气接触,由于空气中水分子含量的不同,相应的其热传导率就会发生变化,则 R_1 的阻值会相应发生变化,从而电桥失去平衡,输出不平衡电压 U_{out},而输出的不平衡电压与空气的湿度有一定的函数关系。具体的测量电路如图13-4 所示。

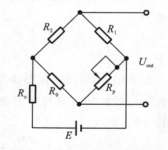

热敏电阻式湿度传感器在应用中没有滞后现象,不受风、油、灰尘的影响,灵敏度高。因此在目前测量相对湿度、绝对湿度、露点等方面已经得到了广泛的应用。

图 13-4　热敏电阻式湿度传感器测量电路图

 ## 13.2　气体成分测量

在工业生产和日常生活中,气体成分或含量对质量、环境、安全等具有相当重要的作用,因此,气体成分的测量在测试技术中占有相当重要的地位。

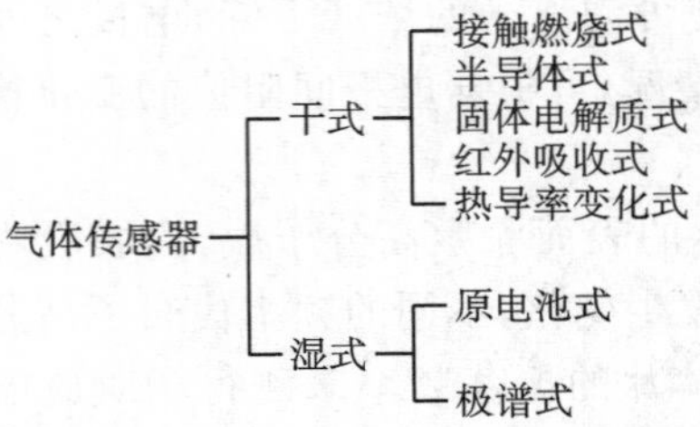

气体传感器
- 干式
  - 接触燃烧式
  - 半导体式
  - 固体电解质式
  - 红外吸收式
  - 热导率变化式
- 湿式
  - 原电池式
  - 极谱式

图 13-5　气体成分测量传感器的类型

目前由于被测的气体的种类繁多,而且性质也各不相同,因此不可能单纯采用某一种方法来测量所有气体的成分或含量,并且分析方法也随待测气体的种类、浓度、成分和用途的不同而不同。从结构上把气体成分测量传感器分为干式和湿式两大类,凡是构成气体传感器的敏感材料为固体的称为干式,构成气体传感器的敏感材料为水溶液或电解质溶液的称为湿式。目前常用的气体成分测量传感器如图 13-5 所示。

1. 半导体气敏传感器工作原理

半导体气敏元件的敏感部分是金属氧化物半导体微结晶粒子烧结体,当其表面吸附有被测气体时,半导体微结晶粒子接触界面的导电电子比例会发生改变,即使气敏元件的电阻值随着被测气体的成分含量的改变而改变。这种反应是可逆的,故可重复使用。其中,电阻的变化是伴随氧化物半导体表面对气体的吸附或释放而发生的,因此在实际应用中为了加快测量速度,通常需要对气敏元件进行加热。

2. 接触燃烧式气体成分传感器

接触燃烧式气体成分传感器是一种用于可燃气体测量的传感器。其结构组成,是在铂丝制成的线圈上涂上氧化铝等载流子材料制成的球状物进行烧结,然后再在球状物的表面涂敷 Pt、Pd、Rh 等稀有金属的催化剂。进行测量时,对铂丝线圈通电并加热到 $300\sim400$ ℃,如果此时在与球状物接触处有可燃气体,则气体就会在金属催化剂层燃烧,进而引起金属催化剂层和铂丝线圈的温度升高,由于温度的升高,铂丝线圈的电阻值会发生变化,其电阻的变化量 ΔR 与气体的浓度 m 之间的关系为

$$\Delta R = \frac{\alpha \cdot \beta \cdot Q \cdot m}{C} \tag{13-1}$$

式中:α 为气体成分传感器的温度系数;β 为试验修正系数;Q 为气体分子的燃烧热;C 为气体成分传感器的热容量。

由式(13-1)可以看出,对于某一确定的气体成分传感器,α、β、C 都为常数,则式(13-1)可修改为

$$\Delta R = \alpha \cdot K \cdot m \tag{13-2}$$

式中,K 为常数。

由式(13-2)可知,传感器的电阻变化与气体浓度成正比,只要测得铂丝电阻值的变化便可测得球状物所处环境中被测气体的浓度。其测量电路图如图 13-6 所示。

在图 13-6 中,F_1 是气敏元件,F_2 是温度补偿元件,都由铂丝线圈构成。工作时,F_2 封入一小盒内,F_1 带有催化剂并与外界相通。

3. 热导率变化式气体传感器

每种气体都有其固定的导热率,混合气体的导热率也可以利用空气作为基准跟被测气体进行比较而近似求得,从而可求出混合气体的含量。热导率变化式气体传感器的测量

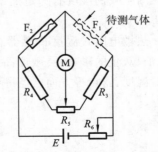

图 13-6　接触燃烧式气体成分传感器测量电路图

电路图与接触燃烧式气体成分传感器的测量电路图相同,如图 13-6 所示。其中,F_1、F_2 由不带催化剂的铂丝线圈构成(也可用热敏电阻)。工作时,F_2 中封入已知的比较气体(常为空气),F_1 与外界相通,当被测气体与 F_1 接触时,由于热导率的差异而使 F_1 的温度变化,进而引起 F_1 阻值也发生相应的变化,则电桥失去平衡,输出电信号,其大小与被测气体的成分和含量有关。

4. 红外线气体成分分析仪

许多化合物的分子在红外波段都有吸收带,而且因气体种类的不同,吸收带所在的波长和吸收的强弱也各不相同。根据吸收带分布的情况与吸收的强弱,可以识别气体的类型及浓度情况。

如图 13-7 所示为红外气体成分分析仪系统结构图。测量时,由红外光源发出红外线,使其分别通过标准气室和充满被测气体的测量气室,然后通过干涉滤光片后被红外传感器接收。

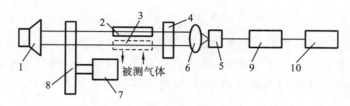

图 13-7　红外气体成分分析仪系统结构图
1—红外光源;2—标准气室;3—测量气室;4—干涉滤光片;5—红外传感器;
6—透镜;7—步进电机;8—调制盘;9—交流放大器;10—检测电路

如果标准气室中的气体成分与充满被测气体的测量气室中的气体成分一致,则红外光源经过标准气室和测量气室以后的红外辐射完全相等,那么红外传感器相当于接收一束恒定不变的红外辐射。因此传感器中只有直流,传感器后面的交流放大器就没有输出;相反,如果标准气室中的气体成分与充满被测气体的测量气室中气体成分不一致,则红外光源经过标准气室和测量气室以后的红外辐射就有差异,则红外传感器相等于交替接收两束不同的红外辐射,因此传感器的输出电信号就为交流信号,传感器后面的交流放大器就有输出。而且标准气室中的气体成分与充满被测气体的测量气室中气体成分差别越大,交流放大器的输出也越大,从而也更容易测得被测气体的成分及浓度。

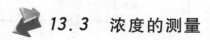

13.3　浓度的测量

1. 浓度的概念

若总体积为 V 的溶液(气体)中溶质 A 的质量为 $m(A)$,则溶质 A 的质量浓度为

$$\rho(A) = \frac{m(A)}{V} \tag{13-3}$$

溶质 A 的浓度为

$$C(A) = \rho(A)/M(A) \tag{13-4}$$

式中,$M(A)$ 为溶质 A 的摩尔质量。

2. 浓度的测量

由于广义的溶液可分为气体和液体两大类,故浓度的测量方法也相应分为气体浓度的测量和液体浓度的测量。在13.2节中对气体的成分和含量测量中很多地方已经涉及了气体浓度的测量方法,这里介绍一种液体浓度的测量方法——电导法。

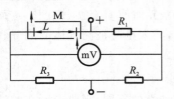

图13-8 电导法溶液浓度测量电路图

电导法测量液体浓度是基于电解质溶液的成分及浓度的不同可引起导电率的不同的原理,而且对于某一确定成分的电解质溶液,电导率跟浓度的关系为:在低浓度区域,随着浓度的提高,溶液的电导率增大,两者近似成线性;在高浓度区域,随着浓度的提高,溶液的电导率反而减小,两者也近似呈线性关系;故电导法只适合于液体低浓度和高浓度的测量(不适合中浓度的测量)。电导法溶液浓度测量电路图如图13-8所示,M为一装有被测溶液的电导池(作为电桥中的一个桥臂),其内放置两个相距为 L 的极板,设两极板之间溶液的截面积为 S,溶液的电导率为 γ,则两极板之间在回路中的电阻 R 及电导 G 分别为

$$R = \frac{1}{G} = \frac{\lambda L}{S} \tag{13-5}$$

从式(13-5)可以看出,当溶液电导率发生变化(即溶液的浓度发生变化)时,电桥中的测量桥臂M的阻值也相应发生线性变化,电桥将会有不平衡输出,则只要能够测出电桥中测量桥臂的电阻值,就可测得溶液的电导率,从而测得溶液的浓度。

13.4 湿敏传感器的应用

1. 湿度检测器

湿度检测器电路图如图13-9所示,其中CH为电容式湿度传感器。由555时基电路、湿敏传感器CH等组成的多谐振荡器的输出端接有电容器 C_2,它将3端输出的方波信号变为三角波。当相对湿度发生变化时,湿敏传感器CH的电容值将随之改变,使多谐振荡器输出的频率及三角波幅值都发生相应的变化。输出信号经二极管 D_1 和 D_2 整流及 C_4 滤波后,可从电压表上直接读出与相对湿度对应的指数。电位器 R_p 用于仪器的调零。

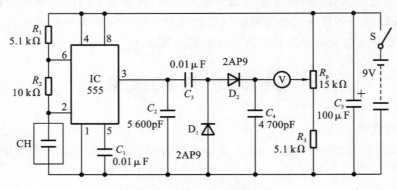

图13-9 湿度检测器电路图

2. 花盆缺水指示器

花盆缺水指示器电路图如图13-10所示。埋在盆中的两个电极组成湿敏传感器,当盆中土壤缺水时,土壤的电阻率增高很多,这时两电极之间的电阻值很大,致使场效应管 T_1 截止,三极管 T_2 导通,电阻 R_4 上产生较大的电压降,使555时基电路组成的振荡器开始工作。

当振荡器工作时,发光二极管 D 将随着低频振荡信号闪烁发光,提醒浇水。

当花盆不缺水时,土壤的电阻率很低,T_1 的栅极相当于接地。这时 T_1 导通,T_2 截止,振荡电路停止工作,发光二极管 D 熄灭。

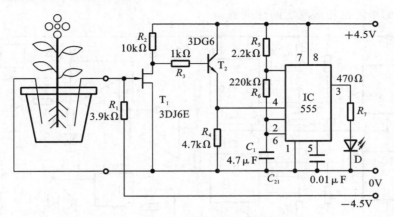

图 13-10　花盆缺水指示器电路图

3. 高湿度显示器

蔬菜大棚、粮棉仓库、医院等湿度要求比较严格的场合需要湿度显示装置,以便于对其进行监视并针对实际情况采取相应措施。

MSOI-A 型湿敏电阻构成的高湿度显示器电路图如图 13-11 所示。它能在环境相对湿度过高时作出显示,告知人们采取相应的排湿措施。当环境湿度在 $20\%RH \sim 90\%RH$ 变化时,湿敏电阻值在几十欧至几百欧范围内改变。为防止湿敏电阻产生极化现象,采用变压器降压供给检测电路 9 V 交流电压,并接于湿敏电阻与 R_1 串联电路的两端。当环境湿度增大时,湿敏电阻值减小,R_1 两端的压降会随之升高,并经 D_2、C_2、R_2、D_3 整流及滤波、稳定后加于由三极管 T_1 和 T_2 组成的施密特电路中,使 T_1 导通,T_2 截止,T_3 随之导通,发光二极管 D_4 发光。

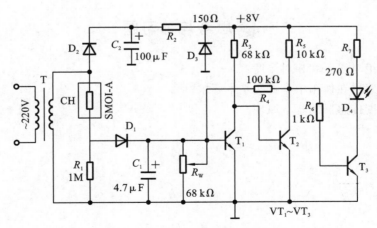

图 13-11　高湿度显示器电路图

4. 仓储湿度控制电路

仓储湿度控制电路原理图如图 13-12 所示。其中 CH 为湿度传感器,其电容随着环境相对湿度的增大而成比例地增大。由 IC_{ia} 构成振荡频率为 1 kHz 的多谐振荡器,其输出下

沿脉冲触发 IC_{ib} 构成单稳态电路,单稳态输出脉冲的宽度正比于相对湿度。此平均电压加到比较器 IC_3 的同相输入端,当该电压高于反相输入端电压时,IC_4 输出高电平,使三极管 T_1 导通,继电器 K 工作,其触点 K_1 闭合,仓库的排湿风机工作。与此同时,发光二极管 D_1 点亮,显示库内的湿度已超过规定的标准值。

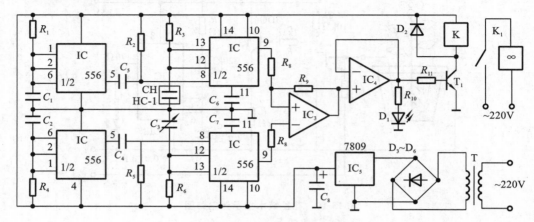

图 13-12 仓储湿度控制电路原理图

湿度预制电路由 IC_2 及外围元件组成,它与 IC_1 组成的电路完全相同。调节可变电容器 C_3,便可预制所要控制的相对湿度,它以加在 IC_3 比较器反相输入端的电压来体现。由交流电压整流经 IC_5(7809 稳压电源)稳压后作为整机的电源。整机静态电流小于 25 mA,动态电流不大于 60 mA。

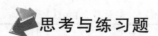

本章主要介绍了湿度传感器和气敏传感器及其类型、结构、工作原理、测量电路和实例应用。在把握它们的工作原理的基础上,通过实例分析熟悉它们的应用场合及选用的注意事项,体会它们的信号输出形式及处理方法,观察生活中的一些相关事例,从而做到举一反三。

思考与练习题

1. 什么是绝对湿度和相对湿度?
2. 湿度传感器在使用中有哪些基本要求?
3. 论述湿度传感器的基本原理。

第⑭章 集成式温度传感器

以晶体管作为感温元件,并将温敏晶体管及其辅助电路集成在同一芯片上的传感器称为集成式温度传感器。在集电极电流恒定的条件下,单个晶体管的基极-发射极之间的电压可以认为与温度呈单值线性关系,但仍然存在非线性偏差,温度变化范围越大,引起的非线性误差也越大。为了进一步减小这种非线性误差,集成温度传感器采用对管差分电路,使得在任何温度下,两对管基极-发射极之间的电压差与温度保持线性关系。本章将介绍两种常用的集成温度传感器。

14.1 AD590 集成式温度传感器

AD590 是美国 ANALOG DEVICES 公司生产的单片集成两端感温电流源式温度传感器,它是利用 PN 结正向电流与温度的关系制成的电流输出型两端温度传感器。当被测温度一定时,该传感器相当于一个恒流源,它具有良好的线性和互换性,测量精度高,并具有供电电源宽的特性。

1. 基本原理和特性

1) 工作原理

当被测温度一定时,AD590 相当于一个恒流源,将它与 5~30 V 的直流电源 E_s 相连,并在输出端串联一个 1 kΩ 的恒值电阻 R_L,通过电阻的电流和被测温度成正比,电阻两端将产生 1 mV/K 的电压信号。感温部分核心电路图如图 14-1 所示。它是利用 ΔU_{BE} 特性的集成 PN 结传感器。其中,T_1、T_2 起恒流作用,可使左右两支路的集电极电流 I_1 和 I_2 相等。T_3、T_4 是感温用的晶体管,两个晶体管的材质和工艺完全相同,但 T_3 实质上是由 n 个晶体管并联而成的,因而其结面积是 T_4 的 n 倍。T_3 和 T_4 的发射结电压分别为 ΔU_{BE3} 和 ΔU_{BE4},经反极性串联后加在电阻 R 上,所以 R 的端电压为 ΔU_{BE}。因此,电流 I_1 可表示为

$$I_1 = \Delta U_{BE}/R = (KT/q)(\ln x)/R \tag{14-1}$$

式中,$x=8$。

电路的总电流与热力学温度 T 成正比,将此电流引至负载电阻 R_L 上便可得到与 T 成正比的输出电压。由于利用了恒流特性,输出信号不受电源电压和导线电阻的影响。电阻 R 是在硅板上形成的薄膜电阻,该电阻采用了激光修正电阻值,因而在基准温度下可得到 1 μA/K 的 I(电流)值。

图 14-2 所示是 AD590 内部电路图,图中 $T_1 \sim T_4$ 相当于图 14-1 中的 T_1、T_2,而 T_9、T_{11} 相当于图 14-1 中的 T_3、T_4。R_5、R_6 是薄膜工艺制成的低温度系数电阻,供出厂前调整使用。T_7、T_8 为对称的 Wilson 电路,用来提高阻抗。T_5、T_{12} 和 T_{10} 为启动电路,其中 T_5 为恒定偏置二极管。T_6 可用来防止电源反接时损坏电路,同时也可使左右两支路对称。R_1、R_2 为发射极反馈电阻,可用于进一步提高阻抗。$T_1 \sim T_4$ 是为热效应设计的连接方式,而 C_1 和 R_4 用来防止产生寄生振荡。电路的设计使得 T_9、T_{10}、T_{11} 三者的发射极电流相等,并同为整个电路总电流 I 的 1/3。T_9 和 T_{11} 的发射结电压互相反极性串联后加在电阻 R_5 和 R_6 上,因此可以得出

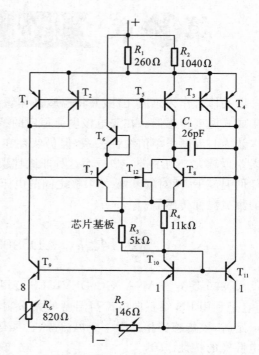

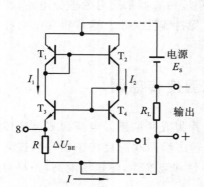

图 14-1　感温部分核心电路图　　　　　图 14-2　AD590 内部电路图

$$\Delta U_{BE} = \left[(R_6 - 2 \times R_5) \times I\right]/3 \tag{14-2}$$

流过 R_6 的电流只有 T_9 的发射极电流,而流过 R_5 的电流除了来自 T_{10} 的发射极电流外,还有来自 T_{11} 的发射极电流,所以 R_6 上的压降是 R_5 的 2/3。

根据式(14-2)不难看出,要想改变 ΔU_{BE},可以先调整 R_5 后再调整 R_6,而增大 R_5 的效果和减小 R_6 的效果是一样的,其结果都会使 ΔU_{BE} 减小。但是,改变 R_5 对 ΔU_{BE} 的影响更为显著,因为它前面的系数较大。实际使用中是利用激光修正 R_5 来进行粗调,修正 R_6 来实现细调,最终使其在 150 ℃ 之下总电流 I 达到 1 μA/K。

2) AD590 的主特性参数

·工作电压:4~30 V。

·工作温度:-55~150 ℃。

·最大正向电压:+44 V。

·最大反向电压:-20 V。

·灵敏度:1 μA/K。

·精度高:AD590 共有 I、J、K、L、M 五挡,其中 M 挡精度最高,在 -55~150 ℃ 范围内非线性误差为 ±0.3 ℃。

2. 典型应用

1) 数字温度表

基于 AD590 集成温度传感器的温度检测与控制电路组成的数字温度表,其测量范围为 0~100 ℃,图 14-3 所示为 AD590 温度表原理图。由于温度每升高 1 ℃,AD590 就增加 1 μA 的电流量,该电流流入 10 kΩ 的电阻后,将会产生 1 μA × 10 kΩ = 10 mV 的电压。而在 0 ℃(等于 273 K)时,输出电流为 273 μA,流入 10 kΩ 的电阻后,产生 273 μA × 10 kΩ = 2.73 V 的电压。如测到电压为 x V,则可由公式 $(x - 2.73)$ V/10 mV 得到要测的温度。

2）差分温度测量

AD590 还可以用于差分温度测量。将两个相同参数的 AD590 分别置于两个被检测点 B_1、B_2，B_1、B_2 处的温度分别为 T_1、T_2，如图 14-4 所示。图 14-4 中的 R_1、R_2 通常是相同的，R_3 ＋R_F 通常比 R_1 要大得多。通过计算就可以得到两点的温度差。

图 14-3　AD590 温度表原理图　　　　　图 14-4　差分温度测量电路图

3）电流变换

AD590 可用做电流变换器，一般应用于 40 V/1 kΩ 的系统中，电流变化范围是 4～20 mA，可以测量温度的范围比较小。在图 14-5 所示电路图中，AD590 的输出 1 μA/K 被放大为 1 mA/℃，同时 4 mA 代表 17 ℃，20 mA 代表 33 ℃，R_T 是校准电阻，调节 R_T 的值使电路输出一个合适的电流值。只要选择合适的电阻，就可以测量 AD590 范围内的任何温度。

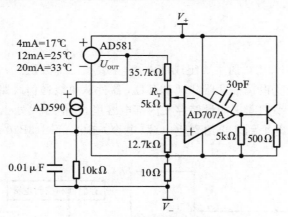

图 14-5　AD590 的电流变换器应用电路图

14.2　DS18B20 集成式温度传感器

DS18B20 数字温度计以 9 位数字量的形式反映器件的温度值，它通过一个单线接口发送或接收信息，因此在中央微处理器和 DS18B20 之间仅需一根连接线（加上地线），用于读写和温度转换的电源可以从数据线本身获得，无须外部电源。因为每个 DS18B20 都有一个独特的序列号，所以多只 DS18B20 可以同时连在一根单线总线上，这样就可以把温度传感器放在许多不同的地方。DS18B20 的测量范围为 −55～125 ℃，增量值为 0.5 ℃，并可在 I_s（典型值为 200 ms）内把温度变换成数字。DS18B20 具有用户可定义的非易失性温度报警设置，这些特性在环境控制、仪器仪表及过程检测和控制等方面非常有用。

1. 引脚说明

DS18B20 的引脚图如图 14-6 所示。

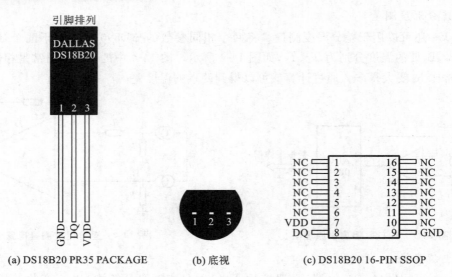

(a) DS18B20 PR35 PACKAGE   (b) 底视   (c) DS18B20 16-PIN SSOP

图 14-6　DS18B20 引脚图

- DQ:数据输入/输出脚。单线操作时应使漏极开路。
- VDD:可选的 VDD 引脚。
- GND:地。
- NC:空脚。

2. 工作原理

图 14-7 列出了 DS18B20 的主要组成部件,它主要由三部分组成:①64 位 ROM;②温度传感器;③非易失性温度报警触发器 TH 和 TL。器件从单线通信线路上获得能量的方式如下:在信号线处于高电平期间把能量储存在内部电容里,在信号线处于低电平期间消耗电容上的电能工作,直到高电平到来再给寄生电源(电容)充电。DS18B20 也可用外部 5 V 电源供电。

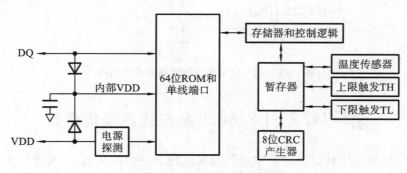

图 14-7　DS18B20 组成框图

DS18B20 用一个单线端口进行通信。在单线端口条件下,必须先建立 ROM 操作协议,才能进行存储器和控制操作。因此,控制器必须首先提供下面五个 ROM 操作命令之一:①读ROM;②匹配 ROM;③搜索 ROM;④跳过 ROM;⑤报警搜索。这些命令对每个器件的ROM 部分进行操作,当单线总线上挂有多个器件时,可以区分出每个器件,同时可以向总线控制器指明器件的数量。成功执行完一条 ROM 操作序列后,即可进行存储器操作和控制器操作,控制器可以提供六条存储器操作命令和控制器操作命令中的任一条。

例如:一条控制操作命令指示 DS18B20 完成一次温度测量。测量结果放在 DS18B20 的暂存器里,用一条读暂存器内容的存储器操作命令就可以把暂存器中的数据读出。温度报警触发器 TH 和 TL 各由一个 EEPROM 字节构成。如果没有对 DS18B20 使用报警搜索命令,这些寄存器可以作为一般用途的用户存储器使用。可以用一条存储器操作命令对 TH 和 TL 进行写入,对这些寄存器的读出需要通过暂存器。所有数据都是以最低有效位在前的方式进行读写的。

3. 两种供电方式

DS18B20 的电源供电方式包括寄生电源供电和外部电源供电。

1）寄生电源供电方式

寄生电源供电电路图如图 14-8 所示。DS18B20 从单线信号线上获取能量,在信号线 DQ 处于高电平期间把能量储存在内部电容里,在信号线处于低电平期间消耗电容上的电能工作,直到高电平到来再给寄生电源（电容）充电。寄生电源有两个优点：①进行远距离测温时,无须本地电源;②可以在没有常规电源的条件下读 ROM。要使 DS18B20 能够进行精确的温度转换,I/O 线必须在转换期间保证供电。由于 DS18B20 的工作电流可达到 1 mA,所以仅靠 5 kΩ 的上拉电阻提供电源是不行的,当几个 DS18B20 挂在同一根 I/O 线上并想同时进行温度转换时,这个问题变得更加尖锐。

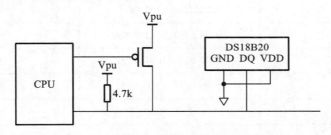

图 14-8 DS18B20 寄生电源供电电路图

有两种方法能够使 DS18B20 在动态转换周期中获得足够的电流供应。一是当进行温度转换或复制到 EEPROM 存储器操作时,给 I/O 线提供一个强上拉,用 MOSFET 把 I/O 线直接拉到电源上就可以实现。在发出任何涉及复制到 EEPROM 存储器或启动温度转换的协议之后,必须在 10 μs 之内把 I/O 线转换到强上拉。

2）外部电源供电方式

外部电源供电方式是从 VDD 引脚接入一个外部电源,如图 14-9 所示。这样 I/O 线上不需要加强上拉,不存在电源电流不足的问题,可以保证转换精度,在转换期间可以允许在单线总线上进行其他数据往来。并且理论上来说在总线上可以挂接多个 DS18B20 传感器,组成多点测温系统。

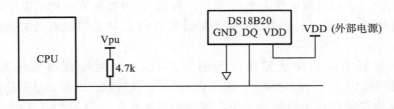

图 14-9 VDD 供电

当温度高于 100 ℃ 时,一般不使用寄生电源,因为 DS18B20 在这种温度下漏电流比较大,通信可能无法进行。如果总线控制器不知道总线上的 DS18B20 是用寄生电源还是用外部电源的情况,DS18B20 预备了一种信号指示电源的使用情况。总线控制器发出一个 Skip ROM 协议,然后发出读电源命令,如果是寄生电源,DS18B20 在单线总线上发回"0",如果是从 VDD 供电,则发回"1",这样总线控制器就知道总线上是否需要 DS18B20 强上拉。如果控制器接收到一个"0",它就必须在温度转换期间给 I/O 线提供强上拉。

4. 测温操作

DS18B20 通过一种片上温度测量技术来测量温度,其温度寄存器如图 14-10 所示,温度数据表列于表 14-1 中。

| 2^3 | 2^2 | 2^1 | 2^0 | 2^{-1} | 2^{-2} | 2^{-3} | 2^{-4} | LSB |

MSb   (unit=℃)   LSb

| S | S | S | S | S | 2^6 | 2^5 | 2^4 | MSB |

图 14-10　DS18B20 温度寄存器

表 14-1　温度数据表

温　度　值	数字输出(二进制)	数字输出(十六进制)
125 ℃	0000 0111 1101 0000	07D0h
85 ℃	0000 0101 0101 0000	0550h*
25.0625 ℃	0000 0001 1001 0001	0191h
10.125 ℃	0000 0000 1010 0000	00A2h
0.5 ℃	0000 0000 0000 1000	0008h
0 ℃	0000 0000 0000 0000	0000h
−0.5 ℃	1111 1111 1111 1000	FFF8h
−10.125 ℃	1111 1111 0101 1110	FF5Eh
−25.0625 ℃	1111 1110 0110 1111	FF6Fh
−55 ℃	1111 1100 1001 0000	FC90h

注:* 电源复位时,寄存器中的值为 85 ℃。

DS18B20 的测温原理:使用一个高温度系数的振荡器确定一个周期,通过内部计数器在这个门周期内对一个低温度系数的振荡器脉冲进行计数来得到温度值。计数器被预置在对应于−55 ℃的一个值。如果计数器在门周期结束前到达 0,则温度寄存器(同样被预置到−55 ℃)的值增加,表明所测温度大于−55 ℃。同时,计数器被复位到某个值,这个值由斜坡式累加器电路确定。然后计数器又重新开始计数直到 0,如果门周期仍未结束,则将重复这一过程。

斜坡式累加器用来补偿感温振荡器的非线性,测温时可获得比较高的分辨率。DS18B20 内部可提供 0.5 ℃的分辨率。温度以 16bit 带符号位扩展的二进制补码形式读出,表 14-2 给出了温度值和输出数据的关系。数据通过单线接口以串行方式传输。DS18B20 的测温范围为−55～125 ℃,以 0.5 ℃递增。

5. 报警搜索操作

DS18B20 完成一次温度转换后,将温度值和存储在 TH 和 TL 中的值进行比较。TH

或 TL 的最高有效位直接对应 16 位温度寄存器的符号位。如果所测温度高于 TH 或低于 TL,器件内部就会对报警标识置位。每次测温都需要对标识进行更新。当对报警标识置位时,DS18B20 会对报警搜索命令有反应。这样就允许许多 DS18B20 并联在一起同时测温,如果某个地方的温度超过了限定值,报警的器件就会被立即识别出来并读取,无须读未报警的器件。

6. 64 位 ROM

64 位光刻 ROM 的前 8 位是 DS18B20 的自身代码,接下来的 48 位为连续的数字代码,最后的 8 位是对前 56 位的 CRC 校验,如图 14-11 所示。64 位 ROM 和 ROM 操作控制区允许 DS18B20 作为单线控制器件,并按照单线协议进行工作。单线总线控制器需提供以下任意一个 ROM 操作命令:① Read ROM;② Match ROM;③ Search Rom;④ Skip ROM;⑤ Alarm Search。一次 ROM 操作后,便可对 DS18B20 进行特定的操作,总线控制器可以发出六条存储器和控制操作命令中的任一条命令。

8位CRC码	48位产品序列号	8位产品系列编码(28h)
MSB LSB	MSB LSB	MSB LSB

图 14-11 64 位光刻 ROM

7. CRC 发生器

DS18B20 中的 8 位 CRC 位于 64 位 ROM 的最高有效字节。总线控制器可以用 64 位 ROM 中的前 56 位计算出一个 CRC 值,再用这个值和存储在 DS18B20 中的值进行比较,以确定 ROM 数据是否被总线控制器无误接收。CRC 计算公式如下。

$$CRC = X^8 + X^5 + X^4 + 1 \tag{14-3}$$

DS18B20 用式(14-3)计算出一个 8 位 CRC 值,总线控制器用该值来校验传输的数据。在使用 CRC 进行数据传输校验时,总线控制器必须用式(14-3)计算出 CRC 值与存储在 DS18B20 中的 64 位 ROM 中的值或 DS18B20 内部计算出的 8 位 CRC 值进行比较。单线 CRC 由移位寄存器和 XOR(异或门)构成的多项式发生器来产生,如图 14-12 所示。

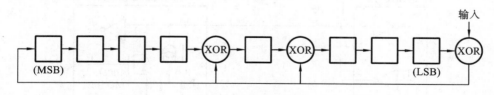

图 14-12 单线 CRC 码

先将移位寄存器的各位都初始化为 0;然后从 8 位产品系列编码的最低有效位开始,一次一位移入寄存器,8 位产品系列编码都进入后再进入 48 位产品序列号;48 位产品序列号都进入寄存器后,移位寄存器中就存储了 CRC 值。移入 8 位 CRC 会使移位寄存器复位为 0。

8. 存储器

DS18B20 的存储器结构图如图 14-13 所示。存储器由一个暂存 RAM 和一个存储高低温报警触发值 TH 和 TL 的非易失性电可擦除存储器(E^2 RAM)组成。当在单线总线上通信时,数据先被写入暂存器,该数据也可被读回。数据经过校验后,用一个复制暂存器命令把数据传到非易失性电可擦除存储器(E^2 RAM)中。这一过程应确保更改存储器时保存数据的完整性。

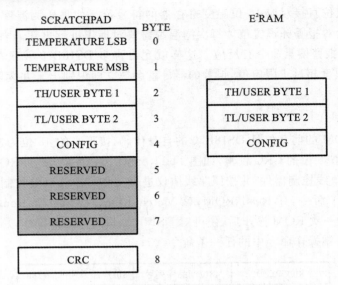

图 14-13 DS18B20 存储器结构图

暂存器的结构为八个字节的存储器,第 1 个字节和第 2 个字节是温度的显示位;第 3 个字节和第 4 个字节是复制 TH 和 TL,同时第 3 个字节和第 4 个字节的数字可以更新;第 5 个字节是复制配置寄存器,同时第 5 个字节的数字可以更新;第 6、7、8 三个字节为器件自身使用。用读寄存器的命令能读出第 9 个字节,该字节是对前面的八个字节进行校验。

9. 单线总线系统

单线总线系统包括一个总线控制器和一个或多个从机,DS18B20 为从机。单线总线只有一条定义的信号线,并且每一个挂在总线上的器件都可以驱动它。DS18B20 的单线端口 (I/O 引脚)是漏极开路式的,内部等效电路图如图 14-14 所示。一个多点总线由一个单线总线和多个挂于其上的从机构成,单线总线需要一个约 5 kΩ 的上拉电阻。

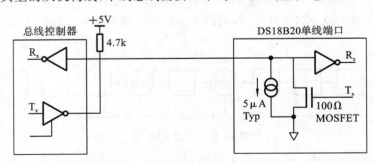

图 14-14 硬件结构

图 14-14 中,R_x 表示接收,T_x 表示发送。

单线总线的空闲状态是高电平。当需要暂停某一执行过程时,如果还想恢复执行的话,总线必须停留在空闲状态。在恢复期间,如果单线总线处于非活动(高电平)状态,位与位间的恢复时间可以无限长。如果总线停留在低电平超过 480 μs 的状态,则总线上的所有器件都将被复位。

10. 典型应用

DS18B20 的温度测量系统是由 PIC16F73 单片机、温度传感器 DS18B20、共阳数码显示管和电源组成的。系统硬件组成图如图 14-15 所示,单片机采用 28 脚的封装形式,4 MHz 晶振,端口 A 的 RA0 引脚作为温度采集输入与温度传感器 DS18B20 控制命令的输出端口,端口 B 的八个引脚与共阳数码管相连。

　　系统的工作原理如下:DS18B20 进行温度测量后将测量数据送入单片机的 RA0 引脚,单片机把传感器所测得的温度转换成十进制,并把相应的代码送到相应的输出口,在共阳数码管上显示温度值。本系统采用电源直接供电,需要接一个 4.7 kΩ 左右的上拉电阻,这样当总线闲置时,其状态为高电平。

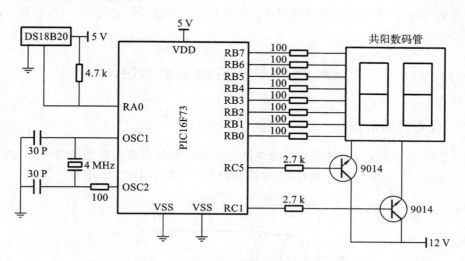

图 14-15　温度采集系统硬件组成图

本 章 小 结

　　在各类民用控制、工业控制及航空航天技术方面,温度测量和温度控制得到了广泛应用。小型、低功耗、可靠性高、低成本的温度传感器已经越来越受到设计者的关注。本章重点介绍了两种集成温度传感器:AD590 集成式温度传感器、DS18B20 集成式温度传感器,并分析了每种温度传感器的结构、基本原理和典型应用。

思考与练习题

1. 什么是集成式温度传感器? 典型的集成式温度传感器有哪些?
2. AD590 集成式温度传感器的工作原理是什么?
3. 画出 AD590 的串联、并联使用电路。
4. AD590 的测温范围是多少?
5. 画出 AD590 的典型测量电路。
6. 简述 DS18B20 集成式温度传感器的主要特征。
7. 设计一个采用多个 DS18B20 的室温测量系统。

第15章 光纤传感器

光纤传感器是随着光纤通信和光学技术发展起来的新型传感器,它以光作为信息的载体,具有灵敏度高、响应速度快、抗电磁干扰能力强、耐腐蚀、耐高温、体积小、可挠曲、质量小、成本低等优点,可应用于温度、位移、速度、加速度、压力、扭矩、应变、电压、电流、液位、流量等物理量的测量,具有广阔的应用前景。随着对光纤传感器研究的深入,各种新型的光纤传感器层出不穷。

15.1 光纤的基本知识

15.1.1 光导纤维的结构

光纤是用石英玻璃或塑料等光透射率高的电介质材料制成的极细的纤维,一般直径为 $100 \sim 200~\mu m$。在结构上,光纤由纤芯、包层和护套三个部分组成,如图 15-1 所示。

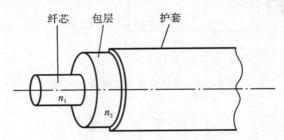

纤芯　包层　护套

图 15-1　光纤的基本结构

纤芯和包层主要由不同掺杂的石英玻璃制成。护套起着保护光纤的作用,一般采用尼龙护套。纤芯的折射率 n_1 大于包层的折射率 n_2,定义相对折射率差 $\Delta n = (n_1 - n_2)/n_1$。一般而言,单模光纤的 Δn 为 $0.3\% \sim 0.6\%$,多模光纤的 Δn 为 $1\% \sim 2\%$。Δn 越大表示将光能量束缚在纤芯的能力越强,但其信息传输容量却越小。

15.1.2 光导纤维的传光原理

一般把光波在光纤中的传输看成是光线在光纤中传输,从而可以用光线的理论近似描述光纤的传光原理。

1. 光的折射与反射

在几何光学中,当光线由光密物质(折射率为 n_1)入射至光疏物质(折射率为 n_2)时,即 $n_1 > n_2$,在光密物质与光疏物质的界面处,光线将产生折射或反射。设入射角为 φ_1,折射角为 φ_2,根据光折射和反射的斯涅耳(Snell)定律,有

$$n_1 \sin\varphi_1 = n_2 \sin\varphi_2 \tag{15-1}$$

图 15-2 所示为光的折射与反射图。在图 15-2(a)中,入射角 φ_1 小于临界入射角 φ_c,入射至界面的光线以折射的方式进入到光疏物质中。图 15-2(b)中,入射角 φ_1 等于临界入射角 φ_c,此时光线处于临界入射和反射状态,折射光将沿着两种物质交界面传播,折射角 $\varphi_2 =$

90°。在图 15-2(c)中，入射角 φ_1 大于临界入射角 φ_c，则光不再产生折射，而只在光密物质中反射，即产生光的全反射现象。光的全反射现象是光纤传光原理的基础。

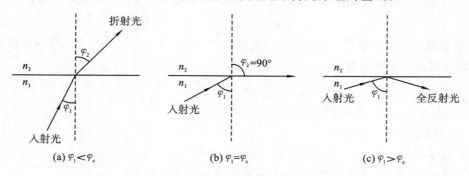

(a) $\varphi_1 < \varphi_c$ (b) $\varphi_1 = \varphi_c$ (c) $\varphi_1 > \varphi_c$

图 15-2　光的折射与反射图

2. 光在光纤中的传输

图 15-3 所示为阶跃型光导纤维的传光示意图。入射光线 AB 从空气（折射率为 n_0）中射入光纤的端面，并与轴线 OO' 的相交角为 φ_i，入射后折射至纤芯，折射光线为 BC，其折射角为 φ_k。光线 BC 以入射角 φ_k 入射到纤芯与包层的交界面 C 处，并由界面折射到包层，折射光线为 CF，其折射角为 φ_r。

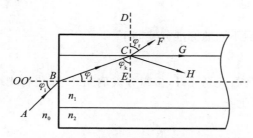

图 15-3　阶跃型光导纤维的传光示意图

根据 Snell 定律有

$$n_0 \sin\varphi_i = n_1 \sin\varphi_j \tag{15-2}$$

$$n_1 \sin\varphi_k = n_2 \sin\varphi_r \tag{15-3}$$

由式(15-2)可得

$$\sin\varphi_i = \frac{n_1}{n_0} \sin\varphi_j \tag{15-4}$$

由于 $\varphi_j = 90° - \varphi_k$，故

$$\sin\varphi_i = \frac{n_1}{n_0} \sin(90° - \varphi_k) = \frac{n_1}{n_0} \cos\varphi_k = \frac{n_1}{n_0} \sqrt{1 - \sin^2\varphi_k} \tag{15-5}$$

由式(15-3)可得

$$\sin\varphi_k = \frac{n_2}{n_1} \sin\varphi_r \tag{15-6}$$

将式(15-6)代入式(15-5)得

$$\sin\varphi_i = \frac{n_1}{n_0} \sqrt{1 - \left(\frac{n_2}{n_1} \sin\varphi_r\right)^2} = \frac{1}{n_0} \sqrt{n_1^2 - n_2^2 \sin^2\varphi_r}$$

式中，n_0 为入射光线 AB 所在媒介的折射率（一般为空气介质，即 $n_0 \approx 1$）。

当 $n_0 = 1$ 时，可得

$$\sin\varphi_i = \sqrt{n_1^2 - n_2^2 \sin^2\varphi_r}$$

当 $\varphi_r = 90°$ 的临界状态时，$\varphi_i = \varphi_{i0}$，可得

$$\sin\varphi_{i0} = \sqrt{n_1^2 - n_2^2} \qquad (15\text{-}7)$$

光学中把式(15-7)中的 $\sin\varphi_{i0}$ 定义为数值孔径 NA。由于 n_1 与 n_2 相差较小，即 $n_1 + n_2 \approx 2n_1$，故式(15-7)又可分解为

$$\sin\varphi_{i0} \approx n_1 \sqrt{2\Delta} \qquad (15\text{-}8)$$

式中，$\Delta = (n_1 - n_2)/n_1$，表示相对折射率差。

由此可得出以下三个结论。

(1) 当 $\varphi_r = 90°$ 时，$\sin\varphi_{i0} = \text{NA}$ 或 $\varphi_{i0} = \arcsin\text{NA}$。

(2) 当 $\varphi_r > 90°$ 时，光线发生全反射，且有 $\varphi_i < \varphi_{i0}$。

(3) 当 $\varphi_r < 90°$ 时，可以看出 $\sin\varphi_i > \text{NA}$，即 $\varphi_i > \arcsin\text{NA}$，光线消失。

只有入射角 $\varphi_i < \arcsin\text{NA}$ 的光线才可以进入光纤后被全反射传播，而入射角 $\varphi_i > \arcsin\text{NA}$ 的光线进入光纤后在包层中消失，不能进行传播。这里在讨论光导纤维传光原理时，忽略了光在传播过程中的各种损耗，如菲涅尔反射损耗、光吸收损耗、全反射损耗及弯曲损耗等，因此光纤不可能完全地传输入射光的能量。

15.1.3 光纤的种类

光纤的种类繁多，按照不同的标准分类如下。

1. 按制作材料分类

按制作材料，光纤分为石英系光纤、多组分玻璃光纤、氟化物光纤、塑料光纤、液芯光纤、晶体光纤和红外材料光纤七类。

2. 按传输模式分类

按传输模式，光纤分为单模光纤和多模光纤两类。

单模光纤是指只能传输一种光波模式的光纤。单模光纤的直径一般在 $3 \sim 10~\mu\text{m}$ 之间，其传输性能较好，频带较宽，制成的单模传感器具有良好的线性度、较高的灵敏度和较宽的动态测量范围。

多模光纤是指能传输多种光波模式的光纤。多模光纤的直径一般在 $50 \sim 100~\mu\text{m}$ 之间，其传输性能较差，带宽较窄。

3. 按光纤工作波长分类

按光纤工作波长，光纤分为短波长($0.8 \sim 0.9~\mu\text{m}$)光纤、长波长($1.0 \sim 1.7~\mu\text{m}$)光纤和超长波长(大于 $2~\mu\text{m}$)光纤三类。

4. 按纤芯的折射率不同分类

按纤芯的折射率不同，光纤分为阶跃型光纤(又称突变型光纤)和渐变型光纤(又称自聚焦型光纤)两种，如图 15-4 所示。

图 15-4(a)所示为阶跃型光纤折射率，光波的折射率为定值 n_1，包层内的折射率为 n_2，在纤芯和包层的界面处折射率发生阶跃变化。

图 15-4(b)所示为渐变型光纤折射率，光波的折射率沿纤芯径向呈抛物线形分布，在纤芯中心轴处的折射率最大，沿径向按一定的梯度 $\left(\dfrac{\mathrm{d}n}{\mathrm{d}r}\right)$ 逐渐减小。

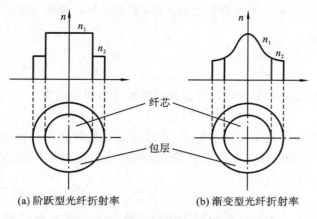

(a) 阶跃型光纤折射率   (b) 渐变型光纤折射率

图 15-4   阶跃型光纤和渐变型光纤的折射率

5. 按光纤的用途分类

按光纤的用途,光纤分为通信光纤和非通信光纤两类。

15.1.4 光导纤维的主要参数

1. 数值孔径 NA

数值孔径是指当光从空气中入射到纤芯端面时,能在纤芯中形成全反射的最大入射光锥半角的正弦值,即

$$NA = \sin\varphi_i = \sqrt{n_1^2 - n_2^2}$$ (15-9)

数值孔径 NA 表示向光导纤维射入信号光波难易程度的参数。NA 越大,表明光纤可以在较大入射角范围内射入全反射光,集光能力越强,光纤与光源的耦合越容易,并且能保证实现全反射向前传播。但 NA 越大,经光纤传输后产生的信号畸变越大,因而会限制信息的传输容量。在实际使用过程中应选择合适的 NA 值,如石英光纤的数值孔径 NA 为 0.2~0.4。

2. 光纤模式

光纤模式是指光波在光纤中的传播途径和方式。沿光纤传输的光可以分解为沿轴向与沿截面传输的两种平面波长成分。因为沿截面传播的平面波是在纤芯与包层分界面处全反射的,每一次往复传输的相位变化是 2π 的整数时,即可在截面内形成驻波,像这样的驻波光线组又称为"模"。光纤内只能存在特定数目的"模"传输光波。如果用归一化频率 γ 表达这些传输模的总数,其值一般在 $\frac{\gamma^2}{2} \sim \frac{\gamma^4}{2}$ 之间。其归一化频率为

$$\gamma = \frac{\pi d \sqrt{n_1^2 - n_2^2}}{\lambda}$$ (15-10)

式中:λ 为光波波长;d 为光纤直径。

3. 传播损耗

由于光纤纤芯材料的吸收、散射及光纤弯曲处的辐射损耗等的影响,光信号在光纤中传播时不可避免地存在着损耗。用 A 来表示传播损耗(单位为 dB),则

$$A = a \cdot l = 10\lg\frac{I_0}{I}$$ (15-11)

式中:a 为单位长度的衰减;l 为光纤长度;I_0、I 分别为光导纤维输入端、输出端的光强。

15.1.5 光纤的传输特性

1. 传输损耗

光纤的传输损耗主要可分为材料吸收损耗和光纤结构损耗两类。

1) 材料吸收

材料吸收损耗主要是由于石英系玻璃、多成分系玻璃和复合材料等光纤材料中存在着杂质离子吸收、原子缺陷吸收及本征吸收等引起的损耗。光纤对不同波长光的吸收率不同,光纤损耗一般随波长的增长而减小。

2) 材料散射

材料散射主要是由于光纤材料密度、浓度不均匀引起的瑞利散射,它与波长的四次方成反比,因此它随波长的缩短而迅速增大。

3) 光波导散射

光波导散射主要是由于光纤拉制时有可能产生纤维尺寸沿轴线粗细不均匀、截面形状变化不均匀性等引起的光的散射。

4) 光纤弯曲损耗

由于光纤比较柔软,容易弯曲,应用时会使得入射光由纤芯进入界面时的径向入射角发生改变,使得部分光不能形成全反射。光纤的弯曲半径越小,造成的散射损耗越大。

2. 色散

色散是指输入脉冲在光纤传输的过程中,由于光波的群速度不同而出现的脉冲展宽现象。光纤色散使传输的信号脉冲发生畸变,从而限制了光纤的传输带宽。光纤的色散有以下几种。

1) 材料色散

材料色散是指材料的折射率随入射光波长的变化而变化,使得光信号中各波长分量的光的群速度不同而引起的色散。

2) 波导色散

波导色散是指由于波导结构不同,某种波导模式的传播常数随信号角频率变化而引起的色散。

3) 多模色散

多模色散是指多模光纤中由于各种模式在同一角频率下的传播常数不同,使得群速度不同而产生的色散。

光纤色散是光纤传输特性的重要参数。在光纤通信中,光纤色散反映传输带宽,关系着通信质量和信息容量。

3. 容量

光纤的输入可能是强度连续变化的光速或一组光脉冲,由于存在光纤色散现象会使脉冲展宽,造成信号畸变,从而限制光纤的信息容量和品质。

光脉冲的展宽程度可以用延迟时间来反映,设光源的中心频率为 f_0,带宽为 Δf,某一模式光的传播常数为 β,则总的延迟时间增量 $\Delta\tau$ 为

$$\Delta\tau = \frac{1}{c} \cdot \frac{\Delta f}{f_0} \cdot k_0 \cdot \frac{\mathrm{d}^2\beta}{\mathrm{d}k^2}\bigg|_{f=f_0} \tag{15-12}$$

式中：$k_0 = 2\dfrac{\pi f_0}{c}$；$k = 2\dfrac{\pi f}{c}$；$c$ 为真空中的光速。

 ## 15.2　光纤传感器的结构与分类

15.2.1　光纤传感器的结构与原理

1. 光纤传感器的结构

　　光纤传感器主要包括光源、光纤、敏感元件、光探测器和信号处理电路等五个部分，如图15-5 所示。光源即光发送器，相当于一个信号源，负责信号的发射；光纤是传输媒介，负责信号的传输；敏感元件用于感知外界信息，相当于调制器；光探测器即光接收器，负责信号的转换，将光纤送来的光信号转换成电信号，相当于解调器；信号处理电路的功能是对电信号进行放大等处理。

图 15-5　光纤传感器的结构示意图

2. 光纤传感器的原理

　　光纤传感器的基本原理是将来自光源的光经过光纤送入敏感元件，被测参数与进入调制区的光相互作用，使得光学性质如光的强度、偏振态、频率、相位、波长等发生变化，成为被调制的信号光，再经过光纤耦合到光探测器，经解调后使光信号变为电信号，从而获得被测参数。

　　光是一种电磁波，其波长范围从极远红外的 1 mm 到极远紫外的 10 mm。电磁波的物理作用和生物化学作用主要是因其中的电场而引起的。因此，讨论光的敏感测量时，必须考虑光的电矢量 E 的振动，即

$$E = A\sin(\omega t + \varphi) \tag{15-13}$$

式中：A 为电矢量 E 的振幅；ω 为光波的振动频率；φ 为光相位；t 为光的传播时间。

　　由式（15-13）可知，只要光的强度、偏振态、频率和相位等参量中任意一个参量随被测量状态的变化而变化，即可实现被测量的调制，再通过对光的强度调制、偏振调制、频率调制或相位调制等进行解调，从而获得所需要的被测量的信息。

15.2.2　光纤传感器的分类

1. 根据光纤在传感器中的作用分类

　　根据光纤在传感器中的作用，光纤传感器可分为功能型光纤传感器、非功能型光纤传感器和拾光型光纤传感器三种。

　　1）功能型光纤传感器

　　功能型光纤传感器又称传感型光纤传感器。在功能型光纤传感器中，光纤不仅起着传光作用，而且也是敏感元件，即利用被测量直接或间接对光纤中传送光的光强、偏振态、相位、波长等进行调制而制成的传感器，如图15-6(a) 所示。功能型光纤传感器的优点是灵敏度高，缺点是制作技术难度高、结构复杂、调整困难。功能型光纤传感器只能采用单模光纤。

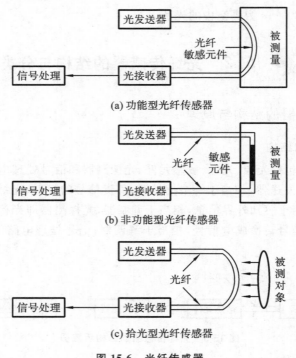

(a) 功能型光纤传感器

(b) 非功能型光纤传感器

(c) 拾光型光纤传感器

图 15-6 光纤传感器

2）非功能型光纤传感器

非功能型光纤传感器又称传光型光纤传感器。在非功能型光纤传感器中,光纤不是敏感元件,只是起着传输光波的作用。通常在光纤的端面放置光学材料及敏感元件来感受被测物理量的变化,从而使透射光或反射光强度随之发生变化来进行检测,如图 15-6(b)所示。非功能型光纤传感器的特点是结构简单、工作可靠、原理简单,但灵敏度、测量精度一般低于功能型光纤传感器。非功能型光纤传感器主要采用多模光纤,并且要求光纤具有足够大的受光量和传输的光功率。

3）拾光型光纤传感器

拾光型光纤传感器又称探针型光纤传感器。在拾光型光纤传感器中,用光纤作为探头,接收由被测对象辐射的光或被其发射、散射的光,如图 15-6(c)所示。

2. 根据对光波的调制方式分类

根据对光波的调制方式,光纤传感器可分为强度调制型光纤传感器、偏振调制型光纤传感器、频率调制型光纤传感器和相位调制型光纤传感器四类。

1）强度调制型光纤传感器

强度调制型光纤传感器利用被测对象的变化引起敏感元件的折射率、吸收或反射等参数的变化,而导致光的强度变化来实现对被测量的测量。强度调制方式主要有微弯、透射和反射三种。

强度调制型光纤传感器的工作原理如图 15-7 所示。当光源发出的恒定光波 I_i 射入调制区,在被测量场强 I_s 的作用下,输出光波强度被 I_s 调制,载有被测量信息的出射光 I_o 的包络线与 I_s 的形状相同,再通过光接收器进行解调,输出有用信号 I_s'。

强度调制型光纤传感器的优点是结构简单、成本低、容易实现,缺点是受光源强度波动和连接器损耗等影响较大。

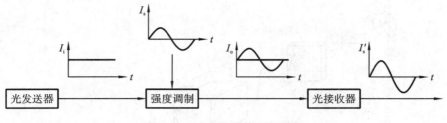

图 15-7　强度调制的调制原理

2）偏振调制型光纤传感器

偏振调制型光纤传感器是利用光的偏振状态的变化来传递被测对象信息的。由于光波是一种横波,光振动的电矢量和磁场矢量与光线的传播方向正交。按照光的振动矢量和磁场矢量在垂直于光线平面内矢量轨迹的不同,可分为线偏振光、圆偏振光、椭圆偏振光和部分偏振光四类。

偏振调制的机理有电光效应、磁光效应和光弹效应。偏振调制型光纤传感器可以避免光源强度变化的影响,因而具有较高的灵敏度。

（1）普克尔效应　普克尔效应是指当压电晶体受光照并在其正交方向加上高压,晶体将呈现双折射现象,如图 15-8 所示。

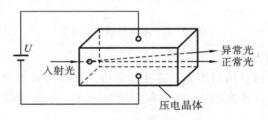

图 15-8　普克尔效应

在压电晶体中,两正交的偏振光的相位变化为

$$\varphi = \frac{\pi n_0^3 r_c U}{\lambda_0} \cdot \frac{l}{d} \qquad (15\text{-}14)$$

式中:n_0 为空气中的折射率;r_c 为晶体的光电系数;U 为加在晶体上的电压;λ_0 为光波长;l 为光传播方向的晶体长度;d 为电场方向的晶体厚度。

（2）法拉第磁光效应　法拉第磁光效应是指平面偏振光通过带磁性的物体时,其偏振光面将发生偏转的现象,如图 15-9 所示。

光矢量旋转角 θ 为

$$\theta = V \int_0^l H dl \qquad (15\text{-}15)$$

式中:V 为费尔德常数,表示单位磁场强度下,线偏振光通过单位长度磁光介质后,偏振面偏转的角度;l 为物质中的光程;H 为磁场强度。

（3）光弹效应　光弹效应是指在垂直于光波传播方向施加作用力时,材料将会产生双折射的现象,并且其强弱正比于应力。光弹效应实验装置如图 15-10 所示。

偏振光的相位变化为

$$\varphi = \frac{2\pi kpl}{\lambda_0} \qquad (15\text{-}16)$$

式中:k 为物质光弹性系数;p 为施加在物体上的压强;l 为光波通过的材料长度。

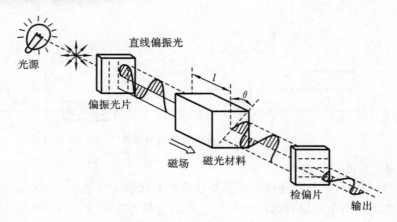

图 15-9 法拉第磁光效应

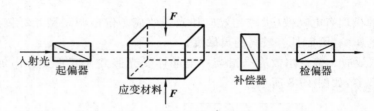

图 15-10 光弹效应实验装置

3）频率调制型光纤传感器

频率调制型光纤传感器是利用光学多普勒效应来实现对被测量的测量。频率调制型光纤传感器中的光纤只起着传光作用，属于非功能型光纤。频率调制型光纤传感器具有高灵敏度的优点。

光学多普勒效应：当光发送器和光接收器都不动时，光源发出的频率为 f_0 的光波，经过运动体散射和反射后，由光接收器接收到的光波频率 f_s 发生变化。多普勒效应引起的光波频率变化量 Δf 称为多普勒频移。

光学多普勒效应实现频率调制的原理如图 15-11 所示。运动体的速度大小为 v，运动方向与光源光波发射方向之间的夹角为 θ_1，运动方向与光接收器之间的夹角为 θ_2，则光接收器接收到运动体反射的光波频率 f_s 为

$$f_s = f_0 - \frac{v}{\lambda}(\cos\theta_1 - \cos\theta_2) \tag{15-17}$$

多普勒频移 Δf 为

$$\Delta f = f_s - f_0 = \frac{v}{\lambda}(\cos\theta_2 - \cos\theta_1) \tag{15-18}$$

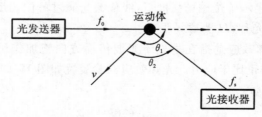

图 15-11 光学多普勒效应示意图

4）相位调制型光纤传感器

相位调制型光纤传感器利用被测量引起敏感元件的折射率或传播常数发生变化,从而导致光的相位变化,使两束单色光所产生的干涉条纹发生变化,通过检测干涉条纹的变化量来确定光的相位变化量,从而获得被测量信息。

下面以温度测量为例,介绍相位调制型光纤传感器的工作原理。光信号相位随温度变化是由光纤材料的尺寸和折射率随温度变化而引起的。相位的变化 $\Delta\varphi$ 与温度变化 ΔT 的关系为

$$\Delta\varphi = -\frac{2\pi L}{\lambda_0}\left[\left(n + \frac{\alpha\lambda_0}{2\pi}\cdot\frac{\partial\beta}{\partial r}\right)\alpha + \frac{\partial n}{\partial T}\right]\Delta T \tag{15-19}$$

式中:L 为光纤的长度;λ_0 为自由空间光波长;n 为纤芯的平均折射率;α 为线膨胀系数;β 为传播常数;r 为纤芯的半径;$\frac{\partial n}{\partial T}$ 为折射率的温度系数。

由式（15-19）可知,只要测出光纤中光信号的相位变化量 $\Delta\varphi$,即可求出温度。

相位调制型光纤传感器具有灵敏度高、成本高的特点。实现干涉测量的仪器有四种:迈克尔逊干涉仪、马赫-泽德干涉仪、法布里-帕罗干涉仪和萨格纳克干涉仪。

3. 根据光纤传感器的检测对象分类

根据其检测对象,光纤传感器可分为光纤压力传感器、光纤位移传感器、光纤温度传感器、光纤电流传感器、光纤流速传感器等类别。

15.3　光纤传感器的应用

应用光纤传感器时应根据被测量选择合适的光纤传感器,表 15-1 中列举了对常见被测物理量采用光纤传感器测量时的工作机理。

表 15-1　常见光纤传感器的工作机理

被 测 量	调 制 形 式	光 学 现 象
电流、电场	偏振	法拉第效应
	相位	干涉现象（磁应变）
电压、电场	偏振	普克尔效应
	相位	干涉现象（电应变）
温度	光强	半导体穿透率变化
		用屏蔽板对光路的遮断
		发射体辐射
		荧光反射
	偏振	双折射率变化
角速度	相位	萨格纳克效应
速度、流速	频率	多普勒效应
压力、振动、加速度	光强	微弯曲损耗
		屏蔽板反射强度变化
		用屏蔽板对光路的遮断
	偏振	光弹效应
	相位	干涉现象
	频率	多普勒效应

15.3.1 光纤温度传感器

根据半导体物理学可知,透过半导体的透射光强度随温度的升高而减弱,其原因是半导体材料的禁带宽度随温度的升高几乎线性地变窄,使得材料的光吸收能力增强。光波经过半导体材料时,被吸收的光功率增加,则透过半导体的光功率减小。

利用半导体的吸收特性可以制成透射式光纤温度传感器,如图 15-12 所示。在发射光纤和接收光纤之间夹有一片厚度约为零点几毫米的半导体温度敏感材料,如碲化镉或砷化镓,使半导体与光纤成为一体。

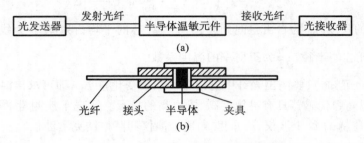

图 15-12　透射式光纤温度传感器

光源发出恒定功率的光,通过发射光纤传播到半导体薄片上,透射光受到温度的调制,由接收光纤接收,传播到光接收器转换成电信号输出。

透射式光纤温度传感器结构简单、体积较小,测温范围为 $-20\sim300$ ℃,测量精度为 ±3 ℃,可以在电磁干扰恶劣的环境中工作。

15.3.2 光纤电流传感器

光纤电流传感器的测量原理是基于线偏振光的法拉第磁光效应,即线偏振光在传播过程中,当受到沿光传播方向的磁场作用时,线偏振光的偏振面将发生偏转,其偏转角度与磁场强度有关。若被测电流正比于磁场强度,则可以实现电流的非接触式检测。

图 15-13 所示为偏振调制光纤电流传感器工作原理图。单模光纤绕制在高压输电电线上,感受电线电流磁场的影响。检测偏转角的大小,即可获得相应的电流值。

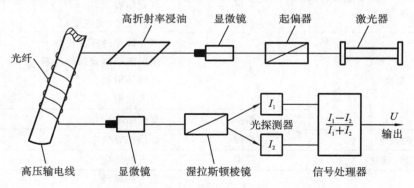

图 15-13　偏振调制光纤电流传感器的工作原理图

激光器发出的激光束经起偏器变成线偏振光,再经过 10 倍的显微镜聚焦耦合到单模光纤中,为了消除光纤中的包层模,把光纤浸泡在高折射率的油盒中。绕在高压输电线上的光纤,在电流磁场的作用下产生磁光效应,使通过光纤的线偏振光的偏振面发生偏转。

根据安培环路定律,高压输电线周围空间磁场强度为

$$B = \frac{I}{2\pi R} \tag{15-20}$$

式中:I 为高压输电线中的电流;R 为输电线的截面半径。

又根据法拉第效应,偏振面的偏转角度与电流磁场强度及磁场中光纤的长度成正比,即

$$\theta = VBL \tag{15-21}$$

式中:V 为费尔德常数。

将式(15-21)代入式(15-20),则有

$$I = 2\pi RB = \frac{2\pi R\theta}{VL} \tag{15-22}$$

由式(15-22)可见,待测电流 I 与偏振面偏转角度 θ 成线性关系。

偏转角度的测量方法如下:光纤输出的偏振光经显微镜耦合到渥拉斯顿棱镜,将出射的偏振光束分成振动方向相互垂直的两束偏振光。调整渥拉斯顿棱镜主轴与入射光偏振方向成 $45°$ 夹角,两相互垂直的偏振光经过光接收器解调出的电流信号为

$$I_1 = I_0 \sin^2\left(\frac{\pi}{4} + \theta\right) \tag{15-23}$$

$$I_2 = I_0 \cos^2\left(\frac{\pi}{4} + \theta\right) \tag{15-24}$$

两路信号 I_1、I_2 同时送入信号处理器,经过处理后输出电压信号为

$$U = \frac{I_1 - I_2}{I_1 + I_2} = \sin 2\theta \tag{15-25}$$

由于高压输电线电流磁场的磁光效应引起偏振面偏转角 θ 很小,则有 $U \approx 2\theta$,于是可得

$$I = \frac{\pi R}{VL}U \tag{15-26}$$

由式(15-26)可见,根据信号处理器输出电压的大小即可测得高压输电线中的电流。

15.3.3　光纤位移传感器

反射式光纤位移传感器工作原理图如图 15-14 所示。

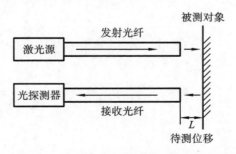

图 15-14　反射式光纤位移传感器工作原理图

激光源发出定量光强的光波,经发射光纤向被测对象发射,被测对象进行反射后有一部分光进入接收光纤。待测距离 L 越小,进入接收光纤的发射光越多,根据光探测器的测量值即可测出 L 的大小,从而实现位移量的检测。

反射式光纤测微位移是一种非接触式测量方式,具有频率效应高、测量线性化等优点,能在较小位移范围内进行高速位移检测,可广泛应用于锥度、平直度、变形、表面粗糙度等几何尺寸的检测。

本 章 小 结

　　光纤传感器是以光作为信息载体的新型传感器,主要包括光源、光纤、敏感元件、光探测器和信号处理电路等五个部分。

　　光纤传感器的基本原理是将来自光源的光经过光纤送入敏感元件,被测参数与进入调制区的光相互作用使得其光学性质(如光的强度、偏振态、频率、相位、波长等)发生变化,成为被调制的信号光,再经过光纤耦合到光探测器,经解调后光信号变为电信号,从而获得被测参数。

　　光纤传感器根据光纤在传感器中的作用可分为功能型、非功能型和拾光型光纤传感器三类,根据对光波的调制方式可分为强度调制型、偏振调制型、频率调制型和相位调制型光纤传感器四类,根据光纤传感器的检测对象可分为光纤压力传感器、光纤位移传感器、光纤温度传感器、光纤电流传感器、光纤流速传感器等类别。

　　光纤传感器具有灵敏度高、响应速度快、抗电磁干扰能力强、耐腐蚀、耐高温、体积小、可挠曲、质量小、成本低等优点,可应用于温度、位移、速度、加速度、压力、扭矩、应变、电压、电流、液位、流量等物理量的测量。

思考与练习题

　　1. 简述光纤的结构和传光原理。

　　2. 光导纤维可以分成哪几类?

　　3. 光导纤维的主要参数有哪些?

　　4. 光纤数值孔径 NA 的物理意义是什么? 对 NA 的取值有何要求?

　　5. 光纤的 $n_1 = 1.46$,$n_2 = 1.45$,求数值孔径 NA;若外部的 $n_0 = 1$,求光纤的临界入射角 φ_c。

　　6. 光导纤维的传输特性有哪些?

　　7. 简述光纤传感器的结构和工作原理。

　　8. 光纤传感器可以分成哪几类?

第16章 智能传感器

16.1 概　述

16.1.1 智能传感器的概念与形式

20世纪80年代中期以来,微处理器技术迅猛发展,随着其与传感器的密切结合,使得传感器不仅具有传统的检测功能,而且还具有存储、判断和信息处理的功能。由微处理器和传感器相结合构成的新颖传感器,称为智能传感器(smart sensor)。所谓智能传感器就是一种以微处理器为核心的,具有检测、判断和信息处理等功能的传感器。

智能传感器包括传感器的智能化和智能式传感器两种主要形式。

前者是通过采用微处理器或微型计算机系统来扩展和提高传统传感器的功能,传感器与微处理器可为两个分立的功能单元,传感器的输出信号经放大调理和转换后由接口送入微处理器中进行处理。

后者是借助于半导体技术将传感器部分与信号放大调理电路、接口电路和微处理器等制作在同一块芯片上,即形成大规模集成电路的智能传感器。

智能传感器具有多功能、一体化、集成度高、体积小、适宜大批量生产、使用方便等优点,它是传感器发展的必然趋势,它的发展将取决于半导体集成化工艺水平的进步与提高。目前广泛使用的智能传感器,主要是通过传感器的智能化来实现的。

近些年以来,有学者提出了智能结构的概念,也就是将传感元件、制动元件及微处理器集成于基底材料中,使材料或结构具有自感知、自诊断、自适应的智能处理能力。智能结构涉及传感技术、控制技术、人工智能、信息处理和材料学等多种学科与技术,是当今国内外竞相研究开发的跨世纪前沿科技。对此,本章将作简要介绍。

16.1.2 智能传感器的构成与特点

从构成上看,智能传感器是一个典型的以微处理器为核心的检测系统。它一般由图16-1所示的几个部分构成。

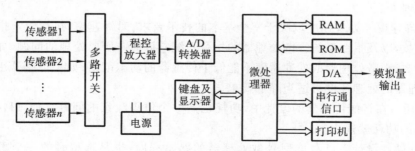

图16-1　智能传感器的构成

与一般传感器相比,智能传感器有以下几个显著特点。

(1) 精度高　由于智能传感器具有信息处理的功能,因此通过软件不仅可以修正各种确定性系统误差(如传感器输入输出的非线性误差、温度误差、零点误差、正反行程误差等)，而且还可以适当地补偿随机误差，降低噪声，从而使传感器的精度大大提高。

（2）稳定性与可靠性好　由于传感器件、信号调理电路、信号处理电路、控制器等集成在一起，使智能传感器的稳定性和可靠性得到提高。

（3）检测与处理方便　智能传感器不仅具有一定的可编程自动化能力，即可根据检测对象或条件的改变，方便地改变量程及输出数据的形式等，而且其输出数据可通过串行或并行通信线路直接送入远距离的计算机进行处理。

（4）功能多　智能传感器不仅可以实现多传感器多参数的综合测量，扩大测量与使用范围，而且可以采用多种形式输出(如 RS232 串行输出，PIO 并行输出，总线输出，以及经 D/A 转换后的模拟量输出等)。

（5）性能价格比高　在相同精度条件下，多功能智能传感器与单一功能的普通传感器相比，其性能价格比高，尤其是在采用比较便宜的单片机后更为明显。

 ## 16.2　智能传感器的设计

本节所介绍的智能传感器的设计，主要从系统的角度考虑硬件和软件的设计，至于传感器本体的设计此处不作介绍。

16.2.1　硬件设计

1. 微处理器系统的设计

微处理器系统主要由中央处理器 CPU、存储器(ROM、RAM)、总线结构(地址总线、数据总线和控制总线)、输入输出口(串行口和并行口)等部分组成。

微处理器系统是智能传感器的核心，它的性能对整个传感器的调理电路、接口设计等都有很大的影响。目前可供选用的微处理器主要有单片机、信号处理器等，如 MCS-51 系列、AVR 系列、MSP430 等。微处理器的选择主要根据以下几点来确定。

（1）任务　在智能传感器中，根据微处理器是用于数据处理还是仅仅起控制作用来选择微处理器的型号。例如，MCS-51 系列单片机的指令系统比较丰富，具有较强的数据处理能力。

（2）字长　字长较长，就能处理较宽范围内的算术值。因此 4 位字长的微处理器一般都用于控制，8 位字长的既可用于数据处理，也可用于控制，而 16 位字长的微处理器几乎都用于数据处理。

（3）处理速度　处理速度取决于三个基本的技术要求：时钟速率，执行给定指令所要求的机器周期数，以及指令系统。微处理器的指令系统应该面向所要处理的问题，如果传感器用于动态测试，则微处理器的处理速度不能低于传感器的动态范围；如果传感器用于静态测试，则微处理器的处理速度可适当降低要求。

（4）功耗　在智能传感器的设计中，功耗也是一个值得注意的问题。如 TI(德州仪器)的 MSP430 的功耗就很小。

此外，软硬件设计人员对该型号微处理器的熟悉程度，也是选型时的一个重要考虑因素。

2. 信号调理电路的设计

多数传感器输出的模拟电压在毫伏或微伏数量级，而且变化较为缓慢。然而信号所处的环境往往是比较恶劣的,干扰和噪声都较大。信号调理电路的作用,一方面是将微弱的低电平信号放大到模数转换器所要求的信号电平;另一方面是抑制干扰、降低噪声,以保证信号检测的精度。因此,信号调理电路主要包括低通滤波器和性能指标较好的电压放大器。

在放大器的输入端加一个滤波器,能够有效地降低共模干扰和差模干扰。滤波器分为无源滤波器和有源滤波器。在智能传感器的调理电路设计中,通常采用数字滤波器来进行滤波,如 FIR、IIR 等数字滤波器,以及取中间值或均值的方法。

信号调理电路中的放大器,除了具有电压放大的功能外,还可以完成阻抗变换,电平转换,电流/电压转换,以及隔离的功能。由于大多数来自传感器的信号可能很小,甚至很微弱,这就要求放大器要满足低失调、低漂移、抗共模干扰能力强等指标。通常采用的有测量放大器、程控测量放大器、隔离放大器等。

测量放大器也称仪表放大器,它具有较高的输入阻抗,较低的失调电压和温度漂移系数,较高的共模抑制比,稳定的增益以及较低的输出阻抗。目前常见的测量放大器有美国AD 公司生产的 AD612、AD614、AD521、AD522 等。

程控测量放大器是信号调理电路中较常使用的一种放大倍数可调的测量放大器。在智能传感器中,由于传感器可能有多个,而且即使是同一个传感器,在不同的使用条件下输出信号的电平变化范围也会有较大的差异。由于 A/D 用转换器的输入电压通常为 $0\sim\pm5$ V 或 $0\sim\pm10$ V,若上述传感器的输出电压直接作为 A/D 转换器的输入电压,就不能充分利用 A/D 转换器的有效位,从而影响测量范围和测量精度。

因此,必须根据输入信号电平的大小。改变测量放大器的增益,使各输入通道均使用最佳增益进行放大。程控测量放大器(PGA)就是一种新型的可编程控制增益测量放大器,它的通用性很强,其特点是硬件设备少。它的放大倍数可根据需要通过编程进行控制,使 A/D 转换器满量程信号达到均一化。

图 16-2 为程控测量放大器的电路原理图,其中增益选择开关 S_1-S_1'、S_2-S_2'、S_3-S_3' 成对动作,每一时刻仅有一对开关闭合。当改变数字量输入编码时,则可改变闭合开关序号,从而选择不同的反馈电阻,达到改变放大器增益的目的。目前常用的程控测量放大器为美国 AD 公司生产的 LH0084PGA 芯片。

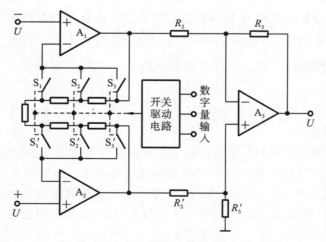

图 16-2 程控测量放大器电路原理图

隔离放大器又称隔离器,其输入电路、输出电路在电气上是隔离的。它不仅具有通用运算放大器的性能,而且输入公共地和输出公共地之间有良好的绝缘性能。隔离放大器可以有效地消除共模干扰的影响从而保证测量系统的安全。目前常用的隔离放大器有美国 AD 公司生产的 Model277 和 Model288 等。

3. A/D、D/A 的设计

由于微处理器只能接收数字量,因此在智能传感器中,传感器和微处理器之间要通过模数转换器完成模拟量到数字量的转换。

模数转换器的功能是将输入的模拟电压信号成比例地转化为二进制数字信号。当需要传感器的输出起控制作用时,数模转换器又将微处理器处理后的数字量转换为相应的模拟量信号。因此 A/D 和 D/A 转换器是智能传感器中不可缺少的重要环节。下面不讲述它们的工作原理,只介绍 A/D 和 D/A 的选择及接口电路的设计。

1)A/D 转换器

常用的 A/D 转换器主要有双积分式、逐次逼近式、并行比较式三种。此外电压-频率转换器(VFC)也可以认为是双积分式 A/D 转换器的一种变形。在选择 A/D 转换器时,除需要满足用户的各种技术要求外,主要考虑以下性能指标。

(1)分辨率 分辨率是指输出数字量对输入模拟量变化的分辨能力,分辨率 D 取决于 A/D 转换器的位数 n,即 $D=1/(2n-1)$。其中 n 越大,转换精度越高,但成本也会随之增加。目前常用的 ADC 芯片多为 8 位、10 位、12 位。

(2)转换时间与转换频率 转换频率与转换时间成反比,但是对于 A/D 转换器的最大可能的转换频率,除了前述的转换时间外,还包括复位信号将 A/D 转换器全部恢复到零的时间。A/D 转换器的转换时间或最高工作频率,一般与 A/D 转换器的位数、输出形式及输入信号的大小有关。逐次逼近式 A/D 转换器的转换时间与位数有关,与输入信号的大小无关;而双积分式 A/D 转换器的转换时间随输入信号的幅值而异。

(3)稳定性和抗干扰能力 在同样分辨率下,双积分式 A/D 转换器的线性和稳定性高,抗干扰能力强,价格低,但转换时间长。VFC 的转换速度不高,但其电路简单,只需单根传输线,适于远距离传输。并行比较式 A/D 转换器的转换速度快,但精度差,成本较高。逐次逼近式 A/D 转换器既有较高的转换精度,又有较高的速度,因此是目前最常用的一种 A/D 转换器。

目前市场上大多数的集成 A/D 转换器芯片为逐次逼近式和双积分式。常见的逐次逼近式 A/D 转换器芯片有:8 位的 ADC0801、ADC0809,10 位的 AD570、AD571,12 位的 ADC80 等。常见的双积分式 A/D 转换器芯片有 $3\frac{1}{2}$ 位的 5G14433、$4\frac{1}{2}$ 位的 5G7135 和 $5\frac{1}{2}$ 位的 AD755 等。

2)D/A 转换器

D/A 转换器的功能是将几位输入的数字量转换成对应的模拟量,其输出有模拟电压和模拟电流两种形式,如 DAC 0832、AD 7522 是电流输出形式。有的 DAC 芯片内部设有放大器,可直接输出电压信号,如 AD588、AD7224 等。电压输出有单极性和双极性输出两种方式。D/A 转换器按接收位数来分有 8 位、10 位和 12 位等。在选择使用 D/A 转换器时,主要应考虑以下性能指标。

(1)分辨率 D/A 转换器的分辨率是指输出模拟量对输入数字量变化的分辨能力,分辨率 D 取决于 D/A 转换器的位数 n,即 $D=1/(2n-1)$。

(2)转换时间 输入数字代码产生满度值的变化时,其模拟输出达到最终值的 $\pm LSB/2$

以内所需的时间。输出形式是电流时,其转换时间很快,一般为 50~500 ns;输出形式是电压时,转换器的主要建立时间是运算放大器输出所需的时间,为 1~10 μs。

(3)精度 D/A 转换器的精度分为绝对精度和相对精度两类。在选择 D/A 转换器时,一般主要考虑绝对精度。绝对精度是指 D/A 转换器输出信号的实际值与理论值的误差,它包括非线性、零点、增益、温度漂移等项误差。

3)ADC、DAC 与微处理器的接口

ADC 在每一次转换结束后,需要通过接口将转换结果输入到微处理器中,微处理器的数据输出通常也需要通过 DAC 进行数模转换后输出模拟量信号,因此接口的设计是智能传感器设计重要的一环。鉴于微处理器的接口技术已成为一门重要的专业课程,本章不再作介绍,感兴趣的读者可参考这方面的书籍。

16.2.2 软件设计

智能传感器除了已经介绍的各种硬件组成之外,还有一个起支配地位且十分重要的软件部分。软件是智能传感器的灵魂和大脑,软件设计的好坏直接影响到智能传感器的功能及硬件作用的发挥。

1. 软件设计思想

常用的软件设计思想有模块化程序设计、自顶向下程序设计、结构化程序设计三种。

(1)模块化程序设计 把一个复杂的软件,分解为若干个程序段,每段程序完成单一的功能,并且具有一定的相对独立性,称之为"模块",这种设计思想称为模块化程序设计。智能传感器的软件设计可按功能分块,如数据采集功能、数据运算功能、逻辑判断功能、故障报警功能等。

模块化程序设计的优点是程序容易编写、查错和调试,也容易理解;缺点是有些程序难以模块化及有些模块需要调用其他模块,使模块之间互有影响。

(2)自顶向下程序设计 自顶向下程序设计,又称为构造性编程,实质上是一种逐步求精的方法,也称为系统性编程或分层设计。由顶向下的思想就是把整个问题划分为若干个大问题,每个大问题又分为若干个小问题,这样一层层地划分下去,直到最底层的每个任务都能单独处理为止。这是程序设计的一种规范化形式。在自顶向下程序设计的过程中,对于每一个程序模块,应明确规范其输入、功能和输出。

(3)结构化程序设计 如何使各个模块截然分开,防止它们相互作用呢?如何编写一个层次分明的程序,便于调试和修改错误呢?这就需要采用结构化程序设计的思想。

结构化程序设计思想,给程序设计施加了一定的约束,它限定必须采用规定的基本结构和操作顺序。任何程序都由层次分明、易于调试的若干个基本结构组成。这些基本结构的共同特点是:在结构上,信息流只有一个入口和一个出口。基本结构有顺序结构、条件结构和循环结构三种。

① 顺序结构 顺序结构的框图如图 16-3(a)所示。在这种结构中,程序按顺序连续地执行,即先执行 P1,然后执行 P2,最后执行 P3。其中,P1、P2、P3 可以是一条简单的指令,也可以是一段完整的程序,它们都只有一个入口和一个出口。

② 条件结构 条件结构的框图如图 16-3(b)所示。尽管判断部分(即棱形框)可以有多个出口,但是整个条件结构最终也只有一个入口和一个出口。

③ 循环结构 循环结构的框图如图 16-3(c)所示。该结构能多次执行同一循环程序 P,

信息流从单一入口进入此结构后,一直停留在此结构中,直至终止条件满足时,才从单一出口退出此结构。

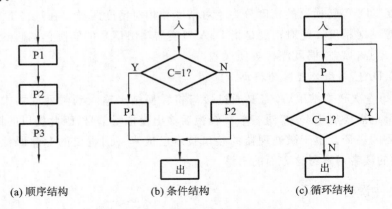

(a) 顺序结构　　　　(b) 条件结构　　　　(c) 循环结构

图 16-3　结构化程序设计的基本结构

2. 数据处理算法

在智能传感器中,软件的最主要功能是完成数据处理任务。智能传感器的数据主要是指输入非电量、输出电量、误差量、特征表格等。数据处理的功能主要包括算术和逻辑运算,检索与分类,非线性特性的校正,误差的自动校准及自诊断,数字滤波等部分。其中,算术与逻辑运算是微处理器最基本的功能,在微处理器手册中都有详细介绍,因此,本章只对后四种功能进行介绍。

1) 检索与分类

在智能传感器的设计中,为了提高传感器的精度,常常需要将传感器在部分或全部量程范围内的输入、输出数据以表格的形式储存在 ROM 或 EPROM 中,这时就需要查表算法。检索与分类就是实现查表的算法。

所谓检索就是查明某一给定数据(常称为关键字)是否存在于表格之中,若存在,则进一步查明其具体位置。线性检索是一种最基本、最简单的检索方法,它是从表格的第一个单元开始,逐个取出表格存储单元的内容与关键字进行比较,直到找到相同者为止;或者当表格中不存在该关键字时,则一直查找到表格的末端才结束。

线性检索的程序流程图如图 16-4 所示。该程序以 BC 寄存器记录表格单元的总数,以 HL 寄存器作为表格地址指针。若检索成功则将找到元素的表地址送入 HL,并将该元素的序号送入累加器 A 中。若未找到与关键字内容相同的单元,则将标志 FFH 送入累加器中。线性检索法的优点是程序简单且对有序表和无序表均适用;缺点是检索比较次数太多,检索时间长。因此,线性检索一般适用于表格元素较少的情况。

2) 非线性特性的校正

许多传感器的输出信号与被测参数间存在明显的非线性,为了提高智能传感器的测量精度,必

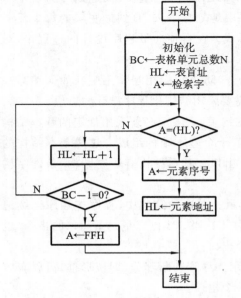

图 16-4　线性检索程序框图

须对非线性特性进行校正,使之线性化。线性化的关键是找出校正函数,但有时校正函数很难求得,这时可用多项式函数进行拟合或分段线性化处理的方法。

(1) 校正函数　假设传感器的输出为 y,输入为 x,$y = f(x)$ 存在非线性,现计算下列函数

$$R = g(y) = g[f(x)] \tag{16-1}$$

使 R 与 x 之间保持线性关系,函数 $g(y)$ 便是校正函数。

例如,半导体二极管检波器的输出电压 u_o 与被测输入电压 u_i 成指数关系

$$u_o \propto e^{u_i/a} \tag{16-2}$$

式中,a 为常数。为了得到线性结果,微处理器必须对数字化后的输出电压进行一次对数运算,即 $R = \ln u_o \propto u_i$,使 R 与 u_i 间存在线性关系。

(2) 曲线拟合法校正　曲线拟合的理论表明:某些自变量 x 与因变量 y 之间的单值非线性关系,可以用自变量的高次多项式来逼近,即

$$y = a_0 + a_1 x + a_2 x^2 + \cdots + a_n x^n \tag{16-3}$$

其中,$a_0, a_1, a_2, \cdots, a_n$ 是待求的拟合系数。通常用最小二乘法来求以上系数,也就是使残差平方和 $\sum_{i=0}^{n} \Delta_i^2$ 为最小值,其中 Δ_i 为第 i 个实际数据与拟合曲线上相应值之间的残差,由此可得出曲线拟合的经验公式如下。

$$\left. \begin{array}{l} S_0 a_0 + S_1 a_1 + S_2 a_2 + \cdots + S_n a_n = C_0 \\ S_1 a_0 + S_2 a_1 + S_3 a_2 + \cdots + S_{n+1} a_n = C_1 \\ \quad\quad\quad\quad\quad \vdots \\ S_n a_0 + S_{n+1} a_1 + S_{n+2} a_2 + \cdots + S_{2n} a_n = C_n \end{array} \right\} \tag{16-4}$$

式中:
$$S_k = \sum_{i=0}^{n} x_i^k, \quad k = 0, 1, 2, \cdots, 2n$$

$$C_k = \sum_{i=0}^{n} x_i^k y_i, \quad k = 0, 1, 2, \cdots, n$$

只要求解出上述由 $n+1$ 个方程构成的方程组,就可得到拟合多项式的系数 $a_0, a_1, a_2, \cdots, a_n$。

(3) 分段线性化与线性插值　对于一个已知函数 $y = f(x)$ 的曲线,可按一定的要求将它分成若干小段,每个分段曲线用其端点连成的直线段来代替,这样就可在分段范围内用直线方程来代替曲线,从而简化计算。对每一个分段,如 (x_i, x_{i+1}),直线与实际曲线上的点只是在两个端点上是重合的;对于 $x_{i+1} > x > x_i$ 的一切点,它们的值都不是曲线上的真实值,而是根据下面的直线方程计算得到的,所以称这种方法为线性插值。

$$y = y_i + \frac{y_{i+1} - y_i}{x_{i+1} - x_i}(x - x_i); \quad \begin{pmatrix} i = 0, 1, 2, \cdots, n \\ x_{i+1} > x > x_i \end{pmatrix} \tag{16-5}$$

或简化为
$$y = y_i + k_i(x - x_i) \tag{16-6}$$

其中,$k_i = (y_{i+1} - y_i)/(x_{i+1} - x_i)$ 为第 i 段直线的斜率;$(x_0, y_0), (x_1, y_1), \cdots, (x_n, y_n)$ 为曲线上各分段点的自变量和函数值。

由式(16-6)可知,k_i, x_i, y_i 都是按函数特性预先确定的值,可作为已知常数存于微处理器的指定存储区。若要计算与某一输入 x 相对应的 y 值,须首先按 x 值检索其所属的区段,从常数表查得该区段的三个常数 k_i, x_i, y_i,从而可计算式(16-6)所对应的输出 y。

该方法是查表与计算的有效结合。分段点的选取是一个重要问题,分段数越多,则逼近精度越高,但同时所占用计算机的内存单元也越多,此外,还会大大增加在分段常数准备及存储方面的工作量。因此,应该根据传感器的精度要求合理地选取分段点。一般来说,分段可以是等距的,也可以是不等距的。

3) 误差的自动校准及自诊断

借助微处理器的计算能力,可自动校准由零点电压偏移和漂移、各种电路的增益误差及器件参数的不稳定等引起的误差,从而提高传感器的精度,简化硬件并降低对精密元件的要求。自动校准的基本思想是仪器在开机后或每隔一定时间自动测量基准参数,如数字电压表中的基准电压或地电位等,然后计算出误差。在正式测量时,根据测量结果和误差计算出测量结果。

自诊断程序步骤一般可以有两种:一种是设立独立的"自检"功能,在操作人员按下"自检"按键时,系统将按照事先设计的程序,完成一个循环的自检,并从显示器上观察自检结果是否正确;另一种是在每次测量之前插入一段自检程序,若程序不能往下执行而停在自检阶段,则说明系统有故障。

4) 数字滤波

所谓数字滤波,就是通过一定的计算程序降低干扰在有用信号中的比重。与模拟滤波器相比,数字滤波的优点在于:①通过改变程序,就可以方便灵活地调整参数;②可以对极低频率的信号(如 0.01 Hz)实现滤波;③不需要增加硬件设备,各通道可选用同一数字滤波程序。对于简单的数字滤波器设计可采用基于算术平均值法的平滑滤波器和一阶数字滤波器等,对于比较复杂的滤波器可采用模拟化设计方法。

模拟化设计法以模拟滤波器理论为基础。由模拟滤波器理论可知,无论是低通滤波器还是高通滤波器,都可以分为几种不同类型,如巴特沃斯滤波器、切比雪夫滤波器、贝塞尔滤波器等。同样都是低通滤波器,巴特沃斯低通滤波器的通带特性最平、切比雪夫低通滤波器高频段衰减最快、贝塞尔低通滤波器则具有线性相移特性。滤波器的类型不同,要求的传递函数的系数也不相同。

低通滤波器的传递函数为

$$\frac{Y(s)}{X(s)} = \frac{G}{s^n + b_{n-1}s^{n-1} + \cdots + b_1 s + b_0} \tag{16-7}$$

其中,$G, b_0, b_1, \cdots, b_{n-1}$ 为待定系数。

高通滤波器的传递函数为

$$\frac{Y(s)}{X(s)} = \frac{Gs^n}{s^n + a_{n-1}s^{n-1} + \cdots + a_1 s + a_0} \tag{16-8}$$

其中,$G, a_0, a_1, \cdots, a_{n-1}$ 为待定系数。

带通滤波器的传递函数为

$$\frac{Y(s)}{X(s)} = \frac{G}{p^n + b_{n-1}p^{n-1} + \cdots + b_1 p + b_0} \tag{16-9}$$

其中,$p = \dfrac{s^2 + \omega_0^2}{B_s}$,$G, b_0, b_1, \cdots, b_{n-1}$ 为待定系数,ω_0 为通带中心角频率,B_s 为带宽。

根据模拟化设计法,数字滤波器的设计步骤如下。

(1) 根据要求的滤波器性质(低通、高通、带通等),决定滤波器的传递函数形式。

(2) 根据要求的滤波器特性(通带特性、截止频率、通带外的衰减速度、相移特性等),选取滤波器类型、阶次并决定相应的传递函数的系数。

（3）将所得到的滤波器的模拟传递函数离散化，得到相应的差分方程。

（4）根据差分方程编写数字滤波程序。

16.3 传感器的智能化实例

智能式应力传感器用于测量飞机机翼上各个关键部位的应力大小，并判断机翼的工作状态是否正常以及故障情况。如图16-5所示，它共有六路应力传感器和二路温度传感器，其中每一路应力传感器由四个应变片构成的全桥电路和前级放大器组成，用于测量应力的大小。温度传感器用于测量环境的温度从而对应力传感器进行温度误差修正，采用8031单片机作为数据处理和控制单元。多路开关根据单片机发出的命令轮流选通各个传感器通道，0通道为温度传感器通道，1~6通道分别为六个应力传感器通道。程控放大器则在单片机的命令下分别选择不同的放大倍数对各路信号进行放大。

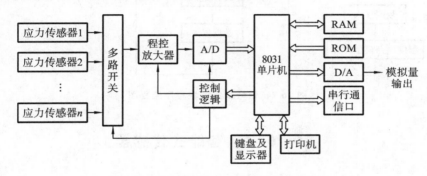

图 16-5　智能式应力传感器的硬件结构

智能式应力传感器具有测量、程控放大、转换、处理、模拟量输出、打印、键盘、监控及通过串行口与上位微型计算机进行通信的功能。其软件采用模块化和结构化的设计方法，软件结构如图16-6所示。

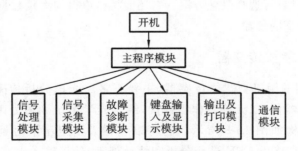

图 16-6　智能式应力传感器的软件结构

主程序模块主要完成自检、初始化、通道选择，以及各个功能模块调用的功能。其中，信号采集模块主要完成各路信号的放大、A/D转换和数据读取的功能。数据处理模块主要完成数据滤波、非线性补偿、信号处理、误差修正及检索查表等功能。故障诊断模块的任务是对各个应力传感器的信号进行分析，判断飞机机翼的工作状态及是否有损伤或故障存在。键盘输入及显示模块的任务包括：一是查询是否有键按下，若有键按下则反馈给主程序模块，从而使主程序模块根据按键信息执行或调用相应的功能模块；二是显示各路传感器的数据和工作状态(包括按键信息)。

输出及打印模块主要是控制模拟量输出及控制打印机完成打印任务。通信模块主要控制 RS232 串行通信口和上位微机的通信。图 16-7 为信号采集模块的程序流程图。

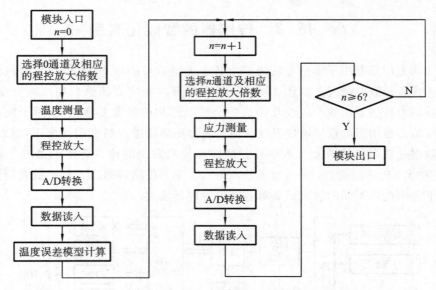

图 16-7　信号采集模块程序流程图

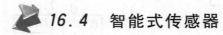

16.4　智能式传感器

16.4.1　智能式传感器的概述

智能式传感器是"电五官"与"微电脑"的有机结合,对外界信息具有检测、逻辑判断、自行诊断、数据处理和自适应能力的集成一体化多功能传感器。这种传感器还具有与主机互相对话的功能,也可以自行选择最佳方案。它还能将已取得的大量数据进行分割处理,实现远距离、高速度、高精度的传输。

16.4.2　典型的智能式传感器

目前已投入使用的微机型智能传感器,主要有多路光谱分析传感器。这种传感器采用硅 CCD(电荷耦合器件)二元阵列作摄像仪,结合光学系统和微处理器共同构成一个不可分割的整体,其结构如图 16-8 所示。它可以装在人造卫星上对地面进行多路光谱分析,测量获得的数据直接由 CPU 进行分析和统计处理,然后输送出有关地质、气象等各种情报。

以硅为基础的超大规模集成电路技术正在加速发展并日臻成熟,三维集成电路已成为现实。日本已开发出三维多功能单片智能传感器,它已将平面集成发展为三维集成,实现了多层结构,如图 16-9 所示。它将传感功能、逻辑功能和记忆功能等集成在一块半导体芯片上,反映了智能式传感器的发展方向。

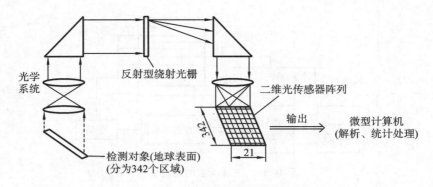

图 16-8　多路光谱分析传感器结构示意图

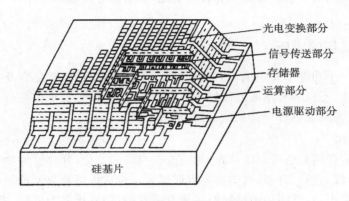

图 16-9　三维多功能单片智能传感器

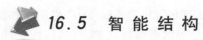

16.5　智 能 结 构

16.5.1　智能结构的概念和作用

近些年来,智能传感技术与智能致动技术以及敏感材料技术的不断融合,形成了当前传感技术领域和材料领域的一个新热点,这就是智能结构技术。

智能结构(smart structure)又称智能材料结构。这一概念最早源于以下思想:让材料本身就具有自感知、自诊断、自适应的智能功能,即材料本身就是一个智能式传感器,无须再为测量材料的各种物理量而外接大量传感器。

智能结构可定义如下:将具有仿生命功能的敏感材料或传感器、致动器及微处理器以某种方式集成于基体材料中,使制成的整体材料构件具有自感知、自诊断、自适应的智能功能。

图 16-10 所示为一种典型的智能结构,它把传感元件、致动元件及信息处理和控制系统集成于基体材料中,使制成的构件不仅具有承受载荷、传递运动的能力,而且具有检测多种参数的能力(如应力、应变、损伤、温度、压力等),并在此基础上具有自适应动作能力从而改变结构内部应力、应变分布、结构外形和位置,或者控制和改变结构的特性,如结构阻尼、固有频率、光学特性、电磁场分布等。

智能结构一般可分成两种类型,即嵌入型和本征型。

嵌入型智能结构是在基体材料中嵌入具有传感、致动和控制处理功能的三种原始材料或元件,利用传感元件采集和检测结构本身或外界环境的信息,控制处理器则控制致动元件执行相应的动作。

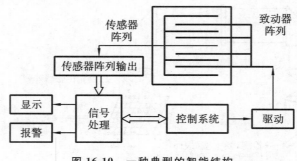

图 16-10　一种典型的智能结构

本征型智能结构指材料本身就具有智能功能,能够随着环境和时间改变自己的性能,如自滤波玻璃等。

16.5.2　智能结构的组成

智能结构由三个功能单元组成:传感器单元、致动器单元、信息处理及控制单元。智能结构的最高级形式,不仅具有集成的传感元件和致动元件,而且实现信息处理和控制功能的微处理器、信号传输线及电源等都集成在同一母体结构中。

1. 传感器单元

传感器单元的作用是感受结构状态(如应变、位移)的变化,并将这些物理量转换为电信号,以便处理和传输,它是智能结构的重要组成部分。构成传感器单元的敏感材料是决定智能结构性能的重要因素,常用的敏感材料主要有应变型材料、压电型材料、光纤等三类。

2. 致动器单元

致动器单元的作用是在外加电信号的激励下,产生应变和位移的变化,对原结构起驱动作用,从而使整体结构改变自身的状态或特性,实现自适应功能。致动器的主要技术指标有最大应变量、弹性模量、频率带宽、线性范围、延迟特性、可埋入性等。

目前,可供使用的应变致动材料主要有四类,即形状记忆合金、压电材料、电致和磁致伸缩材料,以及电、磁流变体。

3. 信息处理和控制单元

信息处理和控制单元是智能结构的关键组成部分,它的作用是对来自传感器单元的各种检测信号进行实时处理,并对结构的各种状态(如压力、温度等)进行判断,根据判断结果,按照控制策略输出控制信号,控制致动器单元。

信息处理和控制单元所完成的信号处理功能同智能传感器的功能一致,这里不再赘述,而它所完成的控制功能较为复杂。智能结构控制的一个明显特点是分散控制,一般分成三个层次,即局部控制、全局控制和认知控制。局部控制可用于增加阻尼、吸收能量、减小残余位移;全局控制可以达到更高的控制精度,除了常规控制所需的鲁棒性,还必须充分考虑控制的分布性;认知控制则是控制的更高层次,具有主动辨识、诊断和学习功能。

16.5.3　光纤型智能结构实例

下面介绍一种自诊断自适应智能结构系统,其中传感器网络由光纤传感元件构成,致动器采用记忆合金框架。该智能结构可以实现大面积结构的载荷监测和损伤在线诊断,并能根据损伤诊断结果自适应控制相应区域的应力状态使其产生改变,使结构处于抑制损伤扩展的应力状态。

该智能结构总体为平板状,其中采用偏振型光纤应变传感器构成传感器网络,传感器排列方式如图 16-11 所示,呈纵横排列状布局。它具有结构简单、埋置方便、灵敏度适中的优点。当传感器的敏感光纤受到应变 ε 作用时,一小段长 ΔL 光纤中传输光的偏振态变化为

$$\Delta\Phi = \{\beta - \beta n^2 [P_{12} - \mu(P_{21} - P_{12})]/2\}\Delta L\varepsilon \tag{16-10}$$

式中,P_{21}、P_{12} 为光纤芯的弹光常数,n、μ 为纤芯的折射率及油松比,β 为光在光纤中的传播常数。通过传感器系统中的检偏镜及光敏管可把 $\Delta\Phi$ 的变化转换成输出电压的变化,从而得到要检测的应变。若板上 A 处由于载荷作用或损伤造成一个大应变区域,则 A 附近的四根传感元件感受的应变较大,输出也较大,而其他处的传感元件输出均较小,这样,就可以从不同位置传感元件的输出大小分布情况判断载荷或损伤的位置。

该智能结构采用形状记忆合金(SMA)作为致动元件,它可使 6%~8% 的塑性变形完全恢复。若形状恢复受到约束,则可产生高达 690 MPa 的回复应力。为了实现结构大面积的强度自适应,SMA 在平板结构中采用组合式布置方案。图 16-12 所示是组合式 SMA 致动器布局,不论损伤处于什么位置,都可以根据损伤识别的结果,通过控制电路改变 SMA 单元的连接方式,使 SMA 构成不同的回路,并激励相应的 SMA 动作,在损伤周围形成压应力区域,防止损伤进一步发展。

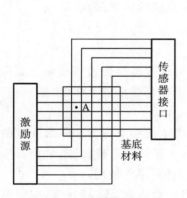

图 16-11 传感器排列方式

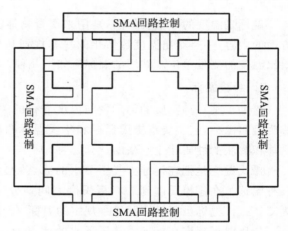

图 16-12 组合式 SMA 致动器布局

本 章 小 结

智能传感器包括传感器的智能化和智能式传感器两种主要形式。

智能化传感器的设计,包括硬件设计和软件的设计两个部分。本章通过对智能应力传感器在实际中的应用来介绍传感器在实际电路中的设计方法。智能应力传感器用于测量飞机机翼上各个关键部位的应力大小,并判断机翼的工作状态是否正常以及故障情况。

本章还对智能式传感器和智能结构的组成和特点进行了简要的介绍。

思考与练习题

1. 智能传感器的主要功能有哪些?
2. 和传统传感器相比,智能传感器有哪些特点?
3. 试述传感器智能化的途径。
4. 试述智能传感器的发展方向。

第17章 温度检测仪表

17.1 概　述

温度是描述系统不同自由度之间能量分布状况的基本物理量,是决定一个系统是否与其他系统处于热平衡的宏观性质,一切互为热平衡的系统都具有相同的温度。根据分子物理学理论,温度与大量分子的平均动能相联系,它反映了物体内部分子无规则运动的剧烈程度。物体的许多物理现象和化学性质都与温度有关,许多生产过程,特别是化学反应过程,都是在一定的温度范围内进行的。所以,在工业生产和科学实验中,人们经常会遇到温度检测与控制等问题。

17.1.1 温标

温标是温度的数值表示法,是用来衡量物体温度高低的标尺。一个温标主要包括两个方面的内容:一是给出温度数值化的一套规划和方法,如规定温度的读数起点(零点);二是给出温度的测量单位。常用的温标有如下几种。

1. 经验温标

借助于某一种物质的物理量与温度变化的关系,用实验方法或经验公式所确定的温标称为经验温标,它主要指摄氏温标和华氏温标两种。这两种温标都是根据液体(水银)受热后体积膨胀的性质建立起来的。

摄氏温标是把在标准大气压下水的冰点定为零摄氏度,把水的沸点定为100摄氏度的一种温标。在零摄氏度到100摄氏度之间划分100等份,每一等份为1摄氏度,单位符号为℃。摄氏温标虽不是国际统一规定的温标,但中国目前暂时还可继续使用。

华氏温标规定在标准大气压下水的冰点为32华氏度,水的沸点为212华氏度,中间划分为180等份,每一等份为1华氏度,单位符号为℉。华氏温标已被中国所淘汰,不再使用。

由此可见,用不同温标所确定的温度数值不同;另外,上述经验温标是用水银作温度计的测温介质的。由于经验温标依附于具体物质的性质而带有任意性,所以不能严格地保证世界各国所采用的基本测温单位完全一致。

2. 热力学温标

热力学温标又称开尔文温标,单位为开尔文(Kelvin),用符号 K 表示。热力学温标是以热力学第二定律为基础的一种理论温标,已由国际计量大会采纳作为国际统一的基本温标。热力学温标中有一个绝对零度,低于绝对零度的温度是不可能存在的。热力学温标的特点是不与某一特定的温度计相联系,并且与测温物质的性质无关,是由卡诺定理推导出来的,所以用热力学温标所表示的热力学温度被认为是最理想的温度数值。

热力学中的卡诺热机是种理想的机器,实际上并不存在,因此,热力学温标是一种纯理论的理想温标,无法直接实现。

3. 国际实用温标

为了使用方便,国际上协商决定,建立一种既能体现热力学温度(即能保证较高的准确度),又能保证使用方便、容易实现的温标,这就是国际实用温标,又称国际温标。该温标选择了一些固定点(可复现的平衡态)温度作为温标基准点并规定了不同温度范围内的基准仪器。固定点温度间采用内插公式,这些公式建立了标准仪器示值与国际温标数值间的关系。随着科学技术的发展,固定点温度的数值和基准仪器的准确度会越来越高,内插公式的精度也会不断提高。因此,国际温标在不断更新和完善,其准确度也会不断提高,并尽可能接近热力学温标。

第一个国际温标是 1927 年建立的,记为 ITS-27。同时,国际温标于 1948 年、1968 年和 1990 年进行了几次较大修改,相继有 ITS-48、ITS-68 和 ITS-90。目前,中国已开始采用 ITS-90。

17.1.2 温度检测仪表的分类

温度检测仪表根据敏感元件与被测介质接触与否,可以分成接触式和非接触式两大类。接触式检测仪表主要包括基于物体受热体积膨胀或长度伸缩性质的膨胀式温度检测仪表(如玻璃管水银温度计、双金属温度计),基于导体或半导体电阻值随温度变化的热电阻温度检测仪表,基于热电效应的热电偶温度检测仪表等。非接触式检测仪表是利用物体的热辐射特性与温度之间的对应关系,来对物体的温度进行检测,非接触式检测主要包括亮度法、全辐射法和比色法等。

各种温度检测仪表各有自己的检测方法及特点,详见表 17-1。

表 17-1 主要温度检测方法及特点

测温方式	温度计种类		测温范围/℃	优　点	缺　点
接触式测温仪表	膨胀式	玻璃液体	−50~600	结构简单、使用方便、测量准确、价格低廉	测量上限和精度受玻璃质量的限制,易碎,不能记录远传
		双金属	−80~600	结构紧凑、牢固可靠	精度低,量程和使用范围有限
	压力式	液体 气体 蒸汽	−30~600 −20~350 0~250	结构简单,耐震,防爆能记录、报警,价格低廉	精度低、测温距离短、滞后大
	热电偶	铂铑-铂 镍铬-镍硅 镍铬-考铜	0~1 600 −50~1 000 −50~600	测温范围广,精度高,便于远距离、多点、集中测量和自动控制	需冷端温度补偿,在低温段测量精度较低
	热电阻	铂 铜	−200~600 −50~150	测量精度高,便于远距离、多点、集中测量和自动控制	不能测高温,需注意环境温度的影响
非接触式测温仪表	辐射式	辐射式 光学式 比色式	400~2 000 700~3 200 900~1 700	测温时,不破坏被测温度场	低温段测量不准,环境条件会影响测温准确度
	红外线	光电探测 热电探测	0~3 500 200~2 000	测温范围大,适于测温度分布,不破坏被测温度场,响应快	易受外界干扰,标定困难

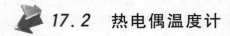

17.2 热电偶温度计

17.2.1 检测原理

热电偶温度计的测温原理是热电效应,任何两种不同的导体组成的闭合回路,如果将它们的两个接点分别置于温度为 t 及 t_0 的热源中,则在该回路内就会产生热电势。这两种不同导体的组合称为热电偶,每根单独的导体称为热电极。两个接点中,t 端称为工作端(假定该端置于被测的热源中),又称测量端或热端;t_0 端称为自由端,又称为参考端或冷端。

由热电效应可知,闭合回路中所产生的热电势由两部分组成,即接触电势和温差电势。实验结果表明,温差电势比接触电势小很多,可忽略不计,则热电偶的电势可表示为

$$E_{AB}(t,t_0) = e_{AB}(t) + e_{BA}(t_0) = e_{AB}(t) - e_{AB}(t_0) \tag{17-1}$$

这就是热电偶测温的基本公式,具体的分析详见前面章节的相关内容。

由式(17-1)可知,当 t_0 一定时,$e_{AB}(t_0) = C$ 为常数。则对于确定的热电偶,其总电势就只与温度 t 成单值函数关系,即

$$E_{AB}(t,t_0) = e_{AB}(t) - C \tag{17-2}$$

根据国际温标规定,当 $t_0 = 0\ ℃$ 时,用实验的方法测出各种不同热电极组合的热电偶在不同的工作温度下所产生的热电势值,列成一张张表格,这就是常说的分度表。显然,当 $t = 0\ ℃$ 时,热电势为零。温度与热电势之间的关系也可以用函数式表示,称为参考函数。新的国标温标 ITS-90 的分度表和参考函数是由国际电工委员会和国际计量委员会合作安排,由国际上有权威的研究机构(包括中国在内)共同参与完成的,它是热电偶测温的主要依据。图 17-1 所示为几种常见热电偶的温度与热电势的特性曲线。

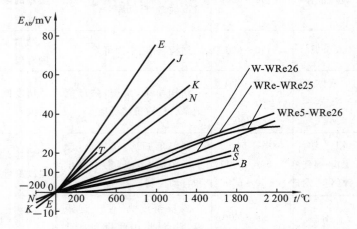

图 17-1 常见热电偶的温度与热电势的特性曲线

根据上述热电偶的温度与热电势的特性曲线,可以得出如下结论。

(1) $t = 0\ ℃$ 时,所有型号的热电偶的热电势均为零,温度越高,热电势越大;当 $t < 0\ ℃$ 时,热电势为负值。

(2) 不同型号的热电偶在相同温度下,热电势一般有较大的差别;在所有标准化热电偶中,B 型热电偶的热电势为最小,E 型热电偶的热电势为最大。

(3) 温度与电势之间的关系一般为非线性。正由于热电偶的这种非线性特性,当自由

端温度 $t_0 \neq 0$ ℃时,不能用测得的电势 $E(t,t_0)$ 直接查分度表得 t',然后再加上 t_0,而应该根据式(17-3)先求出 $E(t,0)$。

$$E(t,0) = E(t,t_0) + E(t_0,0) \tag{17-3}$$

然后再查分度表,得到温度 t。

例 17-1 S 型热电偶工作时自由端温度为 $t_0 = 30$ ℃,现测得热电偶的电势为 7.5 mV,求被测介质实际温度。

解 由题意知,热电偶测得的电势为 $E(t,30)$,即 $E(t,30) = 75$ mV,其中 t 为被测介质温度。由分度表可查得 $E(30,0) = 0.173$ mV,则

$$E(t,0) = E(t,30) + E(30,0) = 7.5 \text{ mV} + 0.173 \text{ mV} = 7.673 \text{mV}$$

再由分度表中查出与其对应的实际温度为 830 ℃。

17.2.2 热电偶自由端温度的处理

从热电偶测温基本公式可知,热电偶产生的热电势,对于某一种热电偶来说,只与工作端温度 t 和自由端温度 t_0 有关,即

$$E_{AB}(t,t_0) = e_{AB}(t) - e_{AB}(t_0) \tag{17-4}$$

根据国际温标规定,热电偶的分度表是以 $t_0 = 0$ ℃作为基准进行分度的,而在实际使用过程中,自由端温度 t_0 往往不能维持在 0 ℃。那么工作端温度为 t 时,在分度表中所对应的热电势 $E(t,0)$ 与热电偶实际输出的电势值 $E(t,t_0)$ 之间的误差为

$$\begin{aligned}
E_{AB}(t,0) - E_{AB}(t,t_0) &= e_{AB}(t) - e_{AB}(0) - e_{AB}(t) + e_{AB}(t_0) \\
&= e_{AB}(t_0) - e_{AB}(0) \\
&= E_{AB}(t_0,0)
\end{aligned} \tag{17-5}$$

由此可见,差值 $E(t_0,0)$ 是自由端温度 t_0 的函数。因此,需要对热电偶自由端温度进行处理,处理方法主要有以下四种。

1. 补偿导线法

热电偶一般做得比较短,应用时常常需要把热电偶输出的电势信号传输到远离数十米的控制室中的显示仪表或控制仪表。如果用一般导线(如铜导线)把信号从热电偶末端引至控制室,则根据热电偶的中间导体定律,该热电偶回路的热电势为 $E(t,t_0')$,如图 17-2 所示,热电偶末端(即自由端)仍在被测介质(设备)附近,而且 t_0' 易随现场环境变化。如果设想把热电偶延长,并直接接到控制室,这样热电偶回路的热电势为 $E(t,t_0)$,自由端温度 t_0 由于远离了现场,因而比较稳定。用这种加长热电偶的方法对于廉价金属热电偶还可以,而对于贵金属热电偶来说价格就太高了。因此,希望用一对廉价的金属导线把热电偶末端接至控制室,同时使得该对导线和热电偶组成的回路产生的热电势为 $E(t,t_0)$,这对导线就称为补偿导线。这样可以不用原热电偶电极而使热电偶的自由端延长,显然这对补偿导线的热电特性在 $t_0' \sim t_0$ 范围内应与热电偶相同或基本相同。

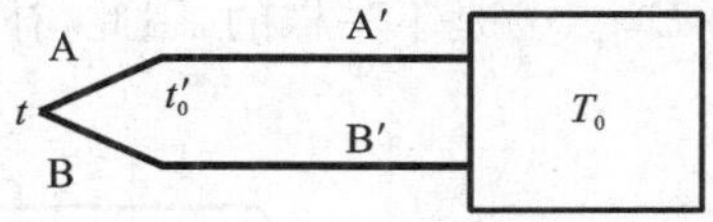

在图 17-2 中,A′B′为补偿导线,则补偿导线产生的热电势为 $E_{A'B'}(t_0',t_0)$。图 17-2 的回路总电势为 $E_{AB}(t,t_0') + E_{A'B'}(t_0',t_0)$,根据补偿导线的性质,有

图 17-2 带补偿导线的热电偶测温原理

$$E_{A'B'}(t_0',t_0) = E_{AB}(t_0',t_0)$$

则由热电偶的等值替代定律可得回路总电势为

$$E = E_{AB}(t, t'_0) + E_{A'B'}(t'_0, t_0) = E_{AB}(t, t_0) \tag{17-6}$$

因此,补偿导线 A'B' 可视为热电偶电极 AB 的延长,使热电偶的自由端从 t'_0 处移到 t_0 处,热电偶回路的热电势只与 t 和 t_0 有关,t'_0 的变化不再影响总电势。

使用补偿导线时必须注意以下问题。

(1) 补偿导线只能在规定的温度范围内(一般为 0~100 ℃)与热电偶的热电势相等或相近。

(2) 不同型号的热电偶有不同的补偿导线。

(3) 热电偶和补偿导线的两个接点处要保持相同温度。

(4) 补偿导线有正、负极,需分别与热电偶的正、负极相连。

(5) 补偿导线的作用只是延伸热电偶的自由端,当自由端温度 $t_0 \neq 0$ ℃时,还需进行其他补偿与修正。

2. 计算修正法

当用补偿导线把热电偶的自由端延长到 t_0 处(通常是环境温度)时,只要知道该温度值,并测出热电偶回路的电势值,通过查表计算的方法,就可以求得实际被测温度值。

假设被测温度为 t,热电偶自由端温度为 t_0,所测得的电势值为 $E(t, t_0)$。利用分度表先查出 $E(t_0, 0)$ 的数值,然后根据式(17-3)可计算出对应被测温度为 t 的电势 $E(t, 0)$,最后按照该值再查分度表可得出被测温度 t。计算过程详见例 17-1。

这种方法主要应用于实验室的测温,由于需要人工计算、查表,故不能应用于生产过程的连续测量。

3. 自由端恒温法

在工业中应用时,一般把补偿导线的末端(即热电偶的自由端)引至电加热的恒温器中使其维持在某一恒定温度。通常一个恒温器可供多支热电偶同时使用。在实验室及精密测量中,通常把自由端放在盛有绝缘油的试管中,然后再将其放入装满冰水混合物的容器中,以使自由端温度保持在 0 ℃,这种方法称为冰浴法。

4. 自动补偿法

自动补偿法目前主要采用补偿电桥来实现,它是利用不平衡电桥产生的电势来补偿热电偶因自由端温度变化而引起的热电势的变化值。如图 17-3 所示,电桥由 r_1、r_2、r_3(均为锰铜电阻)和 r_{Cu}(铜电阻)组成。将电桥串联在热电偶回路中,热电偶的自由端与电桥中的 r_{Cu} 处于相同温度。当 $t_0 = 0$ ℃时,$r_{Cu} = r_1 = r_2 = r_3 = 1$ Ω,这时电桥平衡,无电压输出,回路中的电势就是热电偶产生的电势,即为 $E(t, 0)$。当 t_0 变化时,r_{Cu} 也将改变,于是电桥两端 a、b 就会输出一个不平衡电压 u_{ab}。如果选择适当的电阻 R,则可使电桥的输出电压 $u_{ab} = E(t_0, 0)$,从而使回路中的总电势仍为 $E(t, 0)$,起到了自由端温度的自动补偿。由补偿电桥与为电桥供电的电源和电阻 R 组成的电路称为自由端温度补偿器,简称补偿器。由于不同型号热电偶的 $E(t_0, 0)$ 是不一样的,因此,补偿器要和热电偶一一对应配套使用。

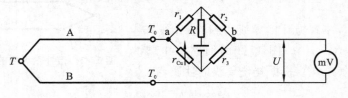

图 17-3 补偿电桥

17.2.3 热电偶温度检测系统

使用热电偶组成一个温度检测系统,主要有两种方法,一种是热电偶直接与显示仪表相连,显示仪表显示被测温度值;另一种方法是热电偶先连接到热电偶温度变送器,变送器输出的标准信号与被测温度成线性对应关系,并送到显示仪表显示温度值。

对于第一种情况,显示仪表必须要与热电偶配套使用。显示仪表可以是模拟指针式的,也可以是数字式的,但必须包含与热电偶对应的自由端温度补偿器。补偿器产生的电势连同热电偶的电势一起作为显示仪表的输入信号。对于模拟指针式温度显示仪表,由于指针的偏转角与输入电势的大小成正比,而热电势与温度之间是非线性关系,因此,显示表的标尺 L 的温度刻度也是非线性的。数字式温度显示仪表一般先将输入电势(毫伏信号)进行放大,再通过 A/D 转换送入单片机,由单片机输出驱动数码显示。如果不经过特别处理,数码显示值与输入电势成良好的线性关系。为了使显示值直接对应被测温度,在电路中或在单片机软件中需要加入非线性补偿,同时还要进行标度变换。

对于第二种情况,温度变送器也必须和热电偶配套使用,必须包含与热电偶对应的自由端温度补偿器。通用的温度变送器,还应包含非线性补偿环节,使其输出值正比于热电偶工作端的被测温度。因此,与变送器相连的温度显示仪表可以是一种通用的显示仪表,它的输入信号为统一的标准信号(如 0~10 mA 或 4~20 mA)。只要更换与热电偶和变送器对应的温度标尺(模拟式仪表)或调整标度变换就能显示温度值,而且不需要烦琐的非线性刻度和非线性补偿。

随着电子技术和计算机技术的迅速发展,现在出现了一些智能化的温度显示仪表和变送器,其中一个重要功能是它们能与大部分的热电偶直接配套使用,而不再需要一一配套。当热电偶型号改变时,显示仪表或变送器只需做简单的设置就可以实现配套使用。

17.3 热电阻温度计

大部分的导体或半导体的电阻值随温度的升高而增大或减小,根据这个性质,它们可以作为温度检测元件,其相应的电阻体称为热电阻。目前国际上最常见的热电阻有铂、铜及半导体热敏电阻等。

17.3.1 金属热电阻的分度号与分度表

金属热电阻的检测仪表主要有铂电阻温度计和铜电阻温度计,铂电阻和铜电阻的电阻值都是随温度的升高而增大的。

由于热电阻在温度 t 时的电阻值与 0 ℃的电阻 R_0 有关,所以对 R_0 的允许误差有严格的要求。另外,R_0 的大小也有相应的规定。R_0 越大,则电阻体体积越大,不仅需要较多的材料,而且使测量的时间常数增大,同时电流通过电阻丝产生的热量也增加,但引线电阻及其变化的影响变小;R_0 越小,则情况与上述相反。因此,需要综合考虑选用合适的 R_0。目前,我国规定的工业用铂电阻有 $R_0 = 10 \ \Omega$ 和 $R_0 = 100 \ \Omega$ 两种,它们的分度号分别为 Pt_{10} 和 Pt_{100};铜电阻温度计也有 $R_0 = 50 \ \Omega$ 和 $R_0 = 100 \ \Omega$ 两种,其分度号分别为 Cu_{10} 和 Cu_{100}。类似于热电偶的分度表,汇集了不同温度下各种热电阻分度号的电阻值的表格称为热电阻的分度表。

17.3.2 热电阻的结构形式

工业用热电阻的结构形式如图17-4(a)所示，它主要由电阻体、绝缘套管、保护套管和接线盒等部分组成。

电阻体由细铂丝或铜丝绕在支架上构成。由于铂的电阻率较大，而且相对机械强度较大，故直径不用很大，通常铂丝的直径在0.05 mm以下，因此电阻丝不需要太长，往往只绕一层，而且是裸丝，每匝间留有空隙以防短路。铜的机械强度较低，故电阻丝的直径应较大，一般为0.1 mm，由于铜电阻的电阻率很小，要保证 R_0 需要很长的铜丝，因此需将铜丝绕成多层，这就必须用漆包铜线或丝包铜线。为了使电阻感温体没有电感，无论哪种热电阻都必须采用无感绕法，即先将电阻丝对折起来，如图17-4(b)所示那样双绕，使两个端头都处于支架的同一端。

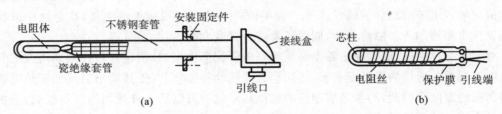

(a)   (b)

图17-4 热电阻的结构形式

支架的质量会直接影响热电阻的性能，因而支架材料在使用温度范围内一般应满足以下要求。

（1）有良好的电绝缘性能。

（2）热膨胀系数要与热电丝的一致或相近。

（3）有较高的热电率、较小的比热容。

（4）有稳定的物理、化学性能，不会产生有害物质污染电阻丝。

（5）有足够的机械强度，有良好的加工性能。

根据这些要求，常用的支架材料有云母、石英玻璃、陶瓷等。支架的形状有十字形、平板形、螺旋形及圆柱形等。

绝缘套管、保护套管的作用和材料与热电偶的类似。

连接电阻体引出端和接线盒之间的线称为内引线，它位于绝缘套管内，其材料与电阻丝相同（铜电阻），或者与电阻丝的接触电势较小的材料（铂电阻的内引线为镍丝或银丝）相同，以免产生附加电势。同时内引线的线径应比电阻丝的大很多，一般在1 mm左右，以减少引线电阻的影响。

与铠装热电偶相似，热电阻也有铠装结构。铠装热电阻的组成和特点与铠装热电偶的基本相同。

17.3.3 热电阻温度检测系统

使用热电阻组成温度检测系统时，其结构形式与热电偶的相似，即热电阻可以直接与专用的显示仪表相连，也可以使用热电阻变送器将热电阻阻值的变化转换为与被测温度成线性关系的标准信号，再用通用的显示仪表显示温度。

与热电偶测温系统一样，热电阻测温系统使用时，其显示仪表或变送器要注意和热电阻配套使用，其中显示仪表或变送器应具有非线性补偿或处理功能（因为热电阻的电阻值与温度之间的关系是非线性的)。但是,两种测温系统也有区别,主要表现在以下几个方面。

(1)因为热电偶和热电阻的信号形式不一样,所以变送器及显示仪表的输入电路形式也不同。热电偶变送器和热电偶显示仪表一般都需要有自由端温度补偿器,而配热电阻的变送器和显示仪表必有一个测量电桥,热电阻作为测量电桥的一个桥臂。

(2)从热电偶接线盒到变送器或显示仪表的引线应该是与热电偶配套的补偿导线,在连接时应尽可能减小接触电势,减小两导线连接端的温差。而从热电阻接线盒到热电阻变送器或显示仪表的引线可以是一般的导线,由于引线上的电阻会计入热电阻的阻值,因此,要尽可能减小引线电阻(并保持恒定),减小引线间的接触电阻和接触电势。

由上面的分析可知,在热电阻温度检测系统中,引线电阻大小对测量结果有较大的影响。对于铂电阻,引线每增加 $5\ \Omega$,将会引起 $10\ ℃$ 左右的测量误差。为了减小引线电阻的影响,引线可采用三根,如图 17-5 所示,其中两根引线来自热电阻的一个引出端,另一根引线接至热电阻的另一个引出端。三根引线分别接到变送器或显示仪表输入电路的电桥的电源和两个桥臂,这种引线方式称为三线制。由于引线分别接在电桥的两个桥臂上,受温度或长度的变化引起引线电阻的变化将同时影响两个桥臂的电阻,但对电桥的输出影响不大,从而较好地消除了引线电阻的影响,提高了测量的准确度。所以,工业热电阻多半采用三线制接法。

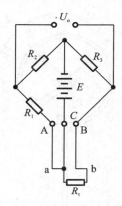

图 17-5　热电阻的三线制接法

17.4　其他接触式温度检测仪表

接触式温度检测仪表除了热电偶温度计和热电阻温度计外,常见的还有玻璃管温度计、压力式温度计和双金属温度计等,它们一般不具有信号远距离传输功能,常用做现场温度指示。近年来,还出现了新的集成温度传感器。下面分别对这些温度检测仪表的原理、结构及应用特点进行简单介绍。

17.4.1　玻璃管温度计

玻璃管温度计是应用最广泛的一种温度计,其结构简单、使用方便、准确度高、价格低廉。

玻璃管温度计主要包含玻璃温包、毛细管、工作液体和刻度标尺等。玻璃管温度计利用了液体受热后体积随温度膨胀的原理。玻璃温包内充有工作液体,当玻璃温包插入被测介质中时,由于被测介质的温度变化,使其中的液体膨胀或收缩,因而沿毛细管上升或下降,由刻度标尺显示出温度的数值。液体受热后体积膨胀与温度之间的关系可用式(17-7)表示。

$$V_t = V_{t0}(\alpha - \alpha')(t - t_0) \tag{17-7}$$

式中:V_t 表示液体在温度为 t 时的体积;V_{t0} 表示液体在温度为 t_0 时的体积;α 表示液体的体积膨胀系数;α' 表示盛液容器的体积膨胀系数。

从式(17-7)可以看出,液体的膨胀系数 α 越大,温度计的灵敏度就越高。一般多采用水银和酒精作为工作液,其中水银工作液较其他液体有许多优点,如不粘玻璃、不易氧化、可测温度高、容易提纯、线性较好、准确度高等。

玻璃管温度计按用途分类,又可分为工业、标准和实验室用三种。标准玻璃温度计是成套供应的,可用于检定其他温度计,准确度可达 $0.05\sim0.1$ ℃;工业用玻璃温度计为了避免使用时被碰碎,在玻璃管外通常罩有金属保护套管,仅露出标尺部分,供操作人员读数。另外还附有安装到设备上的固定连接装置,一般采用螺纹连接。实验室用的玻璃温度计形式和标准玻璃温度计相仿,准确度也较高。

17.4.2　压力式温度计

压力式温度计是根据封闭容器中的液体、气体或低沸点液体的饱和蒸汽压,在受热后体积膨胀或压力增大的原理制成的,并用压力表来测量此变化,故又称为压力表式温度计。

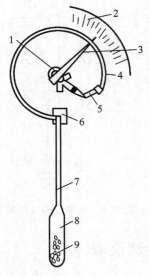

图 17-6　压力式温度计的基本结构
1—传动机构;2—刻度盘;3—指针;
4—弹簧管;5—连杆;6—接头;
7—毛细管;8—温包;9—工作介质

压力式温度计的基本结构如图 17-6 所示。它由充有感温介质的温包、传递压力的毛细管、压力敏感元件(弹簧管)和指示表构成。温包内填充的感温介质有气体、液体或蒸汽液体等。测温时将温包置于被测介质中,温包内的工作介质因温度升高、体积膨胀而导致压力增大。该压力经毛细管传递给弹簧管并使其产生一定的形变,带动指针转动,指示出相应的温度。按所使用工作介质的不同,这类温度计可分为液体压力式温度计、气体压力式温度计和蒸汽压力式温度计。虽然它们的结构基本相同,但测温原理有一定的差别。

对于液体压力温度计,如果忽略温包、毛细管和弹性元件所组成的仪表密封系统容积的变化,即把系统看成一个理想的刚性系统时,对一定质量的液体,则它的压力与温度之间的关系可用式(17-8)表示。

$$p_\mathrm{t} - p_\mathrm{t0} = \frac{\alpha}{\beta}(t - t_0) \tag{17-8}$$

式中:p_t 表示工作液在温度为 t 时的压力;p_t0 表示工作液在温度为 t_0 时的压力;α 表示工作液的体积膨胀系数;β 表示工作液的可压缩系数。

对于气体压力温度计,可以把整个封闭系统视为定容系统。假设封闭系统中的初始压力为 p_0,绝对温度为 T_0,工作气体满足理想气体方程式,则当温包感受绝对温度为 T 时,气体的压力为

$$p = \frac{p_0}{T_0} \times \frac{V_\mathrm{A} + V_\mathrm{B}}{\dfrac{V_\mathrm{A}}{T} + \dfrac{V_\mathrm{B}}{T_0}} \tag{17-9}$$

式中:V_A 表示温包的容积;V_B 表示除温包外封闭系统其余部分的容积。当 $V_\mathrm{A} \geqslant V_\mathrm{B}$ 时,有

$$p = \frac{p_0}{T_0}T \tag{17-10}$$

对于蒸汽压力温度计,各种液体饱和蒸汽压与温度之间的关系可以用式(17-11)表示。

$$\lg p = \frac{a}{T} + 1.75\lg T - bT + c \tag{17-11}$$

式中:p 为液体的饱和蒸汽压;T 为温包内自由液面的温度(绝对温度);a、b、c 为与液体性质有关的常数。

根据上述各种压力式温度计的测量原理,由于毛细管及弹簧管周围环境温度会影响系

统内的压力,因此,设计时应尽量减小它们的容积,使它们远小于温包的容积(对于气体压力温度计还可以改善其线性特性)。但是减小毛细管的体积,在长度一定的条件下意味着要使毛细管变小,这会增大压力传递的阻力,产生较大的滞后。因此,合理地选择弹性元件和传动机构可以在一定程度上减小环境温度的影响,也有利于减小非线性的影响。

17.4.3　双金属温度计

双金属温度计是利用两种膨胀系数不同的金属元件来测量温度的。其结构简单、牢固,可部分取代水银温度计,用于气体、液体及蒸汽的温度测量。

双金属温度计是由两种膨胀系数不同的金属薄片叠焊在一起制成的测温元件,如图17-7所示,其中双金属片的一端为固定端,另一端为自由端。当 $t=t_0$ 时,两金属片都处于水平位置;当 $t>t_0$ 时,双金属片受热后由于两种金属片的膨胀系数不同而使自由端产生弯曲变形,弯曲的程度与温度的高低成正比,即

$$x = G \frac{l^2}{d}(t - t_0) \tag{17-12}$$

式中:x 为双金属片自由端的位移;l 为双金属片的长度;d 为双金属片的厚度;G 为弯曲率,取决于双金属片的材料。

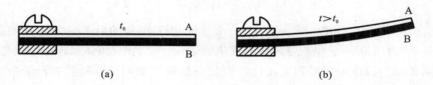

图 17-7　双金属温度计测温原理

为了提高仪表的灵敏度,工业上应用的双金属温度计将双金属片制成螺旋形,螺旋形双金属片的一端固定在测量管的下部,另一端为自由端,与指针轴焊接在一起。当被测温度发生变化时,双金属片自由端发生位移,使指引轴转动,经传动放大机构,由指针指示出被测温度值。双金属温度计的测量范围较宽,为 $-80\sim600$ ℃,准确度等级为 $1\sim2.5$ 级,但测量滞后较大。

17.4.4　集成温度传感器

处于正向工作状态的晶体三极管,其发射结电压 u_{be} 正比于晶体管所处的温度 T。由于晶体管反向饱和电流 I_{se} 也是温度的函数,因此,不能简单地直接用晶体管作为温度敏感元件。

集成温度传感器是利用晶体管的上述特性,把敏感元件、放大电路和补偿电路等部分集成化,并把它们封装在同一壳体中的一种一体化温度检测元件。它除了与半导体热敏电阻一样具有体积小、反应快的优点外,还具有线性好、性能好、价格低等特点。

美国 AD 公司生产有集成温度传感器 AD590,我国也于 1985 年开发出同类型的 SG590。AD590 的电源电压为 $5\sim30$ V,可测温度的范围是 $-55\sim150$ ℃。它的外形基本上就像一只三极管。由于 AD590 的电流是正比于绝对温度的微安,非常适用于绝对温度的测量。但它的输出信号不是标准信号,因此,使用 AD590 组成温度测量系统时,需要配专门的转换电路才能与显示仪表相连。

17.5 非接触式温度检测仪表

非接触式温度检测仪表主要是利用物体的辐射能随温度的变化而变化的原理制成的。这样的温度检测仪表也称辐射式温度计。辐射式温度计应用时,只需把温度计对准被测物体,而不必与被测物体直接接触,它可以用于运动物体及高温物体表面的温度检测,而且不会破坏被测对象的温度场。

17.5.1 检测原理

温度为 T 的物体对外辐射的能量 E 可用普朗克定律描述,即

$$E(\lambda, T) = \varepsilon_T C_1 \lambda^{-5} (e^{\frac{C_2}{\lambda T}} - 1)^{-1} \tag{17-13}$$

式中,ε_T 为物体在温度 T 下的辐射率(也称"黑度系数");λ 为辐射波长;C_1 为第一辐射常数,$C_1 = 3.741\ 832 \times 10^{16}$ W·m^2;C_2 为第二辐射常数,$C_2 = 1.438\ 786 \times 10^{-2}$ m·K。

假设 $\varepsilon_1 = 1$,将式(17-13)在波长自零到无穷大进行积分,可得在整个波长范围内全部辐射能量的总和 E,即

$$E = \int_0^\infty E(\lambda, T) d\lambda = \sigma T^4 = F(T) \tag{17-14}$$

式中,$\sigma = 5.670\ 32 \times 10^{-8}$ W/(m^2·K^4)为一个常数,表示黑体的斯蒂芬-玻尔兹曼常数。

式(17-14)为斯蒂芬-玻尔兹曼定律的数学表达式。它表明"黑体"($\varepsilon_T = 1$)在整个波长范围内的辐射能量与温度的四次方成正比。但是一般物体都不是"黑体"(即 $\varepsilon_T < 1$),而且 ε_T 不仅与温度有关,而且与波长也有关。

令普朗克公式,即式(17-13)中的波长为常数 λ_C,则

$$E(\lambda_C, T) = \varepsilon_T C_1 \lambda_C^{-5} (e^{\frac{C_2}{\lambda_C T}} - 1)^{-1} = f(T) \tag{17-15}$$

它表明物体在特定波长上的辐射能是温度 T 的单一函数。

取两个不同的波长 λ_1 和 λ_2,则在这两个特定波长上的辐射能之比为

$$\frac{E(\lambda_1, T)}{E(\lambda_2, T)} = \left(\frac{\lambda_1}{\lambda_2}\right)^{-5} e^{\frac{C_2}{T}(\frac{1}{\lambda_2} - \frac{1}{\lambda_1})} = \Phi(T) \tag{17-16}$$

式(17-16)称为维恩公式,它表明两个特定波长上的辐射能之比 $\Phi(T)$ 也是温度的单值函数。

由式(17-14)至式(17-16)可知,只要设法获得 $F(T)$、$f(T)$ 和 $\Phi(T)$,就可求得对应的温度。因此,辐射测温主要有如下三种基本方法。

(1) 全辐射法　全辐射法测出物体在整个波长范围内的辐射能量 $F(T)$,并将其辐射率 ε_T 校正后确定被测物体的温度。

(2) 亮度法　亮度法测出物体在某一波长(实际上是一个波长段 $\lambda \sim \lambda + \Delta\lambda$)上的辐射能量 $f(T)$,经辐射率 ε_T 校正后确定被测物体的温度。

(3) 比色法　比色法测出物体在两个特定波长段上的辐射能比值 $\Phi(T)$,经辐射率 ε_T 修正后确定被测物体的温度。

无论采用何种辐射测温法,辐射温度计主要由光学系统、检测元件、转换电路和信号处理等部分组成,如图 17-8 所示。

光学系统是通过光学透镜及其他光学元件将物体的辐射能中的特性光谱聚焦到检测元件,检测元件将辐射能转换成电信号,经信号放大、辐射率的修正和标度变换后输出与被测

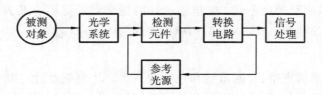

图 17-8　辐射温度计主要组成框图

温度相对应的信号。部分辐射温度计需要参考光源。

17.5.2　辐射温度计

根据辐射测温法的原理不同,辐射温度计主要有全辐射高温计、光电温度计和比色温度计等。

1. 全辐射高温计

全辐射高温计是通过接受被测物体的全部辐射能量来测定温度的。这种高温计的光学系统有透镜式和反射镜式两种结构。

全辐射高温计在使用过程中必须注意两个问题。

(1)温度计是非接触式的,但它与被测物体间的距离必须按测量距离与被测物体直径的关系曲线确定,同时还必须使被测物体的影像光全部充满瞄准视物,以确保检测元件充分接收辐射能量。测量距离一般为 1 000~2 000 mm(对于透镜式)和 500~1 500 mm(对于反射镜式)。

(2)温度计显示的温度为全辐射温度 T_P,被测物体的实际测量温度 T 应由式(17-17)的修正式得到

$$T = T_P \sqrt[4]{\frac{1}{\varepsilon_T}} \tag{17-17}$$

式中,ε_T 表示被测物体的辐射率。

由于不同物体的辐射率是不一样的,温度计的修正值应随被测物体的不同而变。

全辐射高温计接受的辐射能量大,有利于提高仪表的灵敏度,同时仪表的结构比较简单,使用方便。其缺点是容易受环境的干扰,对测量距离有较高的要求。全辐射温度计的温度测量范围一般为 400~2 000 ℃(根据不同的结构形式),测量误差为 1.5%~2.0%。

2. 光电温度计

光电温度计采用光电元件作为敏感元件,感受辐射源的亮度变化,并根据被测物体亮度与温度的关系确定温度的高低。

光电温度计也有测量距离的要求,一般用距离系数(测量距离与被测目标直径之比)表示。根据型号的不同,距离系数一般为 30~90,由此可利用已知的测量距离得到被测目标的可测直径,反之亦然。测量距离一般为 0.5~3 m。

光电温度计也要根据被测物体的辐射率修正其测量值,设温度计显示值为 T_L,光学系统所用滤光片的波长为 λ,则实际被测物体的温度 T 可由式(17-18)确定。

$$\frac{1}{T} = \frac{1}{T_L} + \frac{\lambda}{C_2}\ln\varepsilon_T \tag{17-18}$$

式中,C_2 为第二辐射常数。

光电温度计和全辐射高温计相比虽然仪器结构复杂,接受的能量较小,但抗环境干扰的

能力强,有利于提高测量的稳定性。光电温度计的温度测量范围一般为 $200 \sim 1\,500\ ℃$(通过分挡实现),测量误差为 $1.0\% \sim 1.5\%$,响应时间为 $1.5 \sim 5\ \text{s}$。

3. 比色温度计

比色温度计分单通道型、双通道型和色敏型三类。比色温度计是基于维恩位移定律工作的。根据维恩位移定律,物体温度变化时,辐射强度最大值所对应的波长要发生移动,从而使特定波长 λ_1 和 λ_2 下的亮度发生变化,其比值由式(17-16)给出。测出这两个波长对应的亮度比 $\Phi(T)$,就可以求出被测物体温度,由式(17-16)可得

$$T_{\mathrm{R}} = \frac{C_2 \left(\dfrac{1}{\lambda_2} - \dfrac{1}{\lambda_1} \right)}{\ln \Phi(T) - 5\ln \dfrac{\lambda_2}{\lambda_1}} \tag{17-19}$$

比色温度 T_{R} 是假设被测物体为"黑体"的辐射温度,实际被测物体温度 T 与比色温度有如下关系。

$$\frac{1}{T} = \frac{1}{T_{\mathrm{R}}} + \frac{\ln \dfrac{\varepsilon_{\mathrm{T}}(\lambda_1)}{\varepsilon_{\mathrm{T}}(\lambda_2)}}{C_2 \left(\dfrac{1}{\lambda_1} - \dfrac{1}{\lambda_2} \right)} \tag{17-20}$$

式中,$\varepsilon_{\mathrm{T}}(\lambda_1)$ 和 $\varepsilon_{\mathrm{T}}(\lambda_2)$ 分别表示被测物体在温度为 T 时对应波长 λ_1 和 λ_2 的辐射率。如果 λ_1 和 λ_2 相差不大,则可认为,$\varepsilon_{\mathrm{T}}(\lambda_1) \approx \varepsilon_{\mathrm{T}}(\lambda_2)$,或者它们间的比值近似为一个常数,由式(17-20)可得,被测实际温度 T 与比色温度 T_{R} 之间也仅差一个固定的常数,也就是测量结果基本不受物体辐射率的影响。但是比色温度计结构比较复杂,仪表设计和制造要求较高。这种温度计的测量范围一般为 $400 \sim 2\,000\ ℃$,基本测量误差为 $\pm 1\%$。

4. 红外温度计

红外温度计也是一种辐射温度计,其结构与其他辐射温度计相似。不同的地方是其光学系统和光电检测元件接收的是被测物体产生的红外波长段的辐射能。由于光电温度计受物体辐射率的影响比较小,故红外温度计一般也较多采用类似光电温度计的结构。

红外温度计的光电检测元件需要红外检测器。根据温度计中使用的透射和反射镜材料的不同,可透过或反射的红外波长也不同,从而测温范围也不一样,详见表 17-2 中的有关数据。

表 17-2　红外温度计常用光学元件材料及特性

光学元件材料	适用长度/μm	测温范围/℃
光学玻璃、石英	$0.76 \sim 3.0$	$\geqslant 700$
氟化镁、氧化镁	$3.0 \sim 5.0$	$100 \sim 700$
硅、锗	$5.0 \sim 14.0$	$\leqslant 100$

$$\boxed{\text{本 章 小 结}}$$

本章介绍了温度、温标的概念,温度检测仪表的分类。在此基础上介绍了几种典型的温度检测仪表,即热电偶温度计、热电阻温度计、玻璃管温度计、双金属温度计、压力式温度计。

温度检测主要有接触式和非接触式两大类,其中常用的是接触式温度仪表。工业生产过程中一般用膨

胀式温度仪表作现场就地指示；热电偶和金属热电阻则主要用做集中显示、记录和控制用的温度检测；半导体热敏电阻和集成温度传感器由于价格低、使用方便等特点在各种非工业生产过程领域有广泛的应用。但是，由于接触式温度检测需要把温度敏感元件置于被测对象中，通过物体间的热交换，使之达到热平衡，这使得温度检测的响应时间较长，同时，由于敏感元件的插入破坏了原被测对象的温度场。为了减小上述影响，要求尽可能地缩小温度敏感元件的体积。另一方面，由于在高温下，被测介质对敏感元件有一定的腐蚀作用，长期使用会影响敏感元件的性能，因此，需要在敏感元件外加保护套管，这样同时还可以增加测量体的机械强度。但是，保护套管的使用大大增加了温度检测的响应时间。

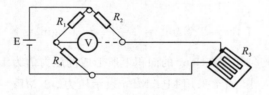

思考与练习题

1. 什么是温标？什么是国际实用温标？

2. 接触式测温和非接触式测温各有何特点，常用的测温方法有哪些？

3. 如何选用热电偶？选用热电偶时应该注意些什么？

4. 热电偶补偿导线的作用是什么？使用补偿导线应该注意些什么？

5. 热电偶的结构形式有哪些？

6. 热电阻的结构形式有哪些？

7. 为什么要对热电偶参比端进行处理？试述两种处理方法。

8. 用 Pt100 设计一个温度测量仪。

9. 给定一个电阻式应变片，其初始值为 150 Ω，最大量程为 1 吨，此时应变片的电阻值为 180 Ω。试设计一个压力计，使其在 1 吨压力下输出 3.3 V 的电压。

10. 用一个仪表放大器放大一个由温度传感器 Pt100 组成的惠斯登电桥的探测的信号。已知仪表放大器的放大倍数为 A，惠斯登电桥的供电电源为 E，Pt100 每增加 1 ℃，其阻值增加 0.385 Ω。试求：(1) 画出这个测量电路；(2) 计算温度为 50 ℃时，电桥输出的电压值。

11. 使用如图 17-9 所示的电桥式测量电路($R_1=R_2=R_3=R_4=R$)，试用公式推导说明电阻应变片 R_3 的变化量 ΔR 和电桥输出电压 V 之间的关系，假设 $\Delta R \ll R$。

图 17-9 题 11 图

12. 一种 Cu100 铜热电阻的分度表如表 17-3 所示。

表 17-2 红外温度计常用光学元件材料及特性

10℃	20℃	30℃	40℃	50℃	60℃	70℃	80℃	90℃	100℃
104.3	108.5	112.8	117.1	121.4	125.7	129.9	134.2	138.5	142.8

试求：(1) 若采用这种 Cu100 铜热电阻测量温度，测量的阻值是 131.6Ω，那么此时的温度是多少？

(2) 画出采用这种 Cu100 铜热电阻测量温度时的测量电路图。

第18章 力学量检测技术

在工业生产、科学研究等各个领域中,压力、力和转矩是经常需要测量的重要参数。由于这些参数都是力的现象,因此在测量方法和所用仪器设备上有很多相同的地方。

本章将介绍压力、力和转矩的测量方法、测量中所用的仪器设备及所用典型传感器的基本原理及结构。

18.1 压力的测量

压力是工业生产中的重要参数。在生产过程中,对固体、液体、气体的质量和压力的检测是保证产品质量的必要条件。正确地测量和控制压力是保证工业生产过程良好地运行,达到高产、优质、低耗及安全生产的重要环节。

18.1.1 压力的基本概念

1. 压力的定义

垂直作用于单位面积上的力,这就是物理学上的压强,在工程上常称为压力。压力表示为如下形式。

$$p = F/S \tag{18-1}$$

式中:p 为压力;F 为物体所承受的力;S 为物体承受力的面积。

2. 压力的单位

在国际单位制(SI)和我国法定计量单位中,压力的单位是"帕斯卡",简称"帕",符号为"Pa"。

$$1\ \mathrm{Pa} = 1\ \mathrm{N/m^2} = 1\ \frac{\mathrm{kgm}}{\mathrm{m^2\,s^2}} = 1\ \mathrm{kgm^{-1}s^{-2}}$$

即 $1\ \mathrm{N}$(牛顿)的力垂直均匀作用在 $1\ \mathrm{m^2}$ 的面积上所形成的压力值为 $1\ \mathrm{Pa}$,即 $1\ \mathrm{Pa} = 1\ \mathrm{N/m^2}$。

由于 Pa 的单位值太小,通常采用 kPa、MPa 表示压力。$1\ \mathrm{MPa} = 10^3\ \mathrm{kPa} = 10^6\ \mathrm{Pa}$。目前工程技术部门仍在使用的压力单位"工程大气压力"($\mathrm{kgf/cm^2}$)、"毫米汞柱"(mmHg)、"毫米水柱"($\mathrm{mmH_2O}$)、"物理大气压"(atm)、"巴"(bar)、"psi"等均应改成法定计量单位帕。表 18-1 给出了各种压力单位之间的换算关系。

表 18-1 常用压力换算表

单 位	帕斯卡 /Pa	标准大气压 /atm	毫米汞柱 /mmHg	毫米水柱 /mmH$_2$O	工程大气压 /(kgf/cm^2)	巴 /bar	磅/寸^2 /psi
帕斯卡/Pa	1	9.869×10^{-6}	7.501×10^{-3}	0.102	1.02×10^{-5}	10^{-5}	1.450×10^{-4}
标准大气压 /atm	101 325	1	760	1.033×10^4	1.033	1.013	14.696
毫米汞柱 /mmHg	133.3	1.316×10^{-3}	1	13.595	1.360×10^{-3}	1.333×10^{-3}	1.934×10^{-2}

单 位	帕斯卡 /Pa	标准大气压 /atm	毫米汞柱 /mmHg	毫米水柱 /mmH$_2$O	工程大气压 /(kgf/cm²)	巴 /bar	磅/寸² /psi
毫米水柱 /mmH$_2$O	9.807	0.968×10^{-4}	7.36×10^{-2}	1	1.000×10^{-4}	9.807×10^{-5}	1.422×10^{-3}
工程大气压 /(kgf/cm²)	98 066.5	0.968	735.56	1.000×10^{4}	1	0.981	14.223
巴/bar	10^{5}	0.987	750.062	1.020×10^{4}	1.020	1	14.504
磅/寸²/psi	689.5	6.805×10^{-2}	51.715	703.072	7.031×10^{-2}	6.895×10^{-2}	1

3. 压力的表示方法

由于参照点不同,在工程上压力有几种不同的表示方法。

(1)绝对零压力 如果一切分子都从容器内移出,则将造成完全真空,并且无压力作用于器壁,称为绝对零压力。

(2)绝对压力 绝对压力是以绝对零点压力为起点计算的压强,单位也用帕斯卡,符号为 Pa。

(3)大气压力 自绝对零压力起,大气作用下的压力称为大气压力。大气压力随地区和高度的不同而变化。

(4)标准大气压 把作用于海平面处的大气压定义为标准大气压,我国采用的标准大气压为 101.325 kPa。

(5)表压力 以大气压力为基准,压力测量仪表测压元件内部压力与周围大气压的差值称为表压力。为了得到绝对压力,需将大气压力附加在压力表的读数上,工程上常用的示值压力大多为表压力。

(6)真空度(负压) 真空度为以大气压力为基准,低于大气压力的压力读数。

(7)差压(压差) 两个压力之间的差值称为差压。

这几种表示方法的关系如图 18-1 所示。此外,工程上按压力随时间的变化关系还有静态压力(不随时间变化或变化缓慢的压力)和动态压力(随时间做快速变化的压力)之分。

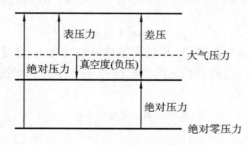

图 18-1 各种压力之间的关系

4. 压力检测的基本方法

(1)重力平衡方法 利用一定高度的工作液体产生的重力或砝码的质量与被测压力相平衡的原理,将被测压力转换为液柱高度或平衡砝码的质量来测量。如液柱式压力计、活塞式压力计等。

(2)弹性力平衡方法 利用弹性元件受压力作用发生弹性变形而产生的弹性力与被测

压力相平衡的原理来检测压力。将压力转换成位移,测出弹性元件变形的位移大小就可以测出被测压力。例如,弹簧管压力计、波纹管压力计及模式压力计等的应用最为广泛。

（3）机械力平衡法 将被测压力经变换元件转移成一个集中力,用外力与之平衡,通过测得平衡时的外力来得到被测压力。主要用于压力或压差变送器中,其精度较高,但结构复杂。

（4）物性测量方法 如采用应变片式传感器、压电式传感器、电容式传感器直接测量压力的大小。

18.1.2 常用压力检测仪表

1. 液柱式压力计

依据流体静力学原理,利用液柱对液柱底面产生的静压力与被测压力相平衡的原理,把被测压力转换成液柱高度的一种测压方法。一般是采用充有水或水银等液体的玻璃 U 形管、单管或斜管进行压力测量的,主要用于测量低压、负压或差压。其结构形式如图 18-2 所示。

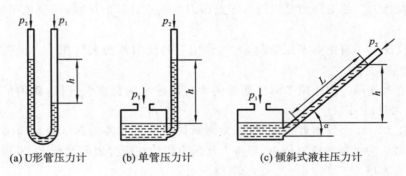

(a) U形管压力计   (b) 单管压力计   (c) 倾斜式液柱压力计

图 18-2　液柱式压力计结构形式

1）U 形管压力计

图 18-2(a)所示的 U 形管是用来测量压力和压差的仪表。在 U 形管两端接入不同的压力 p_1 和 p_2 时,根据流体静力学的平衡原理可知,U 形管两边管内液柱差 h 与被测压力 p_1 和 p_2 的关系为

$$p_1 A = p_2 A + \rho g h A \tag{18-2}$$

式中:A 为 U 形管内孔截面积;ρ 为 U 形管内工作液的密度;g 为重力加速度。

由式(18-2)可求得两压力的差值 Δp 或在已知一个压力的情况下(如压力 p_2),求出另一压力值。

$$\Delta p = p_1 - p_2 = \rho g h \tag{18-3}$$

2）单管压力计

U 形管压力计中 h 需要两次读数,读数误差较大。为了减小读数误差,可以采用单管压力计,如图 18-2(b)所示。当大容器一侧通入被测压力 p_1,管的另一侧通入大气压 p_2 时,满足下列关系。

$$\Delta p = p_1 - p_2 = \left(1 + \frac{d^2}{D^2}\right)\rho g h \tag{18-4}$$

由于 $D \gg d$,故 d^2/D^2 可以忽略不计,则式(18-4)可写成

$$\Delta p = h\rho g \approx h_1 \rho g \tag{18-5}$$

3）斜管压力计

斜管压力计主要用于测量微小的压力、负压和压差。为了提高灵敏度,减少读数的相对误差,通常可以拉长液柱,或者将测量管倾斜放置。被测压力与液柱之间的关系仍然与式(18-4)相同,即为

$$\Delta p = L\rho g \sin\alpha \tag{18-6}$$

式中:L 为斜管内液柱的长度;α 为斜管倾斜角。

由于 $L > h$,所以斜管压力计比单管压力计更灵敏,可以提高测量精度。

液柱式压力计结构简单,使用方便,有相当高的准确度,在相关专业中应用比较广泛。其缺点是量程受液柱高度的限制,体积大,玻璃管容易损坏及读数不方便。

2. 弹性压力计

当被测压力作用于弹性元件时,弹性元件便产生相应的弹性变形(即机械位移)。根据变形量的大小,可以测得被测压力的数值。弹性压力计的组成环节如图 18-3 所示。弹性元件是核心部分,其作用是感受压力并产生弹性变形,弹性元件采用何种形式要根据测量要求选择和设计;在弹性元件与指示机构之间是变换放大机构,其作用是将弹性元件的变形进行变换和放大;指示机构(如指针与刻度标尺)用于给出压力示值;调整机构用于调整零点和量程。

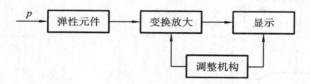

图 18-3　弹性压力计的组成环节

利用弹性元件受压后产生弹性变形的原理进行测压,常用的弹性元件有弹簧管、薄膜式弹性元件和波纹管等。

1）弹性元件

弹性元件是一种简单可靠的测压敏感元件。利用弹性元件受压后产生弹性变形的原理进行测压,随着压力的测量范围不同,所用弹性元件形式也不一样。弹性元件常用的材料有铜合金、弹性合金、不锈钢等,各适用于不同的测压范围和被测介质。同样的压力下,不同结构、不同材料的弹性元件会产生不同的弹性变形。常用的弹性元件有弹簧管、波纹管、薄膜等,如表 18-2 所示。其中波纹膜片和波纹管多用于微压和低压测量;单圈和多圈弹簧管可用于高、中、低压或真空度的测量。

同样的压力下,不同结构、不同材料的弹性元件会产生不同的弹性变形。常用的弹性元件有弹簧管、波纹管、薄膜等,如表 18-2 所示。其中波纹膜片和波纹管多用于微压和低压测量;单圈和多圈弹簧管可用于高、中、低压或真空度的测量。

（1）弹簧管　把截面积为椭圆形的金属管弯成弧形,当内部通入压力后,由于金属管的变形,其自由端会产生位移,利用该位移可以测量出压力的大小,可用于测量很大的压力。单圈弹簧管的位移量较小,为了增加自由端的位移量,以提高灵敏度,可以采用多圈弹簧管。

（2）波纹管　它是一个周围为波纹状的薄壁金属筒体,这种元件在压力作用下易于变形,并且位移可以很大,通常用于微压和低压测量。

（3）薄膜　薄膜有弹性膜片和膜盒两种形式,它是由金属或非金属弹性材料做成的膜片。在施加在薄膜上的压力的作用下,膜片或膜盒将会弯向压力小的一侧,使其中心会产生

一定的位移,利用该位移可以测量出压力的大小。其测量压力的范围较弹簧管的小。为了增加膜片的中心位移,提高灵敏度,可把两片膜片焊接在一起,成为一个薄盒子,称为膜盒。

表 18-2 弹性元件的结构和特性

类别	名称	示意图	压力测量范围/kPa		输出特性	动态性质	
			最小	最大		时间常数/s	自振频率/Hz
薄膜式	平薄膜	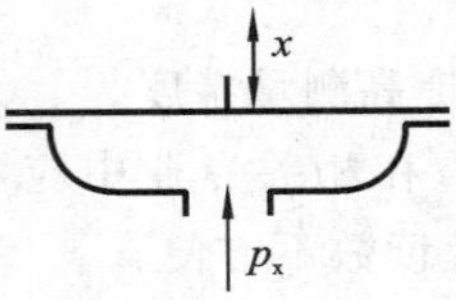	$0\sim10$	$0\sim10^5$	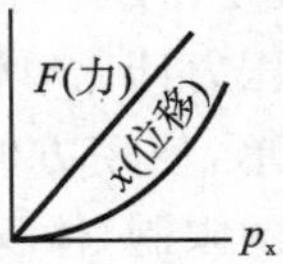	$10^{-5}\sim10^{-2}$	$10\sim10^4$
	波纹膜	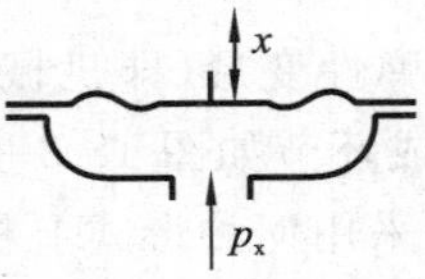	$0\sim10^{-3}$	$0\sim10^3$	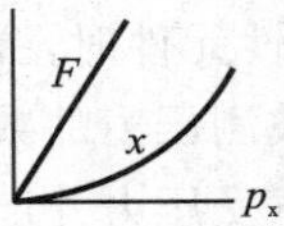	$10^{-2}\sim10^{-1}$	$10\sim10^2$
	挠性膜	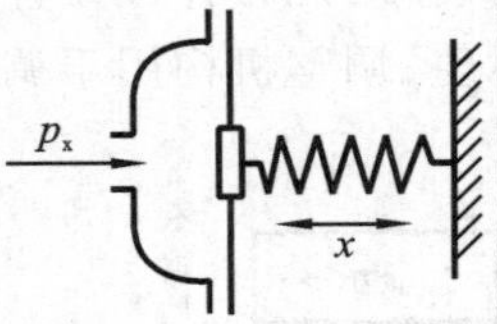	$0\sim10^{-5}$	$0\sim10^2$	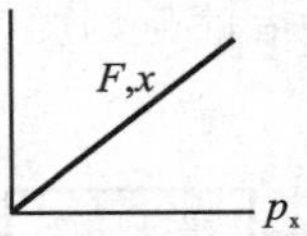	$10^{-2}\sim1$	$1\sim10^2$
波纹管式	波纹管	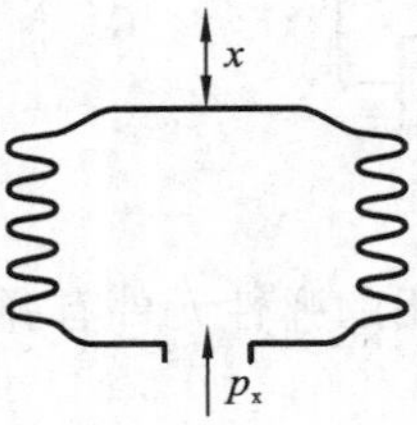	$0\sim10^{-3}$	$0\sim10^3$	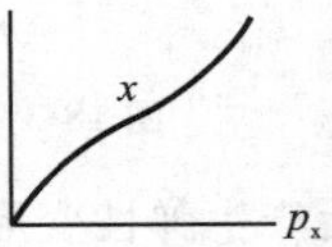	$10^{-2}\sim10^{-1}$	$10\sim10^2$
弹簧管式	单圈弹簧管	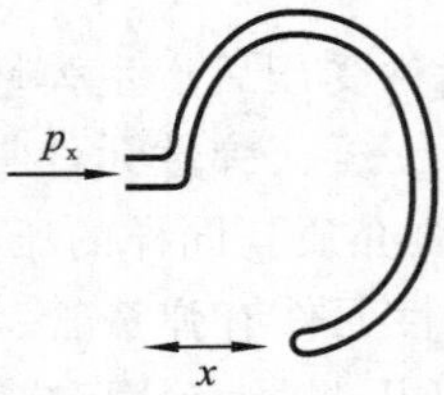	$0\sim10^{-1}$	$0\sim10^6$	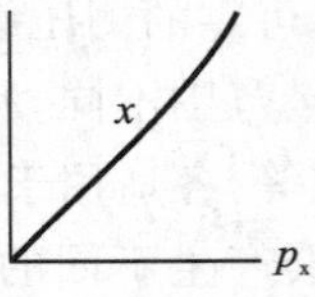	—	$10^2\sim10^3$
	多圈弹簧管	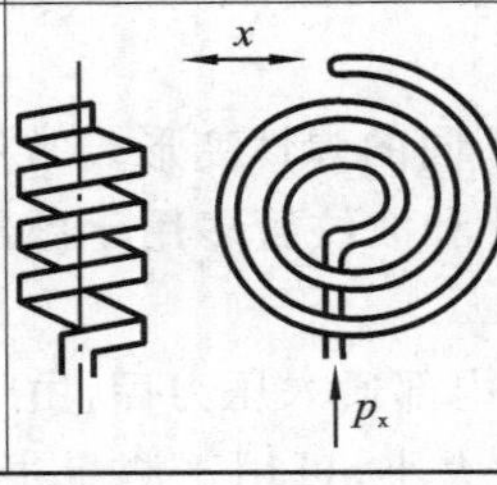	$0\sim10^{-2}$	$0\sim10^5$	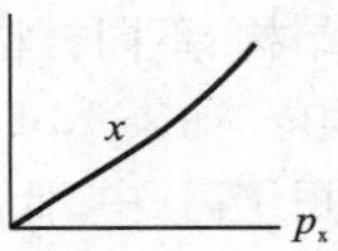	—	$10\sim10^2$

弹性元件常用的材料有铜合金、弹性合金、不锈钢等,各适用于不同的测压范围和被测介质。

2) 弹簧管压力计

弹簧管敏感元件是弯成圆形,截面为椭圆形的弹性 C 形管,也称为波登管。测量介质的压力作用在弹簧管的内侧,这样弹簧管椭圆截面会趋于圆形截面。由于波登管微小变形,形成一定的环应力,此环应力会使弹簧管向外延伸。由于弹性弹簧管头部没有固定,其就会产生变形。其变形的大小取决于测量介质的压力大小,弹簧管的变形通过机芯间接地由指针显示测量介质的压力。当测量压力很大时一般采用螺纹式弹簧管或螺杆式弹簧管,弹簧管在超压保护方面具有一定的局限性。在测量系统更复杂的情况下弹簧管压力表可与化学密封结合使用。

弹簧管压力计是工业生产中应用很广泛的一种直读式测压仪表,以单圈弹簧管的结构应用得最多。其一般结构如图18-4所示。被测压力由接口引入,使弹簧管自由端产生位移,通过拉杆使扇形齿轮逆时针偏转,并带动啮合的中心齿轮转动,与中心齿轮同轴的指针将同时顺时针偏转,并在面板的刻度标尺上指示出被测压力值。

通过调整螺钉可以改变拉杆与扇形齿轮的接合点位置,从而改变放大比,而调整仪表的量程。转动轴上装有游丝,用于消除两个齿轮啮合的间隙,减小仪表的变差。直接改变指针套在转动轴上的角度,就可以调整仪表的机械零点。

弹簧管压力计结构简单,使用方便,价格低廉,测压范围宽,应用十分广泛。一般弹簧管压力计的测压范围为 $-10^5 \sim 10^9$ Pa,精确度最高可达 $\pm 0.1\%$。

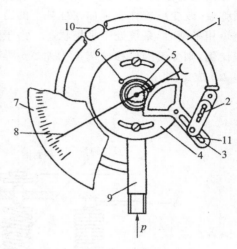

图18-4 弹簧管压力计结构

1—弹簧管;2—连杆;3—扇形齿轮;4—底座;
5—中心齿轮;6—游丝;7—表盘;8—指针;
9—接头;10—横断面;11—灵敏度调整槽

3) 弹簧管压力计信号远传方式

弹簧管压力计可以在现场指示,但是许多情况下要求将信号远传至控制室。一般可以在已有的弹性压力计结构上增加转换部件实现信号的远距离传送。

弹簧管压力计信号多采用电远传方式,即把弹性元件的变形或位移转换为电信号输出。常见的转换方式有电位计式、霍尔元件式、电感式、差动变压器式等。

3. 力平衡式压力计

力平衡式压力计采用反馈力平衡的原理,反馈力的平衡方式可以是弹性力平衡或电磁力平衡等。力平衡式压力计的基本构成如图18-5所示。被测压力或压差作用于弹性敏感元件上,弹性敏感元件感受压力作用并将其转换为位移或压力,作用于力平衡系统,力平衡系统受力后将偏离原有的平衡状态;由偏差检测器输出偏差值至放大器;放大器将信号放大并输出电流或电压信号,电流或电压信号控制反馈力或力矩发生机构使之产生反馈力;当反馈力与作用力平衡时,仪表处于新的平衡状态;显示机构可输出与被测压力或压差相对应的信号。

图18-6是一种弹性力平衡式压力测量系统的原理图。它由弹性敏感元件测压波纹管、

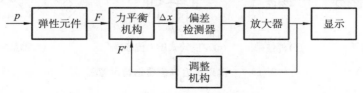

图18-5 力平衡式压力计的基本构成

杠杆、差动电容变换器、伺服放大器 A、伺服电机 M、减速器和反馈弹簧等部件组成。被测压力 P_1、P_2 分别导入波纹管和密封壳体内,测压波纹管将压力差转换成集中力 F_P 使杠杆转动,差动电容变换器的动极片偏离零位,电桥输出电压 u_c,其幅值与杠杆的转角成比例,相位与杠杆偏转的方向相对应。电压 u_c 经伺服放大器放大后,驱动伺服电机转动,经减速器后,一方面带动输出轴转动,指示出杠杆转角的大小;另一方面使螺栓转动,从而压缩和拉长反馈弹簧,改变反馈弹簧施加在杠杆上的力 F_{XS}。当集中力 F_P 产生的力矩与反馈力 F_{XS} 产生的力矩相平衡时,系统处于平衡状态。由于反馈力 F_{XS} 与压力差 $\Delta p = p_1 - p_2$ 产生的集中力 F_P 成比例,则弹簧的位移 x 与压力差 Δp 所产生的集中力 F_P 成比例,所以输出轴转角 β 与压力差 Δp 成比例。

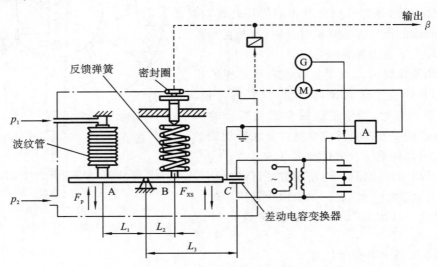

图 18-6　弹性力平衡式压力测量系统的原理图

4. 压力传感器

应用电测法测量压力是通过传感器直接把被测压力转换为电信号,其检测元件动态特性好,测量范围宽,耐压高,适用于测量快速变化、脉动和超高压等场合。常用的有电容式、电感式、压电式、压阻式、应变式传感器等。

1)应变片式

应变片式压力传感器所用的弹性元件可根据被测介质和测量范围的不同而采用各种形式,常见有圆膜片、弹性梁、应变筒等,如图 18-7 所示。

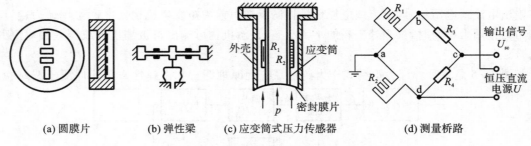

(a)圆膜片　　　(b)弹性梁　　(c)应变筒式压力传感器　　(d)测量桥路

图 18-7　常见压力传感器结构示意图

2)压阻式

固体受力后其电阻率发生变化的现象称为压阻效应。图 18-8 所示为压阻式压力传感器的结构示意图。

压阻式压力传感器的特点如下。

(1) 灵敏度高、频率响应高。

(2) 测量范围宽,可测低至 10 Pa 的微压到高至 60 MPa 的高压。

(3) 精度高,工作可靠,其精度可达 $\pm(0.2\% \sim 0.02\%)$。

(4) 易于微小型化,目前国内生产出直径为 $1.8 \sim 2$ mm 的压阻式压力传感器。

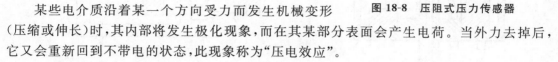

图 18-8　压阻式压力传感器

3) 压电式

某些电介质沿着某一个方向受力而发生机械变形 (压缩或伸长)时,其内部将发生极化现象,而在其某部分表面会产生电荷。当外力去掉后,它又会重新回到不带电的状态,此现象称为"压电效应"。

4) 电容式

电容式压力传感器采用变电容测量原理,将由被测压力引起的弹性元件的位移变形转变为电容的变化,用测量电容的方法测出电容量,便可知道被测压力的大小。

5) 振频式

谐振式压力传感器是靠被测压力所形成的应力改变弹性元件的谐振频率,通过测量频率信号的变化来检测压力。这种传感器特别适合与计算机配合使用,组成高精度的测量、控制系统。根据谐振原理可以制成振筒、振弦及振膜式等多种形式的压力传感器。

(1) 振筒式压力传感器的感压元件是一个薄壁金属圆筒,圆柱筒本身具有固有频率,当筒壁受压张紧后,其刚度发生变化,固有频率相应改变。在一定的压力作用下,变化后的振筒频率可以近似表示为

$$f_{\mathrm{p}} = f_0 \sqrt{1 + \alpha p} \tag{18-7}$$

式中:f_{p} 为受压后的振筒频率;f_0 为固有频率;α 为结构系数;p 为被测压力。

传感器由振筒组件和激振电路组成,如图 18-9 所示。振筒用低温度系数的恒弹性材料制成,一端封闭为自由端,开口端固定在基座上,压力由内侧引入。绝缘支架上固定着激振线圈和检测线圈,二者空间位置互相垂直,以减小电磁耦合。激振线圈使振筒按固有的频率振动,受压前后的频率变化可由检测线圈检出。

此种仪表体积小,输出频率信号,重复性好,耐振,精确度高(其精确度为 $\pm 0.1\%$ 和 $\pm 0.01\%$),适用于气体测量。

(2) 振膜式压力传感器的结构图如图 18-10(a)所示。振膜为一个平膜片,并且与环形壳体做成整体结构,它和基座构成密封的压力测量室,被测压力 p 经过导压管进入压力测量室内。参考压力室可以通大气用于测量表压,也可以抽成真空测量绝压。装于基座顶部的电磁线圈作为激振源给膜片提供激振力,当激振频率与膜片固有频率一致时,膜片产生谐振。没有压力时,膜片是平的,其谐振频率为 f_0;当有压力作用时,

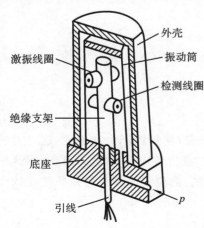

图 18-9　振筒式压力传感器结构图

膜片受力变形,其张紧力增加,则相应的谐振频率也随之增加,频率随压力变化而变化且二者为单值函数关系。

膜片粘贴有应变片,它可以输出一个与谐振频率相同的信号。此信号经放大器放大后,再反馈给激振线圈以维持膜片的连续振动,构成一个闭环正反馈自激振荡系统,如图 18-10(b)所示。

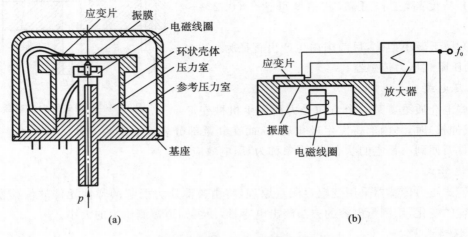

图 18-10　振膜式压力传感器结构图

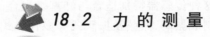

18.2　力的测量

18.2.1　力的基本概念

1. 力的定义

凡是能使物体的运动状态或物体所具有的动量发生改变而获得加速度或使物体发生变形的作用都称为力。按照力产生原因的不同,可以把力分为重力、弹性力、惯性力、膨胀力、摩擦力、浮力、电磁力等类别。按力对时间的变化性质,力可分为静态力和动态力两大类。静态力是指不变的力或变化很缓慢的力;动态力是指随时间变化显著的力,如冲击力、交变力或随机变化的力等。

2. 力的单位

我国法定计量单位制和国际单位制中,规定力的单位为牛顿(N),定义为:使 1 kg 质量的物体产生 1 m/s² 加速度的力,即 1 N=1 kg·m/s²。

18.2.2　力的测量方法

对某一物体施加力后,将使物体的运动状态或动量改变,使物体产生加速度,这是力的"动力效应";还可以使物体产生应力,发生变形,这是力的"静力效应"。因此,可以利用这些变化来实现对力的检测。力的测量方法可归纳为力平衡法、测位移法和利用某些物理效应测力等。

1. 平衡法

力平衡式测量法是基于比较测量的原理,用一个已知力来平衡待测的未知力,从而得出待测力的值。平衡力可以是已知质量的重力、电磁力或气动力等。

1) 机械式力平衡法

图 18-11(a)所示为梁式天平,通过调整砝码使指针归零,将被测力 F_i 与标准质量(砝码G)的重力进行平衡,直接比较得出被测力 F_i 的大小。

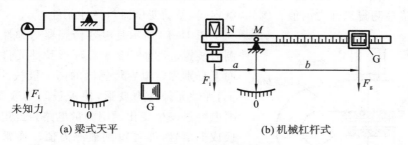

(a) 梁式天平   (b) 机械杠杆式

图 18-11　机械式力平衡装置

图 18-11(b)所示为机械杠杆式力平衡装置,可转动的杠杆支撑在支点 M 上,杠杆左端上面悬挂有刀形支承 N,在 N 的下端直接作用有被测力 F_i;杠杆右端是质量已知的可滑动砝码 G;另在杠杆转动中心上安装有归零指针。测量时,调整砝码的位置使之与被测力平衡。当达到平衡时,则有

$$F_i = \frac{b}{a} mg \qquad (18\text{-}8)$$

式中:a、b 分别为被测力 F_i 和砝码 G 的力臂,g 为当地重力加速度。

可见,被测力 F_i 的大小与砝码重力 mg 的力臂 b 成正比,因此可以在杠杆上直接调整力的大小刻度。这种测力计结构简单,常用于材料试验机的测力系统中。

上述测力方法的优点是简单易行,可获得很高的测量精度,但这种方法是基于静态重力力矩平衡,因此仅适用于静态测量。

2) 磁电式力平衡装置

图 18-12 所示为一种磁电式力平衡测力装置。它由光源、光电式零位检测器、放大器和一个力矩线圈组成的一个伺服测力系统。无外力作用时,系统处于平衡位置,光线全部被遮住,光敏元件无电流输出,力矩线圈不产生力矩。当被测力 F_i 作用于杠杆上时,杠杆发生偏转,光线通过窗口打开的相应缝隙,照射到光敏元件上,光敏元件产生与光照成比例的电信号,经放大后加到力矩线圈上与磁场相互作用而产生电磁力矩,用来平衡被测力 F_i 与标准质量 m 的重力力矩之差,使杠杆重新处于平衡。此时杠杆的转角与被测力 F_i 成正比,而放大器输出电信号在采样电阻 R 上的电压降 U_0 与被测力 F_i 成比例,从而可测出力 F_i。

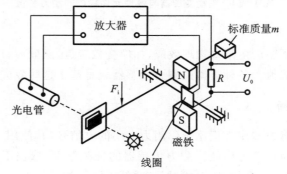

图 18-12　磁电式力平衡测力装置

219

与机械杠杆式测力系统相比较,磁电式力平衡系统使用方便,受环境条件影响较小,体积小,响应快,输出的电信号易于记录且便于远距离测量和控制。

2. 位移法

在力的作用下,弹性元件产生变形,测位移法即通过测量未知力所引起的弹性元件的位移,从而间接地测得未知力的值。例如,电容式、差动变压器与弹性元件。

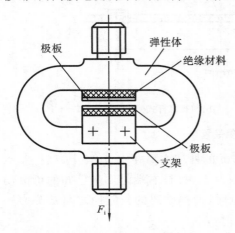

图 18-13 电容传感器与弹性元件组成的测力装置

图 18-13 所示是电容传感器与弹性元件组成的测力装置。图 18-13 中扁环形弹性元件内腔上下平面上分别固定电容传感器的两个极板。在力的作用下,弹性元件受力变形,使极板间距改变,导致传感器电容量发生变化。用测量电路将此电容量变化转换成电信号,即可得到被测力值。通常采用调频或调相电路来测量电容,这种测力装置可用于大型电子吊秤。

图 18-14 所示为两种常用的由差动变压器与弹性元件构成的测力装置。弹性元件受力产生位移,带动差动变压器的铁芯运动,使两线圈互感发生变化,最后使差动变压器的输出电压产生与弹性元件受力大小成比例地变化。

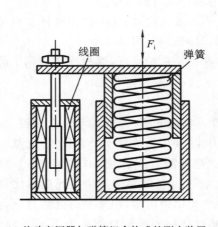

(a) 差动变压器与弹簧组合构成的测力装置

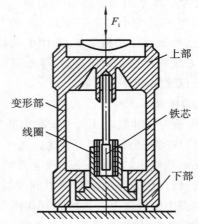

(b) 差动变压器与筒形弹簧元件组成的测力装置

图 18-14 差动变压器与弹性元件构成的测力装置

3. 物理效应

物体在力的作用下会产生某些物理效应,如应变效应、压磁效应、压电效应等,可以利用这些效应间接检测力的值。各种类型的测力传感器就是基于这些效应制作的。

18.2.3 测力传感器

测力传感器通常将力转换为正比于作用力大小的电信号,其使用十分方便,因而在工程领域及其他各种场合应用最为广泛。测力传感器的种类繁多,依据不同的物理效应和检测原理可分为电阻应变式、压磁式、压电式、振弦式等不同种类。

1. 应变式测力传感器

应变式测力传感器的工作原理与应变式压力传感器的工作原理基本相同,它也由弹性敏感元件和贴在其上的应变片组成。应变式测力传感器首先把被测力转变成弹性元件的应变,再利用电阻应变效应测出应变,从而间接地测出力的大小。应变片的布置和接桥方式,对提高传感器的输出灵敏度和消除有害因素的影响有很大作用。其特点是测量范围宽、精度高。

图 18-15 给出了常见的柱形、筒形、梁形弹性元件及应变片的贴片方式。

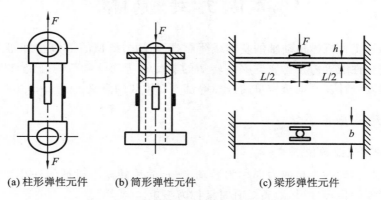

(a) 柱形弹性元件 (b) 筒形弹性元件 (c) 梁形弹性元件

图 18-15 几种弹性元件及应变片的贴片方式

2. 压磁式

当铁磁材料在受到外力拉、压作用而在内部产生应力时,其磁导率会随应力的大小和方向的变化而变化。受拉力时,沿力作用方向的磁导率增大,而在垂直于作用力的方向上磁导率略有减小,受压力作用时则磁导率的变化正好相反,这种物理现象就是铁磁材料的压磁效应。这种效应可用于力的测量,其特点是输出电势大,可测量很大的力,精度不高,频率响应不快。在冶金、矿山行业有广泛的应用。

压磁式测力传感器一般由压磁元件、传力机构组成,如图 18-16(a)所示。其中,主要部分是压磁元件,它由其上开孔的铁磁材料薄片堆叠而成。压磁元件上冲有四个对称分布的孔,孔 1 和孔 2 之间绕有激磁绕组 W_{12}(初级绕组),孔 3 和孔 4 间绕有测量绕组 W_{34}(次级绕组),如图 18-16(b)所示。当激磁绕组 W_{12} 通有脚边电流时,铁磁体中就产生一定大小的磁场。若无外力作用,则磁感应线相对于测量绕组平面对称分布,合成磁场平行于测量绕组 W_{34} 但并不与之交链,故 W_{34} 不产生感应电动势,如图 18-16(c)所示。当有力 F 作用于压磁元件上时,磁感应线不再对称于测量绕组 W_{34} 的平面,如图 18-16(d)所示,因而有部分次感应线与测量绕组 W_{34} 交链,因而产生感应电动势。受到的作用力越大,交链的磁通越多,则

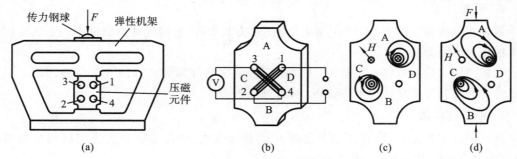

(a) (b) (c) (d)

图 18-16 压磁式测力传感器

感应电势越大。

压磁式测力传感器的输出电势比较大,不需要再进行放大,只要滤波整流后就可以直接输出,但要求有一个稳定的次级电源。压磁式测力传感器可以测量很大的力,抗过载能力强,能在恶劣的环境下工作,但频率响应不高(1 kHz～10 kHz),测量精度一般在1%左右。常用于冶金、矿山等工业部门作为测力或称重传感器。

18.3　转矩的测量

转矩是各种工作机械传动轴的基本载荷形式,与动力机械的工作能力、能源消耗、效率、运转寿命及安全性能等因素紧密联系。转矩的测量对传动轴载荷的确定与控制、传动系统工作零件的强度设计及原动机容量的选择等都具有重要的意义。

18.3.1　转矩的基本概念

1. 转矩的定义及单位

使机械元件转动的力矩或力偶称为转动力矩,简称转矩。机械元件在转矩的作用下都会产生一定程度的扭转变形,故转矩有时又称为扭矩。

在国际单位制(SI)中,转矩的计量单位为牛顿・米(N・m),工程技术中也曾用过千克力・米(kgf・m)等作为转矩的计量单位。

2. 转矩的类型

转矩可分为静态转矩和动态转矩两类。

静态转矩是指不随时间变化或变化很小、很缓慢的转矩,包括静止转矩、恒定转矩、缓变转矩和微脉动转矩等。静止转矩的值为常数,传动轴不旋转;恒定转矩的值为常数,但传动轴以匀速旋转,如电机稳定工作时的转矩;缓变转矩的值随时间缓慢变化,但在短时间内可认为转矩值是不变的;微脉动转矩的瞬时值有幅度不大的脉动变化。

动态转矩的值随时间的变化其变化很大,它包括振动转矩、过渡转矩和随机转矩三种。振动转矩的值是周期性波动的;过渡转矩是机械从一种工况转换到另一种工况时的转矩变化过程;随机转矩是一种不确定的、变化无规律的转矩。

18.3.2　转矩的测量方法

转矩的测量方法可以分为平衡力法、能量转换法和传递法三种。其中,传递法涉及的转矩测量仪器的种类最多,应用也最广泛。

1. 平衡力法

通过测量机体上的平衡力矩(实际上是测量力和力臂)来确定动力机械主轴上工作转矩的方法称为平衡力法。

平衡力法直接从机体上测转矩,因而不存在从旋转件到静止件的转矩传递问题。但它仅适合于测量匀速工作情况下的转矩,不能测动态转矩。

2. 能量转换法

依据能量守恒定律,通过测量其他形式能量如电能、热能参数来测量旋转机械的机械能,进而求得转矩的方法称为能量转换法。

从方法上讲,能量转换法实际上就是对功率和转速进行测量的方法。能量转换法测转矩一般只在电机和液机方面有较多的应用。

3. 传递法

传递法是指利用弹性元件传递转矩时物理参数的变化与转矩的对应关系来测量转矩的一类方法。本部分介绍基于传递法原理的几种转矩的测量方法和仪器。

转矩测量仪器及装置很多,应根据使用环境、测量精度等要求来选择。

(1)应变式转矩测量仪　通过测量由于转矩作用在转轴上产生的应变来测量转矩。根据材料力学的理论,转轴在转矩 M 的作用下,其横截面上最大剪应力 τ_{max} 与轴截面系数 W 和转矩 M 之间的关系为

$$\tau_{max} = \frac{M}{W} \tag{18-9}$$

$$W = \frac{\pi D^3}{16}\left(1 - \frac{d^4}{D^4}\right) \tag{18-10}$$

式中:D 为轴的外径;d 为空心轴的内径。

τ_{max} 无法用应变片来测量,但与转轴中心线成 $\pm 45°$ 夹角方向上的正负主应力和的数值等于 τ_{max},即

$$\sigma_1 = -\sigma_3 = \tau_{max} = \frac{16DM}{\pi(D^4 - d^4)} \tag{18-11}$$

根据应力应变关系,应变为

$$\varepsilon_1 = \frac{\sigma_1}{E} - \mu\frac{\sigma_3}{E} = (1+\mu)\frac{\sigma_1}{E} = \frac{16(1+\mu)DM}{\pi E(D^4 - d^4)} \tag{18-12}$$

$$\varepsilon_3 = \frac{\sigma_3}{E} - \mu\frac{\sigma_1}{E} = (1+\mu)\frac{\sigma_3}{E} = -\frac{16(1+\mu)DM}{\pi E(D^4 - d^4)} \tag{18-13}$$

式中:E 为材料的弹性模量(Pa);μ 为材料的泊松比。

这样就可沿正负主应力和的方向贴应变片,测出应变即可知其轴上所受的转矩 M。应变片可以直接贴在需要测量转矩的转轴上,也可以贴在一根特制的轴上制成应变式转矩传感器,用于各种需要测量转矩的场合。图 18-17 所示为应变片式转矩传感器结构图,在沿轴向 $\pm 45°$ 方向上分别粘贴有四个应变片,用于感受轴的最大正、负应变,将其组成全桥电路,则可输出与转矩 M 成正比的电压信号。这种接法可以消除轴向力和弯曲力的干扰。

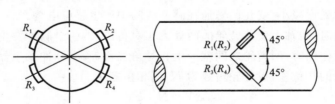

图 18-17　应变片式转矩传感器结构图

应变片式转矩传感器结构简单,精度较高。贴在转轴上的电阻应变片与测量电路一般通过集流环连接。集流环有电刷-滑环式、水银式和感应式等。集流环存在触点磨损和信号不稳定等问题,不适合于测量高速转轴的转矩。

现在已研制出遥测应变式转矩仪,它在上述应变电桥的基础上,将输出电压用无线发射的方式传输,有效地解决了上述问题。

(2)扭转角式转矩测量法　通过扭转角来测量转矩。根据材料力学理论,在转矩 M 作用下,转轴上相距 L 的两横截面之间的相对转角 φ 为

$$\varphi = \frac{32ML}{\pi(D^4 - d^4)G} \tag{18-14}$$

式中,G 为轴的剪切弹性模量。

由式(18-14)可知,当转轴受转矩作用时,其两截面间的相对扭转角与转矩成比例,因此可以通过测量扭转角来测量转矩。根据这一原理,可以制成光电式、相位差式、振弦式转矩传感器等。

① 光电式转矩传感器 结构图如图 18-18 所示。在转轴上安装了两个光栅盘,两个光栅盘外侧设有光源和光敏元件。无转矩作用时,两光栅的明暗条纹相互错开,完全遮挡住光路,因此放置于光栅一侧的光敏元件接收不到来自光栅盘另一侧的光源的光信号,无电信号输出。当有转矩作用于转轴上时,由于轴的扭转变形,安装光栅处的两截面产生相对转角,两片光栅的暗条纹逐渐重合,部分光线透过两光栅而照射到光敏元件上,从而输出电信号。转矩越大,扭转角越大,照射到光敏元件上的光越多,因而输出电信号也越大。

② 相位差式转矩传感器 图 18-19 所示是基于磁感应原理的磁电相位差式转矩传感器结构图。

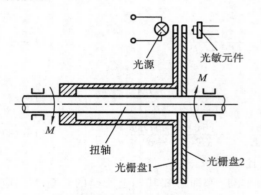

图 18-18 光电式转矩传感器结构图

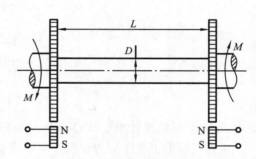

图 18-19 磁电相位差式转矩传感器结构图

相位差式转矩传感器在被测转轴相距 L 的两端处各安装了一个齿形转轮,靠近转轮沿径向各放置了一个感应式脉冲发生器(在永久磁铁上绕一固定线圈而成)。当转轮的齿顶对准永久磁铁的磁极时,磁路气隙减小,磁阻减小,磁通增大;当转轮转过半个齿距时,齿谷对准磁极,气隙增大,磁通减小,变化的磁通在感应线圈中产生感应电势。

当无转矩作用时,转轴上安装转轮的两处无相对角位移,两个脉冲发生器的输出信号相位相同。当有转矩作用时,两转轮之间就产生相对角位移,两个脉冲发生器的输出感应电势出现与转矩成比例的相位差,设转轮齿数为 N,则相位差为

$$\Delta\theta = N \cdot \varphi \tag{18-15}$$

代入式(18-14),得

$$M = \frac{\pi(D^4 - d^4)G}{32NL} \cdot \Delta\theta \tag{18-16}$$

可见只要测出相位差 $\Delta\theta$,就可测得转矩。N 的选取应使相位差满足:$\pi/2 < \Delta\theta < \pi$。

与光电式转矩传感器一样,相位差式转矩传感器也是非接触测量型传感器,其结构简单,工作可靠,对环境条件要求不高,精度一般可达 0.2%。

③ 振弦式转矩传感器 振弦自振频率 f_g 与振弦中张力 F 的平方根成正比。

$$f_g = \frac{1}{2L}\sqrt{\frac{F}{m}} \tag{18-17}$$

式中，L、m 为与传感器相关的常数。因此测出两振弦的自振频率的差值，就可知转矩大小。

如图 18-20 所示，在被测轴上相隔一定距离的两个面上固定安装着两个测量环，两根振弦分别被夹紧在测量环的支架上。当被测轴受转矩作用时，两个测量环之间产生一个相对转角，并使两根振弦中的一根张力增大，另一根张力减小，张力的改变将引起振弦自振频率的变化。自振频率与所受外力的平方根成正比，因此测出两振弦的振动频率差，就可知转矩大小。同时应注意，在安装振弦时必须使其有一定的预紧力。

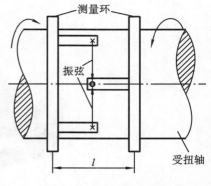

图 18-20　振弦式转矩传感器结构图

 # 18.4　称重系统

前面介绍的应变效应、霍尔效应、压电效应等都可以直接应用于力的测量，力的测量与压力的测量有很多类似之处，只是压力是均匀地作用在物体表面上的力，这里所说的力大多是比较集中地作用在受力体上。因此压力的测量方法大多也适用于力的测量，只是在传感器结构上有所不同而已，在此不重复介绍。本节主要介绍压力传感器在工业中的应用。

冶金生产过程中广泛应用电子秤进行配料和给料的自动称量和控制，电子秤的发展很快，类型也多，常用的有电子皮带秤、吊车秤及料斗等。电子秤一类仪表所用的重力传感器，主要有圆筒形、圆柱形、S形及压磁重力传感器等。

18.4.1　电子皮带秤

电子皮带秤是一种能连续称量散状颗粒物料质量的装置，它不但可以对某一瞬间在输送带上的输送物料进行称重，而且还可以在某段时间内对输送的物料总重进行称重。因此，电子皮带秤在煤矿、冶金化工和粮仓、码头等场合中得到了普遍的应用。

电子皮带秤由秤架、测速传感器、高精度测重传感器、电子皮带秤控制显示仪表等组成，能对固体物料进行连续动态计量。

1. 电子皮带秤的基本组成部分

电子皮带秤的基本组成主要包括：①皮带输送机及其驱动单元（虽然嵌装型皮带秤的厂商一般不予提供，但若没有它的话皮带秤是不完整的，就不能正常工作）；②称重单元；③测速单元；④信号采集、处理与控制单元。电子皮带秤的实物图如图 18-21 所示。

对于输送机式皮带秤，其整台皮带输送机就是承载器；对于称量台式皮带秤，其称量台和称重托辊及恰运行到其上方的那段输送皮带构成了承载器。

称重传感器是将被称物料的重力转换为模拟或数字电信号的元件。称量台与称重传感器的组合常被称为称重单元。

作为动态计量器具的电子皮带秤，其中使用的用来测量被称物料运行速度的测速传感器也是保证计量准确度的重要元件。

信号的采集、处理与控制单元是用于接收、处理传感器输出的电信号并以质量单位给出计量结果，以及完成其他预定功能的电子装置。它可以是单独的一块仪表（如"动态称重显示控制器"），也可以由几个独立的部分共同组合而成（例如，分离的传感器激励电源装置、放置现场的信号采集器等）。为了叙述方便，通常会把信号采集、处理与控制单元（无论是单一

图 18-21　电子皮带秤的实物图

的或者组合的)简称为"显控装置"。

电子皮带秤称重桥架安装于输送机架上,当物料经过时,计量托辊检测到皮带输送机上的物料质量通过杠杆作用于称重传感器,产生一个正比于皮带载荷的电压信号。速度传感器直接连接在大直径测速滚筒上,提供一系列脉冲,每个脉冲表示一个皮带运动单元,脉冲的频率正比于皮带速度。称重仪表从称重传感器和速度传感器接收信号,通过积分运算得出一个瞬时流量值和累积重量值,并分别显示出来。

2. 电子皮带秤原理

将装有称重传感器的称重桥架固定于皮带输送机的纵梁上,通过称重传感器支承或悬挂的称重桥架及皮带托辊检测皮带上的物料质量,输出一个正比于皮带载荷的电信号,同时速度传感器通过滚轮与输送皮带的同步转动产生一系列脉冲信号,每个脉冲代表一个皮带长度,脉冲的长度正比于皮带速度,积算器将以上两种信号用积分方法对皮带速度和皮带负荷进行积分运算,并转换成选定的工程单位,同时在显示器上分别显示出瞬时流量和累计量。

物料在皮带上运行至皮带秤位置时,对皮带秤称重托辊产生向下的作用力,通过秤体,将作用力作用至称重传感器上。

物料通过皮带秤上方的皮带时对皮带有相对的压力,压力通过皮带传递,传递方向为:托辊→秤架→称重传感器。称重传感器受力变化,其输出电压信号也发生相应的变化,并且其变化值传送到仪表。

物料通过皮带的速度等于皮带的速度,皮带的运动带动速度滚筒同速运转,此时测速滚筒传感器将测得的速度信号传送到仪表。

根据皮带速度的不同,电子皮带秤有两种工作模式,一种是定速传送,另一种是变速传送。前者无须检测速度;后者则采用摩擦滚轮带动速度变换器(测速电机或感应式测速传感器),把正比于皮带传送速度的滚轮转速转变成频率信号 f,再通过测速单元把 f 转变成电流 I,用做检测桥路的电源。可见检测桥路的电源电流 I 是随皮带传送速度变化的,它就代表了皮带传送速度 v_i,图 18-22 所示是变速传送电子皮带秤的原理框图。

在皮带中间的适当位置上,设置一个专门用做称量的框架,这一段的长度 L 称为有效称量段。某一瞬时刻 t 在 L 段上的物料量为 ΔW,则在有效称量段 L 单位长度上的称重 q_t 为

$$q_t = \Delta W / L \qquad (18\text{-}18)$$

设皮带的移动速度为 v_t,则皮带的瞬时输送量 Q 为

$$Q = q_t v_t \qquad (18\text{-}19)$$

q_t 通过称量框架传给压头使之产生形变,安装在压头上的应变电阻(组成应变电桥)将

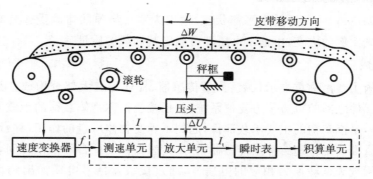

图 18-22　变速传送电子皮带秤的原理框图

检测出此形变。当输送量 q_t 变化时,传感器受力引起应变电阻变化 $\Delta R(\propto q_t)$,设电桥输入电流为 $I(\propto v_t)$,则检测电桥的输出电压 $\Delta U_\circ$ 为

$$\Delta U_\circ = k\Delta RI = K_U q_t v_t \tag{18-20}$$

式中,k、K_U 为常数。

由此可见,压头上应变检测桥路的输出信号 $\Delta U_\circ$ 就代表皮带的瞬时输送量 Q,该信号经放大单元放大后,输出代表瞬时输送量的电流 I_t,由显示仪表指示瞬时输送量 Q,并由积算单元累计输送总量 W。

在某一时间间隔 $0\sim t$ 内,皮带传送的总量 W 为

$$W = \int_0^t Q\mathrm{d}t = K\int_0^t I_t\mathrm{d}t \tag{18-21}$$

输送总量是由积算单元完成的,它将电流信号 I_t 转换成频率信号 f_t,并对时间积分,即可得 $0\sim t$ 时间内的脉冲总数 N。

将代表皮带输出物总量的脉冲数 N 送到电磁计数器或脉冲计数器显示输出总量。电子皮带秤的核心部分如图 18-23 所示。

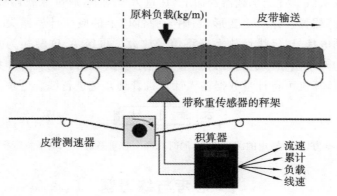

图 18-23　定量给料机的结构

18.4.2　地磅

汽车衡俗称地磅,是用于大宗货物计量的主要称重设备。在 20 世纪 80 年代之前常见的汽车衡一般是利用杠杆原理纯机械构造的机械式汽车衡,也称为机械地磅。20 世纪 80 年代中期,随着高精度称重传感器技术的日趋成熟,机械式地磅逐渐被精度高、稳定性好、操作方便的电子汽车衡所取代。

电子汽车衡利用应变电测原理称重。在称重传感器的弹性体上粘贴有应变计,组成惠

227

斯登电桥。当无负荷时,电桥处于平衡状态,输出为零。当弹性体承受载荷时,各应变计随之产生与载荷成比例的应变,由输出电压即可测出其加载的质量。

1. 结构组成

电子汽车衡主要由称重显示仪表、称重传感器、秤体等三大部分构成。其中,秤体是被称物体与转换元件之间的机械传力复位系统,包括接受被称物体载荷的承载器、传力复位机构、限位装置等,是汽车衡的主要承载部件,起到了承受物体质量的作用;秤台和传力机构负责将物体的质量准确地传递给称重传感器;称重传感器位于秤台和基础之间,将被称物体的质量按一定的函数关系转换为相应的电信号,通过接线盒信号电缆输出到称重显示仪表。经处理后仪表直接显示被称物体的质量,如图 18-24 所示。电子汽车衡还可以选配大屏幕显示器、计算机和稳压电源等外部设备。

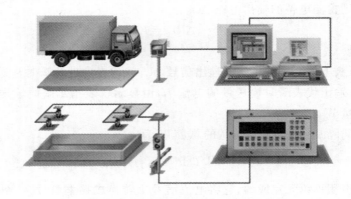

图 18-24 电子汽车衡称重系统

2. 工作原理

被称重物或载重汽车置于承载器台面上,在重力作用下,通过承载器将重力传递至称重传感器,使称重传感器弹性体产生变形,贴附于弹性体上的应变计桥路失去平衡,输出与质量数值成正比例的电信号,经线性放大器将信号放大。再经 A/D 转换为数字信号,由仪表的微处理机(CPU)对质量信号进行处理后直接显示质量数据。配置打印机后,即可打印称重数据,如果配置计算机可将计量数据输入计算机管理系统进行综合管理。

本 章 小 结

本章重点介绍了压力、力和转矩的测量方法,同时对两个称重系统——电子皮带秤和地磅进行了介绍。

思考与练习题

1. 表压力、绝对压力、负压力(真空度)之间有何关系?
2. 常用的压力检测元件有几种?各有何特点?
3. 什么是压电效应?简述压电式压力传感器的工作原理。
4. 弹簧管压力计的测压原理是什么?简述弹簧管压力计的主要组成部分及测压过程。
5. 转矩的基本测量方法有哪些?
6. 简述应变式转矩测量的原理。
7. 简述电子皮带秤的工作原理。

[1] 何道清,张禾,谌海云. 传感器与传感器技术[M]. 3 版. 北京:科学出版社,2018.
[2] 郁有文,常健,程继红. 传感器原理及工程应用[M]. 4 版. 西安:西安电子科技大学出版社,2018.
[3] 徐科军. 传感器与检测技术[M]. 4 版. 北京:电子工业出版社,2016.
[4] 刘笃仁,韩保君,刘靳. 传感器原理及应用技术[M]. 2 版. 西安:西安电子科技大学出版社,2009.
[5] 余成波. 传感器与自动检测技术[M]. 2 版. 北京:高等教育出版社,2009.
[6] 胡向东. 传感器与检测技术[M]. 3 版. 北京:机械工业出版社,2018.
[7] 周继明,江世明. 传感技术与应用[M]. 2 版. 长沙:中南大学出版社,2009.
[8] 周润景,刘晓霞,韩丁. 传感器与检测技术[M]. 2 版. 北京:电子工业出版社,2014.
[9] 马修水. 传感器与检测技术[M]. 2 版. 杭州:浙江大学出版社,2012.
[10] 贾石峰. 传感器原理与传感器技术[M]. 北京:机械工业出版社,2009.
[11] 余成波,聂春燕,张佳薇. 传感器原理与应用[M]. 武汉:华中科技大学出版社,2010.
[12] 赵燕. 传感器原理及应用[M]. 北京:北京大学出版社,2010.
[13] 戴焯. 传感器原理与应用[M]. 北京:北京理工大学出版社,2010.
[14] 孟立凡,蓝金辉. 传感器原理与应用[M]. 3 版. 北京:电子工业出版社,2015.
[15] 陈杰,黄鸿. 传感器与检测技术[M]. 2 版. 北京:高等教育出版社,2018.
[16] 宋文绪,杨帆. 传感器与检测技术[M]. 2 版. 北京:高等教育出版社,2010.
[17] 周杏鹏. 现代检测技术[M]. 2 版. 北京:高等教育出版社,2010.
[18] 贾伯年,俞朴,宋爱国. 传感器技术[M]. 3 版. 南京:东南大学出版社,2007.
[19] 侯国章,肖增文,赖一楠. 测试与传感技术[M]. 3 版. 哈尔滨:哈尔滨工业大学出版社,2009.
[20] 宋健. 传感器技术及应用[M]. 北京:北京理工大学出版社,2007.
[21] 李晓莹. 传感器与测试技术[M]. 北京:高等教育出版社,2006.
[22] 李春香. 传感器与检测技术[M]. 广州:华南理工大学出版社,2010.
[23] 周征. 传感器原理与检测技术[M]. 北京:清华大学出版社,2007.
[24] 刘伟. 传感器原理及应用技术[M]. 2 版. 北京:电子工业出版社,2009.
[25] 林锦实. 传感器与检测技术[M]. 北京:机械工业出版社,2012.
[26] 张旭涛. 传感器技术与应用[M]. 北京:人民邮电出版社,2010.
[27] 周乐挺. 传感器与检测技术[M]. 2 版. 北京:高等教育出版社,2014.
[28] 彭军. 传感器与检测技术[M]. 西安:西安电子科技大学出版社,2003.
[29] 陈杰,黄鸿. 传感器与检测技术[M]. 2 版. 北京:高等教育出版社,2018.
[30] 吴旗. 传感器与自动检测技术[M]. 2 版. 北京:高等教育出版社,2006.
[31] 郝芸. 传感器原理与应用[M]. 北京:电子工业出版社,2006.
[32] 余瑞芬. 传感器原理[M]. 2 版. 北京:航空工业出版社,1995.
[33] 刘迎春,叶湘滨. 传感器原理、设计与应用[M]. 5 版. 北京:国防工业出版社,2015.
[34] 金发庆. 传感器技术与应用[M]. 3 版. 北京:机械工业出版社,2012.
[35] 孙运旺. 传感器技术与应用[M]. 杭州:浙江大学出版社,2006.

[36] 蒋亚东,谢光忠. 敏感材料与传感器[M]. 成都:电子科技大学出版社,2008.

[37] 童敏明,唐守锋,董海波. 传感器原理与检测技术[M]. 北京:机械工业出版社,2015.

[38] 陈建元. 传感器技术[M]. 北京:机械工业出版社,2008.

[39] 魏学业. 传感器与检测技术[M]. 北京:人民邮电出版社,2012.

[40] 魏学业,周永华,祝天龙. 传感器应用技术及其范例[M]. 北京:清华大学出版社,2015.

[41] 成晓南. 差动变压器式位移传感器动态误差分析及补偿技术研究[D]. 武汉科技大学硕士学位论文,2015.